U0359374

山东省「孔子与山东文化强省战略协同创新中心」资助

葫芦文化丛书

文学卷

总　主　编／扈　鲁
本卷主编／曹志平

中华书局

图书在版编目（CIP）数据

　　葫芦文化丛书．文学卷 ／ 扈鲁总主编 ；曹志平本卷
主编． —— 北京 ：中华书局，2018.7
　　ISBN 978-7-101-13310-3

　　Ⅰ．①葫… Ⅱ．①扈… ②曹… Ⅲ．①葫芦科－文化
研究－中国②中国文学－综合作品集 Ⅳ．①S642②I211

　　中国版本图书馆CIP数据核字(2018)第130573号

书　　　名　葫芦文化丛书（全九册）

总 主 编　扈　鲁

本卷主编　曹志平

责任编辑　刘　楠

装帧设计　杨　曦

制　　版　北京禾风雅艺图文设计有限公司

出版发行　中华书局
　　　　　（北京市丰台区太平桥西里38号 100073）
　　　　　http://www.zhbc.com.cn
　　　　　E-mail:zhbc@zhbc.com.cn

印　　刷　艺堂印刷（天津）有限公司

版　　次　2018年7月北京第1版
　　　　　2018年7月北京第1次印刷

规　　格　开本787×1092毫米　1/16
　　　　　总印张155.5　总字数1570千字

国际书号　ISBN 978-7-101-13310-3

总 定 价　960.00元

序 一

"葫芦虽小藏天地",作为一种历史悠久、用途广泛的古老植物,葫芦也是文化内涵丰富的人文瓜果,遍布世界各地,受到各民族人民喜爱,有着漫长的文化旅程。据考古发现,在距今约1万年至9000年的秘鲁、泰国等地人们就开始种植和利用葫芦。我国河姆渡遗址发现了7000多年前的葫芦及种子,另据甲骨文中"壶"字似葫芦状推断,我国先民认识葫芦的时间起点也很早。至"郁郁文哉"的西周时期,《诗经》等典籍中已有大量关于葫芦在饮食、盛物、祭祖、敬老、婚姻、渡河等方面的记载,我国的葫芦文化初具规模。经过数千年历史演变和人文化成,葫芦的实用性与艺术性被广泛开发和应用,涉及农工渔猎商等各行生产和衣食住行婚丧嫁娶的社会生活,以及节日、信仰、娱乐、工艺、语言、故事传说等方面,成为传统文化中的吉祥物和重要的民俗事象,衍生出蔚然可观的葫芦文化。如钟敬文先生所言,葫芦"是中华文化中有丰富内涵的果实,它是一种人文瓜果,而不仅仅是一种自然瓜果",葫芦文化是"中华民俗文化中具有一定意义的组成部分"。

"风物长宜放眼量",由我国葫芦写意画专家与收藏名家扈鲁先生主编的九卷本《葫芦文化丛书》,以我国浩如烟海的传世典籍为基础,深入系统地挖掘整理了葫芦在种植、食用、药用、器皿、工艺及相关名称、民俗、传说等方面的历史与文化。其中仅葫芦工艺类的史料,就涵盖葫芦造型、葫芦雕刻、葫芦绘画、葫芦饰品、葫芦乐器等诸多方面,通过文学卷、器物卷、图像卷等等图文,系统地展示了传统葫芦在中国文学、绘画、音乐、工艺美术等方面承载的丰富文化内涵以及历代匠人的高超匏艺。

丛书不仅具有历史的、文化的视野,也深刻关注葫芦文化的传承与发展现实,对云南澜沧县、辽宁葫芦岛、山东东昌府等地的葫芦文化发展做出翔实纪录,结合葫芦大观园、葫芦烙画、葫芦针雕、葫芦民俗旅游村、葫芦宴等不同形式的葫芦文化传承与发展案例,全面分析各地葫芦画室、葫芦艺匠、葫芦研究、葫芦收藏、葫芦精品发展情况,深入探讨葫芦文化融入当代经济与生活的路径,葫芦于小处成为民众饮食起居所需之物,经济财富之源,信仰诉求形式等,大者则被塑造成为当地城市的文化地标、宣传品牌,有的成为社会经济产业的新兴途径、对外交流的文化名片。

这部丛书富有科学精神和人文视野,是葫芦文化研究与普及的一部力作,不仅对葫芦文化的发展历史与现实做出了全面系统的梳理和研究,也对民间文化、民间艺术的个案研究和历史研究做出了深入的探索,富有启示意义。中华文脉历久弥新,需要的正是这样磅礴而专注的努力和实践。

序言如上。不妥之处,敬请各位同仁和读者朋友指正。

潘鲁生

2018年3月29日

序 二

伴随着文明社会的发展，葫芦流布于世界各地，演化为人类生产、生活与生命信仰中的亲密朋友，用途广泛、影响久远，葫芦除了是一种自然瓜果外，还是一种人文瓜果。在中国，葫芦文化绵延数千年，是"中华民俗文化中具有一定意义的组成部分"。

在传承久远、洋洋大观的葫芦文化中，本丛书从史料、文学、器物、图像、植物、地域等角度加以梳理，采撷其粹，集结汇编，向世人展现博大精深的中华葫芦文化。谈及这套丛书的编纂，还得从我的经历说起。

我出生于《沂蒙山小调》诞生地葫芦崖脚下，从小生活在浓厚的葫芦文化氛围之中。忆及儿时，家家种葫芦，蜿蜒的藤蔓和悬垂的瓜果随处可见，传说八仙之一铁拐李的宝葫芦即采于此。又因中国古代曾称葫芦为匏鲁，遂以此为笔名，亦寓意匏姓鲁人。葫芦从开花作纽到长大成熟，不断轮回的画面在我脑海里生根发芽，缓缓流淌，生生不息。巧合而幸运的是，高中毕业后，我考取了曲阜师范大学，攻读美术专业，毕业留校工作，由于对葫芦题材花鸟画情有独钟，工作之余投入很多的精力和时间创作写意葫芦画，收藏葫芦，研究葫芦文化，参与国内外的葫芦文化活动。2007年，创建了葫芦画社；2010年，建立了葫芦文化博物馆；2013年，组织成立国际葫芦文化学会；2015年，启动了"最葫芦·葫芦文化丝路行"工程等等。这些努力赢得了业内前辈专家的认可，著名画家陈玉圃先生十分赞同我"开创'葫芦画派'"的观点；潘天寿先生的高足、我大学时花鸟画老师杨象宪教授在看过我的写意葫芦画和葫芦收藏后欣慰地说："从此我不再创作葫芦题材花鸟画，这个题材就交给你了"，并为我题写了"贵在坚持"四个大字，鼓励我坚持自己的葫芦题材创作方向。

为了更好地创作葫芦题材的花鸟画，了解各种葫芦的形态，如长柄葫芦到底有多长，大的葫芦到底有多大等，我开始收藏葫芦，随着葫芦藏品不断丰富，发现葫芦承载着丰厚的文化内涵，对葫芦背后的民俗文化也逐渐了解、熟悉并日渐痴迷。后来，越来越感受到葫芦文化的奥妙无穷，相比之下，自己所做的工作和取得的成绩真是沧海一粟，微不足道。同时，我认识到现实中葫芦文化在人类生产、生活和精神世界中的衰落，也是一个无法回避的重要问题，这促使我深感传承和创新优秀葫芦文化的重要性和紧迫性。为此，我曾许下弘愿，要让葫芦文化在我们这一代振兴而不是衰落，要大放光彩而不是黯然失色。这种想法一直盘桓于胸，久久难以释怀。

幸运的是，我的梦想在一次偶然的与友人相会中忽然变得触手可及。那是在2015年的初秋某日，老友叶涛教授（中国社科院研究员、中国民俗学会副会长兼秘书长）前来探访，并参观葫芦文化博物馆、葫芦画社。这次来访距离上次叶教授参观草创时期的葫芦画社已经过去了8年，参观过后，叶教授用"无比欣慰"对我8年来的成绩给予了充分肯定，并且凭着他敏锐的学术眼光和多年从事民俗文化研究的经验，一针见血地指出：葫芦文化是中华优秀传统文化的重要组成部分，古今学者名家对这一题材都有涉猎，但在全面深入、系统整理方面乏善可陈，建议由我组织编纂一套《葫芦文化丛书》，可为全面系统地研究葫芦文化奠基供料。老友一语点醒梦中人，一番高瞻远瞩的建言令所有钟爱葫芦文化者为之心动，我自然也不例外，所谓"夫子言之，于我心有戚戚焉"。当时，我就表示要做，且要做好此事。尽管如此，在许诺之后，自己的内心除了惊喜、振奋之外，更多的是一种忐忑不安，不禁扪心自问：国内有这么多葫芦研究专家，"我到底行不行？""为什么是我？为什么不是我？"类似的疑问盘桓脑海良久，但传承与弘扬中华葫芦文化的愿望亦是心头萌生良久之物，一份为弘扬传统葫芦文化而义不容辞之责让我毅然站在新的起跑线上，担起组织编纂《葫芦文化丛书》的大业与重任。决心一下，我开始组织有关人员分头搜集与葫芦有关的资料。当年 12 月份，叶涛教授再次专程来到曲阜，指导丛书编写事宜，经过充分讨论、酝酿，本次会面决定从《研究卷》《史料卷》《文学卷》《器物卷》《图像卷》等几个方面来梳理资料，汇编成册。接着，我开始四处联系专家、学者，并北上京津拜访名士，横跨南北，纵贯多省，十几个城市的几十名专家出于对葫芦文化的热爱和对我的厚爱，开始陆续加入到我们这个团队中来。

2016 年春节期间，热闹喜庆的气氛让我忽然想到，中国有几个地方都举办精彩纷呈的葫芦文化节，是不是再增加一卷《节庆卷》才会让这套书更完整？我顾不得春节休息，马上打电话和叶涛教授沟通汇报，他充分肯定了我的意见，觉得很有必要。但后来，深入思考后觉得由于每个地方特色各异，情况不同，在一卷里难以展现不同地域的全貌，我再次请教叶教授，最后我们决定增加《澜沧卷》《葫芦岛卷》《东昌府卷》地方三卷，以期对这三种具有地域代表性的葫芦节庆和葫芦文化做出全面深入的总结。至此，《葫芦文化丛书》已成八卷之势。这里需要特别说明的是，叶教授从策划、设计到每一卷的确定，甚至具体到章节，都付出了巨大的心血，每每是在百忙之中不辞辛劳地与我反复沟通、协商、指导，可以说，没有叶教授，就没有本套丛书，在此，我必须向叶涛教授表达最诚挚的谢意。

那个寒假，除确定了八卷本编纂任务外，我还联系中华书局，于 2016 年正月十四日赴北京拜访，汇报编纂方案，得到金锋主任、李肇翔先生的充分肯定，并答应由中华书局出版发行丛书。随后，我组织部分青年朋友和专家学者，撰写和论证丛书提纲，制定编纂计划，一个庞大的学术计划若隐若现，在不断的实践中渐渐成形，悠然而启。

在众多学界同仁与友人的鼎力支持下，2016 年 3 月 12 日，《葫芦文化丛书》编纂工作会议在曲阜师范大学举行。会议召开前夕，在和与会专家聊天时，叶涛、张从军等教授提出，我们这套丛书尽管已经八卷，看似完备，但好像还缺少点什么，葫芦是从哪里来的，它的根在哪里？是不是还应该再从科学的角度对葫芦这个物种进行界定？闻此，我犹如醍醐灌顶，连夜联系到包颖教授，与她商讨此事，于是《植物卷》应运而生。至此，丛书九卷本的整体架构最终定型。

这次编纂工作会议开得非常成功。来自中国社科院、国家博物馆、中华书局、南开大学、山东工艺美术学院、山东建筑大学、曲阜师范大学、云南省社科院、黑龙江省文史馆等高校和科研单位的 30 余位专家学者，以及云南省澜沧拉祜族自治县，辽宁省葫芦岛市葫芦山庄，山东省聊城市东昌府区、济宁市和曲阜市等地的有关政府部门和社会团体负责人汇聚一堂，围绕丛书编纂工作展开研讨，都表示要力争将其做成"填补国内外葫芦文化研究的空白之作"。会上，确定了丛书编纂体例和各卷编纂成员，并由中华书局出版发行。《葫芦文化丛书》从此进入了正式编纂阶段。

在接下来的时间里，编纂团队全体成员怀着崇高的使命感，为了共同的目标不辞辛苦，竭尽心智，克服时间紧张、任务繁重、头绪杂乱等诸多困难，牺牲大量的休息时间，严格按照进度要求，执行质量标准，加强协作配合，全力推进丛书编纂工作，尤其是南开大学孟昭连教授承担了两卷的编写任务，而且孟教授接手《器物卷》较晚，其困难更是可想而知。各位专家表现出的忘我奉献精神和严谨治学品格令人钦佩。特别值得一提的是，在丛书编纂过程中，我们于 2016 年 7 月和 10 月在中国曲阜文化国际慢城葫芦套民俗村和聊城市东昌府区分别召开了丛书推进和审稿会议，葫芦岛市葫芦山庄将于 2018 年第九届国际葫芦文化节承办《葫芦文化丛书》发行仪式，有关地方政府、葫芦文化产业等都给予了积极配合和大力支持。同时，山东民俗学会等单位和个人也陆续加入到我们这个大家庭中来，让我看到在中国这片土地上复兴中国优秀传统文化的希望。在葫芦文化的感召下，丛书编纂团队同心协力，共同汇聚成一股强大的精神力量，推动着丛书编纂工作一步步扎实前行，最终如期完成，倍感欣慰。

在丛书即将付梓之际，我百感交集，感激之情无以言表，对丛书编纂过程中给予亲切指导、大力支持的各有关单位和诸位领导、专家、学者与同仁表示诚挚的感谢。感谢山东省文化厅，感谢中共澜沧县委、澜沧县人民政府，感谢中共东昌府区委、东昌府区人民政府，感谢山东省"孔子与山东文化强省战略协同创新中心"，感谢现代生物学国家级虚拟仿真实验教学中心，感谢曲阜文化国际慢城葫芦套民俗村，感谢京杭名家艺术馆杨智栋馆长，感谢辽宁葫芦山庄文化旅游集团有限公司王国林董事长，感谢山东世纪金榜科教文化股份有限公司张泉董事长，感谢聊城义珺轩葫芦博物馆贾飞馆长，感谢曲阜师范大学胡钦晓教授。感谢潘鲁生先生欣然为之作序，让本丛书增色颇多，感谢丛书的顾问刘德龙、张从军、傅永聚、叶涛等诸位先生为丛书规划设计、把关掌舵，感谢中华书局金锋、李肇翔、许旭虹等同仁对丛书出版付出的心血和大力支持，感谢孟昭连、高尚榘等我尊敬的专家教授，感谢我可亲的同事们和全国各地葫芦文化同仁朋友们，感谢我不辞辛劳的学生们和无数共举此盛事的人们，言不尽意，或有遗漏以及编纂不周之处，请诸位见谅，心中感念永存！

我是幸运的，有诸位同道师友与我一起共赴理想，描绘中华葫芦文化的绚丽多姿；我们是幸运的，身处一个伟大的时代，民族复兴的滚滚春潮孕育、催生着一朵朵梦想之花。2013年11月26日，习近平总书记视察曲阜并对弘扬中华优秀传统文化发表重要讲话。我作为孔子家乡大学的一名从事葫芦文化研究的学者，倍感振奋、倍受鼓舞，习总书记的讲话为我的研究事业指明了前进方向，提供了根本遵循。也就是自那时起，我更加清醒地认识到肩上的使命，更加系统地思考谋划葫芦文化研究事业，进而形成了"一脉两端"整体研究格局。"一脉"即中华优秀传统文化之脉，"两端"即"向上提升""向下深挖"；"向上提升"

就是将葫芦文化研究提升到贯彻落实习近平总书记曲阜重要讲话精神，推动中华优秀传统文化传承弘扬，为中华文化繁荣兴盛贡献力量的高度；"向下深挖"就是要扎根"民间""民俗""民族"的优秀传统文化，推动葫芦文化通俗化、大众化、时代化。五年后的今天，当初那颗梦想的种子已经生根发芽，吐露着新绿。我坚信，沐浴着新时代的浩荡东风，她必将傲然绽放出更加夺目的光彩！

艺术是文化之脉，文化是艺术之根——这是我从事葫芦文化研究工作的深刻领悟。一名艺术工作者只有将根基深扎在中华文化的沃壤上，其艺术创作才会厚重而不轻浮、坚定而不盲从，才会充溢着炽热而深沉的人文情怀，由内而外生发出撼人心魄的艺术力量。毫无疑问，葫芦文化研究对葫芦题材绘画创作的涵养与提升，其作用正是如此。在长期的民间探访、乡野调查、写生采风和对葫芦文化的发掘整理中，我对葫芦的形与神、意与韵、气与骨，都有了更为深切的体悟。这些慢慢累积的情感，聚于胸中，流诸笔下，使我的艺术创作更加纯粹淡然，无论是水墨的点染还是色彩的铺陈，都是我与心灵的对话，对生命的赞美，对文化的致敬。

葫芦就像一个音符，永远跳跃在我的心头。此前大半生我用尽心力去创作、收藏和研究葫芦，此后之余生亦会毅然决然地投身于葫芦文化事业之中，平生与葫芦结下的一世缘分，愈久愈深，浓不可化。九卷本《葫芦文化丛书》是一个新的起点，我会在传承与创新葫芦文化的漫漫长路上竭我所能，略尽绵薄。

是为序。

扈鲁

2018 年端午节

目　录

前言

　　葫芦又称瓠、瓠瓜、匏、匏瓜、壶卢、胡卢、瓠瓟、瓠芦、瓢等，是中华文化中具有丰富内涵的果实[①]。在几千年文明发展史上，不仅具有食用和器用等多种实用价值，而且衍生出多重审美价值，具有浓郁宗教色彩。

　　中国文学中的葫芦意象虽不属于文人意象主流，但却是中华文化中集中载负儒、释、道三家思想的典型意象之一。从《诗经》描述葫芦的诗句，到唐诗把葫芦意象作为独立审美对象进行题咏，葫芦意象已经成为诗人崇尚自然、表达隐世情怀的典型意象，从此，不仅葫芦诗大量出现，其他文学体裁的葫芦作品也大量涌现，宋词、元曲到明清小说，再到现当代民间文学，葫芦意象一直伴随着中国文学的发展，其文化意涵也在不断发展演变。以抒情为主的诗词曲赋等韵文对葫芦的咏叹，与叙事文学对葫芦的描述，也往往表现出不同的题材倾向和文化意涵。

一

　　葫芦文学发展脉络中，唐前诗歌虽然没有出现单纯咏写葫芦的作品，

[①] 钟敬文著：《葫芦是人文瓜果（节要）——在1996年民俗文化国际研讨会上的讲话》，《钟敬文文集：民俗学卷》，安徽教育出版社1999年4月版，第602页。

但奠定了中国文学葫芦文化意义基础。

《诗经》有十多篇写到葫芦，往往以个别语句或片段，描写葫芦的生长、可食、可用，诗歌中的瓠、匏、壶、瓜以及瓢、笙等相关物象，多与人们的日常生活以及社交礼仪密切相关，反映了《诗经》时代先民对葫芦的认知和崇拜；有的借用葫芦植物自然特征，比喻人事情感，寄托社会意涵，赋予了葫芦意象丰富的审美价值。

《诗经》描述了葫芦的多种实用功能：一是描写葫芦叶的形态，描述采摘葫芦叶并烹制菜肴以佐酒，招待客人，《小雅·瓠叶》首章首句"幡幡瓠叶，采之亨之"，"幡幡"叠字描写了瓠叶在微风吹拂下的招展摇动，洋溢着轻盈愉悦的感情色彩，紧接着以"采之亨之"两个动宾词组的组合，描述采摘和烹饪的连贯动作，显示出欢快的节奏，奠定了全诗热情欢快的感情基调。二是描述葫芦果实的甘美，《小雅·南有嘉鱼》第三章"南有樛木，甘瓠累之。君子有酒，嘉宾式燕绥之"的描述，可见瓠本身也是甘美食物，可以佐酒宴待宾客。三是描写大小葫芦果实累累的景象，如《大雅·生民》"麻麦幪幪，瓜瓞唪唪"，《集传》："大曰瓜，小曰瓞。"《毛传》："唪唪然，多实也。"四是叙写植物葫芦的季节性特征，《豳风·七月》"七月食瓜，八月断壶"，七月的葫芦可以食用，八月的葫芦已经成熟，这个时候可以采摘下来留做容器或做他用。五是表现了葫芦用器的多种实用价值，如《邶风·匏有苦叶》首章首句"匏有苦叶，济有深涉"，指葫芦八月叶枯成熟，可以用作渡水工具；《大雅·公刘》"执豕于牢，酌之用匏"，叙写干老掏空了的葫芦匏可以当作饮酒敬酒的器具；《小雅·鹿鸣》"我有嘉宾，鼓瑟吹笙。吹笙鼓簧，承筐是将"，其中的"笙"就是葫芦笙，或称匏笙，葫芦匏作为乐器在人们的礼仪文化生活中发挥着重要作用。

《诗经》对葫芦的片断式的描述，往往不是单纯客观地写景咏物，而是运用比兴、象征修辞手法，借葫芦藤、葫芦瓜、葫芦籽的自然特征表达人们的思想感情，反映了先民的原始信仰和葫芦崇拜意识，丰富了葫芦意象的审美意蕴。《豳风·东山》"有敦瓜苦，烝在栗薪"，袁梅先生认为描写了婚娶风俗："瓜苦，苦瓜，即瓠瓜，古时婚礼，将切开的瓠瓜给新郎新娘各持一半,盛酒漱口,行合卺之礼","栗薪即束薪。古时婚礼,将一束柴薪放置洞房内,象征永结同心,共同生活"①,这样的婚俗与先民生殖崇拜有关。从这个角度来理解《邶风·匏有苦叶》,显然可见"匏有苦叶"首句起兴即暗示了关乎婚姻的主题,所以余冠英先生《诗经选》揭示此诗主题:"这诗所写的是:一个秋天的早晨,红通通的太阳才升上地平线,照在济水上。一个女子正在岸边徘徊,她惦着住在河那边的未婚夫,心想:他如果没忘了结婚的事,该趁着河里还不曾结冰,赶快过来迎娶才是。再迟怕来不及了。现在这济水虽然涨高,也不过半车轮子深浅,那迎亲的车子该不难渡过吧?这时耳边传来野鸡和雁鹅叫唤的声音,更触动她的心事。"②《大雅·绵》整篇歌咏周人之先祖古公亶父率领子孙后代创业繁衍的历史功绩,首章首句"绵绵瓜瓞,民之初生",以连绵不断的葫芦藤结出大大小小的葫芦瓜,兴起周民之初生,形象比喻周民族不断发展壮大的历史,并蕴含子孙后代连绵不绝、繁衍昌盛的美好祈愿,体现着葫芦崇拜的意味,"只有放在葫芦生人的原始信仰背景下才能真正理解其中所蕴含的原始观念,理解周人赋予其中严肃而又丰富的内涵"③。《小雅·南有嘉鱼》"南有樛木,甘瓠累之",《大雅·生民》"麻麦幪幪,瓜瓞唪唪",除了描写甘瓠果实累累外,实际还象征着周朝子民的繁荣昌盛,表达了人们的美好愿望。《卫风·硕人》,描写硕人"齿如瓠犀",用洁白整齐的葫芦籽比喻美女的牙齿又白又齐,实际也映带着葫芦生殖崇拜意识。

《诗经》时代先民对葫芦的认知和崇拜,奠定了中国文学中葫芦意象的基本内涵,《诗经》中的"甘瓠""瓜瓞""瓠犀"等,与《庄子》中的"五石瓠",《论语》中的"瓢饮""瓠瓜""系匏",《鹖冠子》中的"一壶千金"等,蕴含着特定文化隐喻意义,历经几千年文化心理积淀,成为中国文学葫芦意象群中的典型意象。

---

① 袁梅译注:《诗经译注》,齐鲁书社 1985 年 1 月版,第 396 页。
② 余冠英选注:《诗经选》,人民文学出版社 1979 年 10 月第 2 版,第 33 页。
③ 罗洪杰:《〈诗经〉中的葫芦文化》,《贵州文史丛刊》1999 年第 6 期。

　　虽然《诗经》之后很长一段时间内，诗歌中的葫芦意象不再有《诗经》中那么丰厚的文化隐义，但魏晋南北朝诗歌不管是民歌还是文人诗，都有对葫芦的咏写，四言、五言、七言和杂言体均有咏写葫芦的诗句，而且在内容方面也有新的突破：

　　一是《论语》中的"箪瓢"意象进入诗歌，成为贫士的标识，也成为安贫乐道人格精神的象征。晋诗人江逌《咏贫诗》描写贫士一贫如洗，"空瓢覆壁下，箪上自生尘"，用来舀水的瓢勺倒覆在墙脚，盛饭的苇编小筐沾满了灰尘，这里的瓢箪细节刻画，生动真实地反映了贫士的一贫如洗，与室外的荒凉景象互相映衬，淋漓渲染了贫士的凄凉境况。三国曹魏文学家应璩《杂诗》"无钱可把撮""耕自不得粟"，贫士生活极其窘困，但"箪瓢恒日在，无用相呵喝"，化用《论语·雍也篇》"一箪食，一瓢饮，居陋巷，人不堪其忧，回也不改其乐"，表达了身处乱世而安道守节的心境。

　　二是借用上古隐士许由事迹，以"许由瓢"意象抒写诗人心志。南朝梁刘孝威的时令诗《奉和六月壬午应令》，在描写自然山水中运用"枝挂许由瓢"人文意象，与游鱼、荒径、空舟、古树、愁鸥、白鹭、青苗、渔樵等意象，共同营造了自然而荒凉的诗歌意境，表达了诗人纵情山水、逍遥自在的生活理想。从此，许由瓢、挂瓢、风瓢、弃瓢等成为诗歌抒写隐世情怀的常用典故。

　　三是葫芦瓜制作的脯干即"瓠脯"，在民歌中是普通百姓生活中的美味，也成为文人诗歌中清苦生活的指代。《豫州歌》"玄酒忘劳甘瓠脯，何以咏思歌且舞"，豫州百姓们向祖逖刺史祝福，用玄酒和甘瓠脯表达他们对祖逖的感激、敬仰；晋人程晓的四言古体《赠傅休奕诗》，题赠傅玄，实际也是自述怀抱，"许由巢父""玄酒瓠脯"意象，寄寓了自己的淡泊名利、甘于清苦。

　　四是葫芦酒樽、倾瓢独酌成为隐士形象的写照，王褒五言古诗《奉和赵王隐士诗》"独酌止倾瓢"、沈炯乐府古体《独酌谣》"一酌倾一瓢"的豪放，庾信五言古诗《拟咏怀》第二十五首"谷皮两书帙，壶卢一酒樽"的寡淡等，都与避世主题密切相关。

另外，魏晋南北朝诗歌也继承了《诗经》借葫芦自然特征比喻人事的艺术手法。应璩五言古体《百一诗》其中一首写道："平生发完全，变化似浮屠。醉酒巾帻落，秃顶赤如壶"，以通俗的语言、风趣的笔调，描写自己年老头发稀少如浮屠，刻意戴巾帻来掩饰，但酒醉后巾帻掉落，像葫芦酒壶一样光圆的秃头完全暴露出来，诙谐自嘲中流露出萧散的随性心理——这种心境在魏晋南北朝文人诗中常有，但诗歌中光圆的酒葫芦意象与"浮屠""醉酒""秃顶"意象的组合，在人文诗歌中很少出现，也是中国诗歌史上首次把葫芦意象与佛教关联的诗作。

二

把葫芦意象作为独立审美对象进行题咏的诗作出现在唐代。葫芦意象已经成为诗人崇尚自然、表达隐世情怀的典型意象。

首先，张说《咏瓢》、高适《同群公秋登琴台》、杜荀鹤《戏赠渔家》等诗中，器用类酒瓢意象已经不是单纯的日常生活用器，而是具有朴素气质的重要文人意象，更多地用来表达诗人的审美理想与心志追求。

第二，徐夤《赠东方道士》、皎然《答韦山人隐起龙文药瓢歌》、贯休《施万病丸》以及题为道士吕岩所写诗作，对于器用类葫芦意象的咏写，常常作为道家高士的陪伴物出现，不管是酒葫芦，还是药葫芦，不管是收鬼神，还是要装山川，往往带有道教神秘色彩，葫芦成为道教的标志。

第三，瓠叶、葫芦花、葫芦藤蔓、葫芦架等植物生长类葫芦意象，在唐诗中往往用来描写农村生活环境，但在不同诗境中传递出诗人不同的心理感受。

钱起五言古体《赠柏岩老人》："瓠叶覆荆扉，栗苞垂瓮牖"，"荆扉"即以荆条编扎的门，"瓮牖"即以破瓮当窗，极言居室简陋、家境贫穷；任凭疯长的葫芦叶爬上门扉，也不管成熟了的栗子垂挂在窗口，细节夸张描写，生动表现了柏岩老人任运自然的隐者性情。

贯休五言律诗《春日许征君见访》："厨香烹瓠叶，道友扣门声"，为迎接好友的到访，厨房里烹煮着瓠叶，散发着阵阵清香，这是诗人清贫生活中待客场景的真实刻画，同时也是用《诗经·瓠叶》典故，表达对道友到来的热情欢迎。

杜甫五言律诗《除架》："束薪已零落，瓠叶转萧疏。幸结白花了，宁辞青蔓除！秋虫声不去，暮雀意何如？寒事今牢落，人生亦有初。"《杜律启蒙》曾解析这首诗："首四句，论以不得不除之理势。五、六，言既除之后，虫雀皆恋恋不舍。末复申谕之曰：寒事牢落，虽欲不除而不能矣。物固有之，人亦宜然。人生亦有初，苟无其终，奚以有初？此固理势之必然。身受其除，与旁观其除者，俱不必怅怅也。"[①]杜甫是借葫芦的生长历程而感叹人生，小中见大。

第四，唐代诗歌也有不少作品运用了葫芦典故。有的以颜回箪瓢、许由弃瓢典故表达隐居避世、甘于清贫的精神追求，有的用匏瓜徒悬喻指自己的用世之意。也有反用典故，抒写自我怀抱。如大历隐士朱湾，性格孤傲，其五言律诗《咏壁上酒瓢呈萧明府》，名为咏物，实则借以表达自己的人生观，不拘于描摹，遗貌取神，其中"莫将成废器，还有对樽时"，反用魏王瓠典故，诗人自比酒瓢，表示挂在墙壁上的葫芦瓢还有倾酒对樽的时候，人生不能废而不用，君子出处应有所期待。

另外，唐代咏物诗中出现了咏写匏笙的诗歌，如初唐宫廷诗人李峤的五言律诗《笙》，中唐张祜的五言律诗《笙》，在咏写笙的美妙声音的同时，兼顾了匏瓢的外形特征，都是咏物诗中的佳作。

三

随着宋代诗歌创作越来越关注日常生活，诗人们对葫芦及相关意象的关注程度比唐代有所提升，葫芦意象成为宋士大夫表现闲淡优游生活及其

---

① 〔清〕边连宝著，韩成武、贺严、孙微、綦维点校：《杜律启蒙》，齐鲁书社 2005 年 6 月版，第 82 页。

哲思体察、闲情雅趣的重要文人意象。

宋代出现比较早的典型的葫芦诗，是梅尧臣的一篇五古《田家屋上壶》，梅尧臣是宋代第一个开拓田园诗的作家，这透漏出一个信息，即作家对于田园生活的关注，是导致葫芦意象大量入诗的重要因素。

笔者运用北京大学《全宋诗》分析系统和《全唐诗》分析系统，对《全唐诗》57592首诗歌作品（含散句）进行全文检索，含词汇"葫芦""胡芦""壶卢""瓢""瓠""匏"的作品共有214首，占《全唐诗》诗作总数的0.37%；检索《全宋诗》254240首诗作（含散句），有1754首，占《全宋诗》诗作总数的0.69%。虽然以上统计没有剔除瓠子河地名、提葫芦鸟名等非葫芦物象，但由此亦见宋代涉及葫芦意象的诗歌数量以及所占比例较唐代有大幅度增加。

再进一步检索含有农村常见蔬类"瓜"的作品（包括散句），《全唐诗》中有189首，占《全唐诗》诗作总数的0.33%；《全宋诗》有1505首，占《全宋诗》诗作总数的0.59%。诗歌中的"瓜"当然也包括葫芦瓜，它既有普遍意义瓜蔬含义，又有具体不同瓜属，所以检索葫芦意象出现频率，不能把"瓜"的出现频率计算在内。但从数据看来，"瓜"的词频与葫芦类词频相差不多。

虽然宋代诗歌中葫芦意象描写远远高于唐诗，但葫芦题材并没有进入到诗人重点咏写范围。我们可以比较一下传统诗歌重点咏写意象在总集中的词频：诗歌中植物类传统意象菊、兰、梅、竹，在《全唐诗》中分别是768首、1708首、1508首和3365首，分别占《全唐诗》诗作总数的1.3%、3%、2.6%和5.8%；在《全宋诗》中分别是4380首、5198首、12009首和14809首，分别占《全宋诗》诗作总数的1.7%、2%、4.7%和5.8%。可见，从唐到宋，诗人们对梅、兰、竹、菊的咏写热情是一直持续的，势必使它们濡染越来越多的人文气质，葫芦意象还不能与它们相提并论。

葫芦意象在宋代诗人笔下并没有取得与梅、兰、竹、菊那样的地位，但宋代不少诗人对它的美味、用途、生长用心体会，对它富蕴的精神品质羡赏不已，对它有关的掌故趣事津津乐道或再创出新。我们通过分析《全宋诗》中葫芦、胡芦、壶卢、瓢、瓠、匏等葫芦意象的出现频率，可以看出诗人们意象选择、运用的特点：

排在第一位的是"瓢"，1078篇（含散句）。其中，"箪瓢""瓢饮"360篇，"箪瓢"315篇，"瓢饮"45篇。绝大多数是借用颜渊箪瓢陋巷的典故，抒写自我怀抱，或抒写自己的简单闲适生活的乐趣，或赞美友人的安贫乐道的精神，也有从咏史的角度来抒发自己对颜回之乐的理解体悟，如张九成七言绝句《论语绝句》其一五："贫即无聊富即骄，回心独尔乐箪瓢。个中得趣无人会，惆怅遗风久寂寥。""酒瓢"19篇，多写日常休闲娱乐生活，如：寇准《春晚书事》："青梅时节迟归计，且逐余芳殢酒瓢。"徐积《赠陈留逸人》其二："更画几枝花，酒瓢与酒壶。"其他还有"挂瓢""风瓢""弃瓢""许由瓢""悬瓢"25篇，又1句；"诗瓢"16篇；"药瓢"9篇，"水瓢"1篇。

以上含"瓢"诗作中，比较典型的咏瓢抒情作品有：司马光的七绝《送酒与邵尧夫因戏之》，葛立方的古体《瓢饮亭》，李流谦的五律《偶失一丹瓢戏书》，陆游的古体《步虚》其四，陆游的七律《或遗以两大瓢因寓物外兴》，陆游的五律《家有两瓢分贮酒药出则使一童负之戏赋五字句》，李昴英的七律《罗浮峒长宝谷王宁素送药瓢》。

第二位的是"瓠"，304篇（含散句）。其中："瓠壶"44篇，"大瓠"17篇，"瓜瓠""瓠瓜"20篇，"瓠叶"12篇，"瓠犀"10篇，"魏瓠""五石瓠"7篇，"瓠白"3篇，"甘瓠"2篇；有18篇"瓠子"指的是地名，非葫芦。这些含"瓠"葫芦诗作中，典型的咏瓠抒情作品有：刘敞的五古《种瓠瓜》，曹勋的五古《山居杂诗九十首》其三，刘子翚的五绝《园蔬十咏·瓠》，陆游的五古《村舍杂书》其三，陆游的七绝《书怀四首》其四，杨万里的七绝《甘瓠》。

第三位是"匏"，253篇。其中，"匏瓜"52篇，"系匏""匏系""悬匏"74篇，"笙匏""匏笙"4篇。

第四位是"葫芦""壶卢""胡芦"，119首（含散句），其中20首中的"葫芦"或"壶卢"或"胡芦"，指的是提葫芦鸟。典型的咏葫芦作品有：黄庭坚的五古《葫芦颂》，刘一止的七绝《次韵傅舍人咏褚邦直葫芦》，陆游的七言绝句《刘道士赠小葫芦》四首，陈造的五古《银葫芦》。

我们分析这些作品，可以看出，宋诗咏写葫芦一是多与诗人们日常林园休闲或村居生活密切相关；二是诗人们用笔的重点不在细致描摹形象或景物，往往遗貌取神；三是大量使用典故，除了"依样画葫芦"新典之外，其他包括颜渊箪瓢、许由弃瓢、匏系不食、魏王瓠、烂蒸葫芦、诗瓢等等，宋前葫芦典故无所不含，这些证明了葫芦意象确实成为宋士大夫表现闲淡优游生活及其哲思体察、闲情雅趣的重要文人意象。

另外，随着道教文化对诗歌的渗透，具有神秘色彩的"壶中""壶天""悬壶"意象在宋诗中大量出现。通过北京大学《全宋诗》分析系统，对《全宋诗》254240首作品进行全文检索，"壶中"378首、"壶天"101首、"悬壶"12首，这些作品只有少数几篇描写了植物类葫芦意象，其他基本上与植物和器物葫芦没有直接关系，大部分与宋代饮酒文化有关，与"壶公""壶中天地"典故有关，洋溢着浓郁的道教色彩。还有一些僧诗颂偈，以葫芦相关俗语入诗，宣扬佛教教义或调侃僧人生活，生动活泼，妙趣横生。

四

金元时期的葫芦诗，虽然题材取向上受唐宋诗影响，但更多地经受了当代文化的润染，特别是元代葫芦诗，总体上具有以下两个共性特征：

其一，在咏写植物类葫芦的生长、可食，表现田园生活方面，基本上没有超出宋诗表现范围；但在咏写器物类葫芦，表达诗酒人生、闲情雅致方面，元诗表现出更浓郁的艺术气质。

元代文人附庸风雅中，不仅产生了径题"诗瓢"的诗作，而且对椰、石等非植物葫芦材料制成的葫芦瓢状酒器饮器进行细腻玩赏、互相酬唱，如刘因的七古《饮仲诚椰瓢》、王结的七律《椰瓢》和张之翰的七律《同王简卿赋莱石瓢杯》等。特别是对鹤瓢这样异形葫芦表现出极大情趣，不仅有道士因此而闻名，更有文人们竞相诗文题咏，在元末明初成为文坛一景。

值得注意的是绘画艺术也给葫芦诗歌创作提供了咏写题材，题画诗的发展也体现在葫芦意象咏写作品中。元好问有七绝《许由掷瓢图》，刘因有七绝《许由弃瓢图》，张翥有七绝《许由弃瓢卷》，马祖常有七绝《题携壶图》，诗人们对于画中葫芦意象及相关场景进行描绘，但并不拘泥于画面，往往展开想象，形成与画中主人的感情交流，或借以抒发自我感慨，一定程度上丰富了葫芦典故意涵。

其二，对葫芦相关生活场景和自然景物的描写，比宋诗显得细腻清新；典故使用时也比宋诗显得明朗畅快。不同诗人笔下的葫芦意象及相关生活场景，具有不同的特点，艺术风貌多样。

以文渊阁《四库全书》《续修四库全书》《四库全书存目丛书》《四库禁毁书丛刊》为统计依据，元诗径以"瓢""葫芦""瓠""壶"命名的纯粹咏物诗作20多篇。同题"咏葫芦"，有李道纯的五律《咏葫芦》、释中峰明本的七律《咏葫芦》，作者一是宋末元初著名道士，一是元代禅宗高僧，虽然都写到了葫芦的盛药作用，但两诗选取的相关意象不同，咏写内容不同、风貌迥异。李道纯的《咏葫芦》，以葫芦的下种、浇灌、培育、开花、结果的过程描写，实际形象比喻了内丹修炼过程中精、气、神的微妙变化，这首田园诗实际隐藏着道教丹学隐语。中峰明本的《咏葫芦》则从晚秋成熟的葫芦形状入手，写到葫芦的功能，不仅可以作为储存器皿来贮藏神仙三岛灵药，而且可以作为浮水工具，能助罗汉周游五湖四海，剖开来可以一半赠颜回一半送许由，表面看是结合典故，从形、质、神多个方面咏写葫芦，起承转合，结构严密，意蕴丰富，实际上诗歌"悬明月""缀碧蔬"用语已经使人读出调侃滑稽的味道了。

王旭和谢宗可都有七律《诗瓢》，但典故使用一明一暗，各有韵致。王旭七律《诗瓢》："莫笑庄生瓠不容，一朝分剖属诗翁。新篇未厌收来满，元气须防挹处空。兴在箕山抛掷外，春生颜巷笑吟中。等闲莫放江湖去，留酌天浆伴五穷。"以典开篇，用典新奇；闲情逸致，气韵盎然。谢宗可七律《诗瓢》："雨蔓霜条老翠壶，吟边不是酒胡卢。剖开架上轮囷玉，着尽胸中错落珠。满贮苦心留宇宙，深藏清气付江湖。谁家半腹能千首，为问山人果在无。"以景衬情，以物喻人，比喻象征，典故暗藏，葫芦珠子、葫芦苦心，比喻一腔清气、满腹才华，诗情灵动，清丽自然。

范梈的五律《种瓠二首》和魏初的五古《匏瓜诗》十首，既有田园风，又有孤高气。陈普的五古《悬壶》和欧阳玄的七律《壶清》，也各有特色。

五

明代葫芦诗具有浓郁的艺术气质。

其一，对异形、异质葫芦瓢的题咏，真实记录了葫芦瓢的发展历程，流露了时代审美趋向。

对异形葫芦鹤瓢的题咏，带给元末明初文坛一抹浪漫色彩。葫芦品种不同，形状有异。有形似鹤，制成饮器，称为"鹤瓢"。《姑苏志》卷五十八载："李德睿，字士明，嘉定人。为宁真观道士，尤攻于医，遇淮人李清隐授窦太师飞腾针法。洪武初，召入见，辞归。尝携瓢卖药市中，瓢小而类鹤，因号'鹤瓢道士'。张羽为传，王行、高启辈皆为赋咏。"[①]从文献记载看，王行、张羽、高启、徐贲、姚广孝、王彝等长洲（今苏州）北郭诗友，在与"鹤瓢"道士李士明交往中，互相酬唱，创作了一些题咏鹤瓢的诗文。元至正二十六年（1366）王行作《鹤瓢山房记》云："吴城东北有老氏之居曰'宁真馆'者，李君名睿……题其室曰：'鹤瓢山房'……兹二十年矣。今年秋始至告予以其故……君字士明。"[②]王彝《鹤瓢志》记曰："草之蔓生而实者，有曰'瓠'，其为形也，有首焉，有颔焉，有腹焉，有无颔与首，而惟蟠其腹者焉。而其修短、大小、圆曲、卧立之状，不必同也。其为器也，可勺焉，可壶与瓢焉。其完而穴之，离而判之，用之不必同也。道士李睿畜瓢一，昂首修颈，而腹果然。其状肖鹤，以为勺则大，以为壶则曲。乃刳其腹，出其犀，

---

① 〔明〕王鏊撰：《姑苏志》，清文渊阁《四库全书》影印本。
② 〔明〕王行撰：《半轩集·方外杂著》，清文渊阁《四库全书》影印本。

空然以为瓢，而全其为鹤之状，因字之曰'鹤瓢'。"①高启有《鹤瓢赋》，其序曰："宁真馆李高士，遇青城黄老师遗一瓢，其形肖鹤，刳为饮器，名曰'鹤瓢'。"另外，苏大年有《鹤瓢铭》②，陈基有《鹤瓢说》③，张羽有《鹤瓢道士传》④，同时戴良、卢堪、袁华、姚广孝等皆有赠诗。张羽七绝《寄鹤瓢李士明》、王行五律《寄李鹤瓢士明》、高启七律《鹤瓢》两首、钱子正七绝《鹤瓢》、虞堪古体杂言《鹤瓢》、姚广孝七古《鹤瓢歌》、徐贲五律《与金文中、朱仲义、宋仲温过李士明炼师，雨阻留宿，探韵得孤字。师有酒瓢如鹤形，因扁居曰鹤瓢山房》、郑真七言律诗《赋鹤瓢杯用方参政韵》等，有律诗有古体，有齐言有杂言，有短制有长篇；在雅集玩赏中，歌咏神器浪漫仙姿，表达诗酒逍遥情怀。"鹤瓢"不仅仅是诗人们酬唱往来表达感情的饮器，"鹤瓢"山房也不仅仅是志同道合好友相聚雅集场所，"鹤瓢"俨然一种精神符号，凝聚着诗人们的共同志趣，承载着他们自由自适的人生祈望，成为诗人们寄托浪漫情怀的心灵乐园。

与常用葫芦瓢不同，椰瓢以椰壳为酒瓢，在晋代文献中就有记载，宋元时期都有题咏，明代椰瓢诗，值得注意的是王绂的五言律《赋椰瓢》和赵用贤的五言排律《郊坛扈驾赐观斋宫温室赐金椰瓢银八宝纪恩》。这两篇是咏物，也是记事，所咏椰瓢，一是产自南方的甘果贡品，一是来自郊祀扈驾后的颁赐宝物，均沾带帝恩，足以荣耀家族，可以容留子孙；亦可作为历史记忆，与史料相佐证，《万历起居注》即有赐金椰瓢的记录：万历八年（1580）三月"四日癸卯，以扈驾谒陵，赐元辅张居正大红彩织蟒衣罗一表里、绿罗一表里……金鈒蟒椰瓢一个……金椰瓢一个、金事件五事一副"⑤，万历十一年闰二月，"七日庚申，以扈驾谒陵，赐元辅张四维大红彩织蟒衣纻丝一表里……金鈒蟒椰瓢一个……金椰瓢一个、金事件五事、刀

① 〔明〕王彝撰：《王宗常集》，清文渊阁《四库全书》影印本。

② 李修生主编：《全元文》卷一二二九，凤凰出版社 2004 年 12 月版，第 282 页。

③ 〔明〕陈基撰：《夷白斋稿》卷十二，清文渊阁《四库全书》影印本。

④ 李修生主编：《全元文》卷一七一〇，凤凰出版社 2004 年 12 月版，第 368 页。

⑤ 南炳文、吴彦玲辑校：《辑校万历起居注》一，天津古籍出版社 2010 年 1 月版，第 292 页。

儿一副"①。

木瘿瓢以树木瘿结剖制而成，明代谷应泰《博物要览》载："木理多节，缩蹙成山水、人物、鸟兽之纹。"②木瘿成瓢在明代是稀见之物，深受人们喜爱，其中，田艺蘅的石云瓢是后世称扬的著名文玩宝物，对这件宝物的最初记载应该是蒋灼与田艺蘅的酬唱诗作《咏子艺石云瓢》以及田艺蘅本人咏写的《石云瓢歌》，田艺蘅诗序记曰："石云瓢，田子酒器也，山中老木瘿剞而成尊，石以其坚，云以其纹，瓢以其形，盖草堂之雅器也。"蒋灼的诗句"荷叶影翻青石髓，梨花香动白云根"，以灵动的笔调、清丽的色彩，细致刻画了石云瓢纹理美，给读者带来极大的审美享受。欧大任的《酬张元易送木瘿瓢》、徐燉的《瘿木瓢》，均咏物抒情，表达隐逸怡愉乐趣。

其二，对葫芦瓢相关绘画的题诗，既是对葫芦题材画的品评，又是诗人与画家或藏家的感情交流、心灵碰撞。徐贲七律《弃瓢卧雪二图》、虞堪七古《瓢隐画歌》、夏原吉七绝《题许侍郎所藏许由弃瓢图》、张宁五绝《弃瓢图》、沈周五古《许由弃瓢图》、程敏政七绝《许由弃瓢图为廷殿侄题》、李东阳七绝《弃瓢图》、方豪七古《弃瓢图寄国英侍御》、明代徐渭五绝《为陈司理题画》等题画诗，描述画中葫芦瓢等意象或意境，咏叹相关人物及品质，探讨人生精神旨趣，往往是绘画美与情感美的结合，在诗歌艺术史和绘画艺术史上都有价值，不能简单地以文人附庸风雅看待。有的具有绘画艺术史的意义，如严嵩的五言绝句《赐葫芦画五对》和《赐葫芦画八幅》，可能是关于葫芦画的较早记载，而且皇帝赐画的事件本身，与诗中"良工高殿写丹青""内家每爱葫芦样"，直接反映了社会最高统治者的爱尚。上行下效，由此也必然引起社会各个阶层对葫芦宝玩的追逐。

另外，于慎行七言律诗《元旦赐门神挂屏葫芦等物岁以为常》，不但记录了皇帝赐予近臣葫芦已成惯例，同时反映了元旦贴门神佩葫芦等辟邪祈福习俗，具有民俗文化价值。

① 南炳文、吴彦玲辑校：《辑校万历起居注》一，天津古籍出版社 2010 年 1 月版，第 410 页。
② 〔明〕谷应泰撰：《博物要览》，《丛书集成初编》本，中华书局 1985 年版。

六

清诗中的葫芦意象，很大程度上失去了唐宋葫芦诗的田园味和元代葫芦诗的隐逸气，诗人们已经不大在意植物瓜果类葫芦的甘香，而是热衷于葫芦文玩、葫芦艺术的鉴赏。

清初已有范制葫芦，也有陶制酒杯。巢鸣盛隐居田间，在居所四周种葫芦，范制成各种器皿，闻名天下。曹溶的《匏杯歌》《后匏杯歌》，长篇巨制，咏写了范制葫芦的新巧与珍贵。

瘿瓢与漆器葫芦的古朴淳雅，小葫芦的天然精工，为文人们诗酒生活提供了更浓郁的艺术赏玩氛围，陈恭尹的五律《瘿瓢》，查慎行的七言歌行《长生木瓢歌》，查嗣瑮的七言歌行《和初白御赐瘿瓢歌》，顾光旭的七律《除夕员谷惠漆葫芦以玉露两瓶报之》，傅仲辰的七古《得小葫芦作歌》，都反映了诗人们的兴趣爱好。

皇宫对葫芦文具、文玩的研发，社会上层对葫芦艺术的爱尚，集中反映在乾隆帝弘历的御制葫芦诗以及臣子的和韵应制诗中。文渊阁《四库全书》收录乾隆帝葫芦诗13首，咏写对象有壶卢器、葫芦笔筒、壶卢砚、葫芦瓶、壶卢碗、壶卢合子、壶卢罐等，种类集中于文房日常；有五古、七古，有乐府古体、七言歌行，有五律、七律，有五绝、七绝，体式多种多样。

清诗中一般植物类器物类葫芦描写，带有田园背景、抒写隐逸情怀的作品为数不多。汤贻汾的七绝《葫芦》两首，其一以幽默笔调讽刺大腹便便者的无才无识，其二流露无人赏识、瓠落弃用的伤感。钱载古体《秋圃九咏·葫芦》，题为"秋圃""葫芦"咏叹，实则借题生发，慨叹现实人生，抒写了自己作舟欲济的苦心、不食不材的无奈、葫芦葫芦的糊涂等复杂情感。诗作从毛诗入手，开篇就脱离了葫芦本身存在的自然环境，开端构思就已经暗示了瞄准社会环境的主旨。

另外，陈梓的七言古体《葫芦灰》，记载了禅院以葫芦盛人骨灰的现象，也应该是研究葫芦民俗文化值得注意的资料。

七

伴随着城市休闲娱乐文化发展，在歌儿舞女、推杯换盏的旖旎氛围中逐渐兴盛的文人词，天生与草瓠葫芦有隔。检索任半塘编《敦煌歌辞总编》和张璋、黄畬编《全唐五代词》，我们发现，现存唐五代词没有单纯咏写葫芦的作品，只有个别词语与葫芦意象相关。

检索以上两个总集"瓢""葫芦""瓠""匏""壶"词频，结果如下：《敦煌歌辞总编》出现"瓢"1次，"壶"2次，其中铜壶1次、壶中天1次，没有"葫芦""瓠""匏"用词。《全唐五代词》出现"瓢"1次，"葫芦"1次，其中"葫芦"出现在吕岩词中："瓠""匏"均无。与葫芦意象相关的"壶"字，出现18次，其中铜壶3次、金壶3次、锦壶1次、琼壶1次，生活用器之壶多是金银玉等富贵物；宗教语汇壶中天地类出现10次，多集中在托名吕岩的词中。可见，不管是民间曲词还是文人词，在这种新型音乐文学产生之际，与田园生活之趣、箪瓢陋巷之乐就没有多大关系，词与葫芦意象天生无缘。

随着词体逐渐为社会各阶层人喜闻乐见，创作队伍扩大，表现内容拓展，特别是经过北宋中后期苏轼等人的以诗为词，葫芦意象逐渐进入词体吟咏范围，出现了单纯咏写葫芦的葫芦词，如黄庭坚的寄调《渔家傲》、张继先的一首《点绛唇》和张抡的一首《蝶恋花》。这三首葫芦词，作家身份不同，艺术个性有异，但都有通俗活泼的审美共性，如黄庭坚的《渔家傲》咏葫芦，词作与词序相辅相成，以俗语入词，借葫芦意象，把一个醉酒逍遥僧的形象刻画得栩栩如生，表达活泼流畅、生动有趣，形象具体地呈现了序中葫芦诗的诗意。

两宋纯粹的葫芦词虽然不多，但葫芦意象已经大量入词。检索唐圭璋先生编《全宋词》和孔凡礼先生编《全宋词补辑》，写到"瓢"的作品有39篇，其中，写箪瓢、瓢饮颜回之乐16篇，写风瓢、挂瓢许由逍遥之趣3篇，写到诗瓢的有3篇、瘿瓢2篇、药瓢1篇、山瓢1篇，另外有2篇写到玉瓢，1篇写到荷叶瓢。可见宋诗中所抒写的瓢的意涵，在宋词中也能找到描写的语句。写到"瓠"的虽然只有6篇，但包括悬壶、康瓠、瓠壶、瓠叶、瓠羹、瓠犀。写到"匏"的有6篇,包括匏尊、匏系、匏瓜。写到"葫芦"的有9篇,包括自然植物葫芦、酒葫芦、僧秃葫芦、道教壶中天葫芦和提葫芦鸟。词中的葫芦植物或器物形象,成为词作所描写生活场景的重要内容,或表现诗酒之乐,或表达逍遥之趣,或言说生活清苦,或抒发亲朋情谊,或品鉴葫芦瓢画境,等等,意蕴丰富,更有宗教教义的具体呈现,丰富了词体意象,实现了对词体题材的开拓。

伴随着俗文化对文学的渗透,伴随着文学重心下移和俗化,元曲、元词更贴近日常生活、贴近世俗生活,出现了大量的葫芦描写。描写葫芦花、葫芦架等植物类葫芦意象,如:曾瑞散曲套曲【般涉调·哨遍】《村居》:"把闲花野草都锄净,尚又怕稊稗交生。桑榆高接暮云平,笋黄菜绿瓜青。葫芦花发香风细,杨柳阴浓暑气清。开心镜,静观消长,闲考亏盈。"关汉卿杂剧《刘夫人庆赏五侯宴》第三折:"秋收已罢,赛社迎神。开筵在葫芦篷下,酒酿在瓦钵磁盆。"陈草庵散曲小令【中吕·山坡羊】:"尧民堪讶,朱陈婚嫁,柴门斜搭葫芦架。"描写葫芦瓢、匏樽等葫芦器用类意象,如:无名氏散曲小令【正宫·醉太平】《叹子弟》:"寻葫芦锯瓢,拾砖瓦攒窑。"王实甫杂剧《四丞相高会丽春堂》第三折:"感今怀古,旧荣新辱,都装入酒葫芦。"描写瘿瓢、椰瓢等异形异质葫芦怪异另类意象,如:张可久散曲小令【双调·水仙子】《和逍遥韵》:"槲叶袍筇枝杖,松花酿瘿木瓢。"乔吉散曲小令【正宫·醉太平】《乐闲》:"椰瓢倾、云浅松醪剩。"有的借葫芦瓢典故抒写自我情怀,如:刘时中散曲【南吕·四块玉】:"衣紫袍,居黄阁,九鼎沉似许由瓢,甘美无味教人笑。"在对葫芦意象的描写中,不仅表现了葫芦的种植、使用等实用价值,而且借以表情达意,抒写自我情怀,或粗犷豪爽,或自在潇洒,在多样艺术风格中也共同体现了元代返璞归真的时代审美观。

值得注意的是,一方面,与葫芦相关的俗语如葫芦提、闷葫芦等入诗入词入曲,是文学俗化的具体表征。另一方面,在葫芦意象俗化过程中,出现与葫芦相关的专门的音乐术语如曲调《胜葫芦》《油葫芦》《醋葫芦》《腾葫芦》和词调《圣葫芦》等,把葫芦故事、葫芦俗语提炼成词调、曲调,是否是对葫芦意象的雅化表现，也值得思考探讨。

明代词曲中描写葫芦相关意象的语句并不多，但著名的散曲和戏剧家冯惟敏的散曲小令【仙桂引】《咏诗匏》，是一首纯粹的葫芦诗，对一个题有诗篇、雕刻精工的文玩葫芦进行多方面题咏，诗情淋漓，用词典丽精工，可谓物与诗臻美。

清代词体中兴，词写葫芦篇章剧增，其内容与葫芦诗有大体一致的审美倾向，李良年有《古倾杯》咏写匏杯、朱祖谋有《洞仙歌》咏写匏瓜砚，程颂万有《浣溪纱》题咏问匏图，董元恺《清平乐·菖蒲葫芦》咏写葫芦雕刻艺术，不仅表现了清代文人对于艺术类葫芦的极大热情，而且词作的细腻描写也再现了清代精湛的葫芦艺术。

另外，清代吴伟业的《浪淘沙·端午》记写了端午时节佩戴彩丝绳与小葫芦的习俗，

文廷式的《少年行》虽不是直接题咏葫芦，但其序言中则记载了当时日本对葫芦的称呼，均具有民俗文化价值。

八

赋体是最能驰骋才情、淋漓表达的一种韵文形式，以赋体形式咏写葫芦相关意象产生在晋代。潘岳的《笙赋》不仅以富丽笔调描写了笙的材料、制作、发音原理、吹奏方法和笙的外形、音色，而且着力铺叙了各种笙曲的演奏及其审美价值取向，赋篇最后归于盛赞音乐移风易俗的社会功能，是咏写乐器葫芦笙的典范之作。此赋虽然不是直接题咏葫芦，但其开篇"河汾之宝，有曲沃之悬匏焉；邹鲁之珍，有汶阳之孤筱焉"，写笙取材于匏与竹并描述材料的产地、特点，由此"曲沃悬匏"便成为葫芦笙标志。

借助中国基本古籍数据库，检索《四库全书》《续修四库全书》《四库全书存目丛书》《四库未收书辑刊》《四库禁毁书丛刊》，纯粹咏写植物类或器用类或艺术类葫芦意象（包括瓠、匏、瓢）的咏物赋，仅有9篇，即唐代崔曙的《瓢赋》、韦肇的《瓢赋》、李程的《匏赋》，元代王祯的《匏樽》，元

末明初宋讷的《椰子酒瓢赋》、高启的《鹤瓢赋》，明代韩上桂的《木瘿瓢赋》，清代李光地的《木瘿瓢赋》和陈梦雷的《木瘿瓢赋》。均以器用类葫芦为咏写对象，有长篇也有短制；有的质朴，有的典丽；有的以说理为主，有的以渲染见长。虽篇目不多，但风格多样。

《文心雕龙·诠赋》："赋者，铺也。"《西京杂记》卷二载司马相如语："合纂组以成文，列锦绣而为质，一经一纬，一宫一商，此赋之迹也。"赋的最显著的艺术特征就是铺排。但作家不同，铺叙表现亦不相同。文学史上第一篇葫芦赋，即开元二十六年以状元及第的崔曙的小赋《瓢赋》，以酒瓢天然本性契合酒宴礼仪真情为主题，简要描述，较少用典，语言精练，篇幅短小，充满质朴之气。同是唐代咏瓢赋，中唐时期韦肇的律赋《瓢赋》，则"几乎全是化用成语典故，对偶精工典丽，对于形式之美的讲究与追求完全淹没了其对于主题思想的构思"①；同是中唐作家的李程，其律赋《匏赋》比之韦肇的《瓢赋》，有更多的描写和典故，或比喻，或象征，或直叙，或烘托，尽情展现了匏的质朴古醇与笙的清音雅韵，并把匏笙的至美与君子之德相提并论，从而抒发了君子自清勤礼、国家和谐太平的主张。韦肇的《瓢赋》和李程的《匏赋》，显示了中唐律赋咏物呈现的新格调。

其他葫芦赋，有古赋，有文赋，从元到明清，或浓笔铺叙，典重雅炼；或委婉徐写，清新舒卷；或奇笔纵横，波澜顿挫。抒君子高蹈，赞君子美质。以体物抒情为主，也有体物叙事之篇。我们徜徉其间，不仅可以从中探寻赋体的发展脉络和演变痕迹，而且能够让我们感受到小小葫芦蕴藏的丰富的文化意蕴美，感受到比喻、象征、夸张、用典等多种艺术修辞美，感受到或典丽或清雅或酣畅或顿挫的表达风格美，享受到讲究用韵、字声和节奏带来的语言韵律美。"铺采摛文，体物写志"，字里行间的葫芦，实际充满了美丑、善恶和是非评判——这些都是葫芦赋带给我们的审美感受。

以上这9篇葫芦赋，多家赋体专辑都没有辑录，历代赋评也没有关注，可惜它们被长期忽略在文学宝藏的角落。

① 尹占华著：《律赋论稿》，巴蜀书社 2001 年 5 月版，第 131 页。

九

　　明清小说中的葫芦意象比韵文中的葫芦意象蕴含了更丰富的文化意义,尤其是大量魔幻神奇葫芦意象,带有浓郁的宗教色彩,反映了民间宗教信仰以及理想愿望。梳理明清叙事小说中的葫芦意象,应注意以下三个重要问题:

　　其一,小说中大量充斥着的"闷葫芦""锯了嘴的葫芦""葫芦里闷的什么药""葫芦提"等民间俗语,实际体现了具有葫芦特征的民族集体意识。

　　其二,日常生活用具葫芦有时在小说中充当着重要文学道具。如《水浒传》第十回"林教头风雪山神庙,陆虞候火烧草料场"中老军留给林冲的酒葫芦,对于推动小说情节发展和表现林冲性格转变有重要作用。第十六回"杨志押送金银担,吴用智取生辰纲",叙写晁盖、吴用等人装扮的贩枣商客与卖酒汉子用蒙汗药迷倒杨志等人而智取生辰纲,用瓢舀酒、用瓢下药,两椰瓢是英雄计谋中的关键性道具。

　　其三,大量神奇魔幻葫芦意象,包含了人们对现实生活中所不能实现的理想世界的追求,表达了人们对梦想成真的渴求。实际反映了民间宗教信仰以及理想愿望。日常生活中极其常见的用作盛酒、藏药的容器,在有些小说中变成了能容纳万千军马、吞吐江海湖泊、内藏各种玄机的宝物,成为降妖伏魔、对敌制胜的法器。如明代许仲琳《封神演义》四十四回,子牙魂游昆仑台,为南极仙翁收入葫芦中;五十四回写彩云仙子以葫芦中戮目珠打黄天化于麒麟下;七十一回由崇黑虎的红葫芦中飞出千只铁嘴神鹰食尽高继能蜈蜂;九十七回又写妲己被缚,其媚人术使刽子手难以操刀,姜子牙打开红葫芦,一道白光上升,现出一物,有眉,有眼,有翅,有足,在白光上旋转,子牙打一躬,请宝贝转身,那宝贝三转两转,妲己头已落地。《英烈传》第五十回也描述从葫芦中倾倒出盔甲、兵马、虎豹的妖术。罗贯中《平妖传》十一回写杜七圣表演剁孩儿头法术失灵,为人施法,遂以葫芦籽种地,霎时发芽,长蔓,开花,结一葫芦儿,杜刀斩葫芦,一和尚忽而头落地,原来是他以碟子扣住了孩儿魂。《西游记》第三十三、三十四、三十五回写紫金红葫芦可以装天、化人的神奇功能。清代《大汉三合明珠宝剑全传》第三十一回有卜道安运用葫芦撒豆成兵、移山倒海、呼风唤雨。《八仙得道》中铁拐李的葫芦法力无边。《济公全传》里的"五行奥妙大葫芦"能装三山五岳、化精灵，也是神奇无限。还有魏文中《绣云阁》第七十七回叙述贪狼的葫芦法器用以悬空吸物吸人，等等。小说中寻常之物变成神奇的法宝，是人们通过幻想所制造的奇妙世界，反映了人们的理想愿望以及宗教信仰：

一是道家思想与道教信仰的影响。葫芦象征天地质朴的本性，象征摆脱浊世的理想人生，象征神仙栖息之地，象征着小宇宙"壶天"，象征道人的悬壶济世的宝物，象征降妖伏魔、斗法的宝物与法器等，可见葫芦与道教的渊源。

二是佛教思想的影响。葫芦幻化的意象描写，无论是囚禁、吸魂、隐藏兵马、倾出异物还是贮藏，都有一个共同的特点，即容纳一切可以容纳之物。小说所有与"葫芦"相关的描写中，葫芦内是一个不可估量的空间，可倾出万千玄幻之物。江海湖泊何其庞大，被吸入小小的葫芦亦可保持其庞大形态，并且毫不亏损地倾倒而出，谓之玄妙。那些兵马、佳肴、凤凰、神鹰之物亦可存于小小的葫芦之中。葫芦的本体可谓小，而其中的空间可谓大。这种想象实际受到了佛教"纳须弥于芥子"的空间思想的影响。

十

作为中华文学宝库重要组成部分，许多葫芦故事最早脱胎于口口相传的民间文学，民间文学中的葫芦故事，是《葫芦文化丛书·文学卷》重要组成部分。本卷在史料卷收录古代文献所载葫芦神话与传说之外，搜集现当代民间传说中的部分葫芦故事。

全国各地流传的葫芦故事很多，非常著名的就有佤族、白族、布朗族、哈尼族、德昂族、基诺族、拉祜族等少数民族的创世神话、人种起源神话中的葫芦故事，以及董均伦、江源搜集的《葫芦娃》，刘霞采录的黎族民间故事《葫芦娃和他的后妈》等等。为确保资料的权威可靠，我们以"民间文学三套集成"中的葫芦故事为收集来源，查阅了山西、吉林、辽宁、宁夏、海南、青海、上海、山东、广东、河北、河南、江西、黑龙江、云南、陕西、湖北、四川、广西、台湾等20多个省、市、自治区的民间文学三套集成地方卷。由于不同地域、不同民族的生活习俗和接受心理不同，葫芦故事情节内容丰富多彩、大异小同，风格也多种多样。在认真比较和筛选基础上，梳理出以下三类葫芦故事：

一是葫芦生人。主要出现在创世神话或造人传说中。在此类神话故事中，葫芦主要体现了两种作用：一是避水工具，二是造人容器。诸如《陈古烂年的老话》《落天女的子孙》《伏羲兄妹造人》等篇中，主要讲述了在人间突发大水等末世灾难的情况下，葫芦承担起了"避水工具"的角色，间接起到了"造人"的作用，人类得以继续繁衍。《孟姜女》《"司马"姓的来历》《孟姜女名字由来》等篇目中，葫芦充当了人类女性子宫的角色：类似于植物的生长过程，起初由一粒葫芦籽长成一棵葫芦秧，继而结出一个与众不同的大葫芦，等到将葫芦劈开以后就会跳出一个娃娃，这个孩子往往有非凡的神力且知恩图报。总体说来，在葫芦生人类故事中，葫芦直接或间接地孕育了人类。细究其原因，在原始社会或封建社会的特殊历史条件下，人类的生存和生活往往要依赖于自然，葫芦生人这一功能显而易见地表现了我们祖先对生命传承的希冀和期盼。

二是葫芦法宝。葫芦作为道家重要的镇辟法器，在民间有着深厚的信仰根源，它来自远古巫术信仰，却对后世文化影响深远，以至于民间传说和民俗志书里至今还存在大量关于葫芦法宝类的故事。相关篇目如《蝎子精》《纪小堂拿五鬼》《哥俩取宝》《教训》等，主要情节多是主人公生性善良却极度贫穷，由于做了善事（如救治受伤的燕子）或经历一些神奇的遭遇，阴差阳错间得到一个宝葫芦，这个葫芦或能变出金银财宝，或能捉鬼，帮助主人公改变命运。在这类故事中，葫芦具有了消灾弭祸、扶危济困的功能，能够帮助主人公摆脱困境、过上富裕生活，且恶有恶报，坏人得到报应。故事比较集中展示了先民在农耕时代的畏惧和隐殇，也表现了无力改变自身窘困命运的个体对于幸福美好生活的希冀与幻想。这类故事中的葫芦，散发着神奇魔力，反映了人们对于幸福生活的积极向往和对于公平正义的急切呼唤，具有喷薄欲出的淳朴生命力。

三是葫芦道具。顾名思义，此类故事的葫芦，不是故事的主角，而是推动故事情节发展的必不可缺的道具。《甘罗的传说》中的葫芦是秦始皇和罗官人打赌的工具，《拜寿》中的葫芦是老王偷盗时掩护自己的工具，《木匠破骗术》中的葫芦是药翁行骗的工具，等等。葫芦在故事中虽未有大篇幅和重点描述，但却是推动故事发展不可或缺的因素，扮演着重要配角，与其他故事角色共同完成主角命运的转变，帮助主人公完成心愿、成就圆满结局。

从普通的植物到具有特殊意义的文化符号，葫芦在中华文明的肥田沃土上生根发芽，历经几千年风雨沧桑而不衰，它以自身鼓腹细颈的器型及腹内多籽的特征，被比拟成豪腹肥臀的孕妇而具有了生殖崇拜的意义，成了母体的象征；其后又被尊崇为祖灵宿主而加以供奉和祭拜；而建立在原始巫术信仰基础上的道教又把它当成了驱妖降魔的镇辟法器。这些汇聚成了中华葫芦的文化传统，在中华文化的流变中生生不息。

当然，葫芦民间故事的文化蕴含远不止这些。本卷努力通过民间文学葫芦故事选编，为中国葫芦故事的研究提供基础性的资料。

综上中国葫芦文学内容的简要梳理，也仅仅揭开中国葫芦文化宝藏的一角，期以为本团队今后的葫芦文学与文化研究奠定基础。

十 一

（一）本卷为中国文学中葫芦文学作品汇编，选编先秦至晚清历代各体文学关于葫芦的文学性描述，以及现当代民间葫芦故事。其他如史料考据、小学训诂等实用性文字，不在本卷搜辑范围。

（二）古代文学作品检索搜集范围为《四库全书》《续修四库全书》

《四库全书存目丛书》《四库禁毁书丛刊》《四库未收书辑刊》《四部丛刊》《四部备要》《古今图书集成》《古本小说集成》以及《中国基本古籍库》《鼎秀古籍全文检索平台》等大型古籍典藏数据库，并尽可能选用现代学界公认精刊精校本以及大型文献整理丛书本。民间葫芦故事以《中国民间故事集成》《中国民间文学集成》为搜集范围。

（三）选录作品内容主要包括以下四类：一是单纯咏写葫芦的咏物类，包括咏写植物菜蔬类葫芦和生长怪状类葫芦，咏写器用类和艺术类葫芦；二是把葫芦作为重要意象借以抒怀的作品；三是小说故事中把葫芦作为叙事重要线索或重要道具、法器神器的描述性内容；四是现当代民间葫芦故事。以完整收录单篇短制为主，也节选长篇叙事作品中关于葫芦的片段。葫芦神话传说和民间关于葫芦的谜语、歇后语、俗语等，归并入《葫芦文化研究丛书·史料卷》。

（四）选用权威影印古本，断句标点；属明显衍字、脱字、重文、错字等径作改正，不出校勘说明；除繁体字、异体字改用通行规范字以外，其他如假借字等，一般保留原用字。底本残缺又无从校补的个别文字，以"□"标识。选用现代学界权威整理本以及《中国民间故事集成》《中国民间文学集成》本等的，一律标明出处。

（五）总体上按作品体裁分类，分历代韵文葫芦咏叹选编、明清叙事小说中的葫芦描述选编和民间文学中的葫芦故事选编三编。前两编的作品，按著者或作品年代编次；第三编按故事内容分类编次。

曹志平

2018年6月

壹

历代韵文葫芦咏叹选编

唐前诗歌

诗经·邶风·匏有苦叶

匏有苦叶,济有深涉。深则厉,浅则揭。

有弥济盈,有鷕雉鸣。济盈不濡轨,雉鸣求其牡。

雝雝鸣雁,旭日始旦。士如归妻,迨冰未泮。

招招舟子,人涉卬否。人涉卬否,卬须我友。

（〔汉〕毛亨传,〔汉〕郑玄笺《毛诗》卷二,《四部丛刊初编》第2册,

上海商务印书馆1936年版,第15页）

诗经·小雅·南有嘉鱼

南有嘉鱼,烝然罩罩。君子有酒,嘉宾式燕以乐。

南有嘉鱼,烝然汕汕。君子有酒,嘉宾式燕以衎。

南有樛木,甘瓠累之。君子有酒,嘉宾式燕绥之。

翩翩者鵻,烝然来思。君子有酒,嘉宾式燕又思。

（〔汉〕毛亨传,〔汉〕郑玄笺《毛诗》卷十,《四部丛刊初编》第2册,

上海商务印书馆1936年版,第71页）

诗经·小雅·瓠叶

幡幡瓠叶,采之亨之。君子有酒,酌言尝之。

有兔斯首,炮之燔之。君子有酒,酌言献之。

有兔斯首,燔之炙之。君子有酒,酌言酢之。

有兔斯首,燔之炮之。君子有酒,酌言酬之。

（〔汉〕毛亨传,〔汉〕郑玄笺《毛诗》卷十五,《四部丛刊初编》
第2册,上海商务印书馆1936年版,第111~112页）

百一诗（其六）

应璩

少壮面目泽,长大色丑粗。

丑粗人所恶,拔白自洗苏。

平生发完全,变化似浮屠。

醉酒巾帻落,秃顶赤如壶。

（逯钦立辑校《先秦汉魏晋南北朝诗·魏诗卷八》,
中华书局1983年9月版,第470页）

杂 诗

应璩

贫子语穷儿,无钱可把撮。

耕自不得粟,采彼北山葛。

箪瓢恒日在,无用相呵喝。

（逯钦立辑校《先秦汉魏晋南北朝诗·魏诗卷八》,
中华书局1983年9月版,第472页）

赠傅休奕诗（其一）

程晓

茕茕独夫,寂寂静处。

酒不盈觞,肴不掩俎。

厥客伊何,许由巢父。

厥味伊何，玄酒瓠脯。

（逯钦立辑校《先秦汉魏晋南北朝诗·晋诗卷一》，

中华书局1983年9月版，第577页）

拟咏怀二十七首（其二十五）

庾信

怀抱独惛惛，平生何所论。

由来千种意，并是桃花源。

谷皮两书帙，壶卢一酒樽。

自知费天下，也复何足言。

（逯钦立辑校《先秦汉魏晋南北朝诗·北周诗卷三》，

中华书局1983年9月版，第2370页）

唐 诗

笙

李峤

悬匏曲沃上，孤筱汶阳隈。

形写歌鸾翼，声随舞凤哀。

欢娱分北里，纯孝即南陔。

今日虞音奏，跄跄鸟兽来。

（〔清〕彭定求等编，王全校点《全唐诗》卷五十九，

中华书局1960年版，第710页）

咏 瓢

张说

美酒酌悬瓢，真淳好相映。

蜗房卷堕首，鹤颈抽长柄。

雅色素而黄，虚心轻且劲。

岂无雕刻者，贵此成天性。

（〔清〕彭定求等编，王全校点《全唐诗》卷八十六，

中华书局1960年版，第937页）

除　架

杜甫

束薪已零落，瓠叶转萧疏。

幸结白花了，宁辞青蔓除！

秋虫声不去，暮雀意何如？

寒事今牢落，人生亦有初。

（〔唐〕杜甫著，〔清〕仇兆鳌注《杜甫详注》卷八，

中华书局1979年10月版，第615页）

寄全椒山中道士

韦应物

今朝郡斋冷，忽念山中客。

涧底束荆薪，归来煮白石。

欲持一瓢酒，远慰风雨夕。

落叶满空山，何处寻行迹。

（〔清〕彭定求等编，王全校点《全唐诗》卷一百八十八，

中华书局1960年版，第1921页）

寄释子良史酒

韦应物

秋山僧冷病，聊寄三五杯。

应泻山瓢里，还寄此瓢来。

（〔清〕彭定求等编，王全校点《全唐诗》卷一百八十八，

中华书局1960年版，第1921页）

重 寄

韦应物

复寄满瓢去，定见空瓢来。

若不打瓢破，终当费酒材。

（〔清〕彭定求等编，王全校点《全唐诗》卷一百八十八，

中华书局1960年版，第1921页）

答释子良史送酒瓢

韦应物

此瓢今已到，山瓢知已空。

且饮寒塘水，遥将回也同。

（〔清〕彭定求等编，王全校点《全唐诗》卷一百八十八，

中华书局1960年版，第1921页）

咏壁上酒瓢呈萧明府

朱湾

不是难提挈，行藏固有期。

安身未得所，开口欲从谁。

应物心无倦，当垆柄会持。

莫将成废器，还有对樽时。

（〔清〕彭定求等编，王全校点《全唐诗》卷三百六，

中华书局1960年版，第3476页）

酒席赋得匏瓢

郑审

华阁与贤开，仙瓢自远来。

幽林尝伴许，陋巷亦随回。

挂影怜红壁，倾心向绿杯。

何曾斟酌处,不使玉山颓。

(〔清〕彭定求等编,王全校点《全唐诗》卷三百十一,
中华书局1960年版,第3515页)

笙

张祜

董双成一妙,历历韵风篁。

清露鹤声远,碧云仙吹长。

气侵银项湿,膏胤漆瓢香。

曲罢不知处,巫山空夕阳。

(〔清〕彭定求等编,王全校点《全唐诗》卷五百十,
中华书局1960年版,第5812页)

答韦山人隐起龙文药瓢歌

皎然

野人药瓢天下绝,全如浑金割如月。

彪炳文章智使然,生成在我不在天。

若言有物不由物,何意中虚道性全。

韦生能诗兼好异,获此灵瓢远相遗。

仙侯玉帖人漫传,若士青囊世何秘。

一捧一开如见君,药盛五色香氛氲。

背上骊龙蟠不睡,张鳞摆颔生风云。

世人强知金丹道,默仙不成秽仙老。

年少纷如陌上尘,不见吾瓢尽枯槁。

聊将系肘步何轻,便有三山孤鹤情。

东方小儿乏此物,遂令仙籍独无名。

(〔清〕彭定求等编,王全校点《全唐诗》卷八百二十一,
中华书局1960年版,第9256页)

七　言

吕岩

其二十一

浮名浮利两何堪，回首归山味转甘。

举世算无心可契，谁人更与道相参。

寸犹未到甘谈尺，一尚难明强说三。

经卷葫芦并挂杖，依前担入旧江南。

其四十三

还丹功满未朝天，且向人间度有缘。

挂杖两头担日月，葫芦一个隐山川。

诗吟自得闲中句，酒饮多遗醉后钱。

若问我修何妙法，不离身内汞和铅。

（〔清〕彭定求等编，王全校点《全唐诗》卷八百五十六，

中华书局1960年版，第9678、9681页，）

绝　句

吕岩

其十七

趯倒葫芦掉却琴，倒行直上卧牛岑。

水飞石上迸如雪，立地看天坐地吟。

其二十二

偎岩拍手葫芦舞，过岭穿云挂杖飞。

来往八千须半日，金州南畔有松扉。

（〔清〕彭定求等编，王全校点《全唐诗》卷八百五十八，

中华书局1960年版，第9696页）

送姜道士归南岳（缺二字）

贯休

松品落落，雪格索索。

眼有三角，头峭五岳。

若不居岳，此处难著。

药僮貌蛮名鄙彼，葫芦酒满担劣起。

万里长风啸一声，九贞须拍黄金几。

落叶萧萧□杳□，送师言了意未了。

意未了，他时为我致取一部音声鸟。

（〔清〕彭定求等编，王全校点《全唐诗》卷八百二十六，

中华书局1960年版，第9312页）

施万病丸

贯休

我闻昔有海上翁，须眉皎白尘土中。

葫芦盛药行如风，病者与药皆惺憁。

药王药上亲兄弟，救人急于己诸体。

玉毫调御偏赞扬，金轮释梵咸归礼。

贤守运心亦相似，不吝亲亲拘子子。

曾闻古德有深言，由来大士皆如此。

（〔清〕彭定求等编，王全校点《全唐诗》卷八百二十八，

中华书局1960年版，第9332～9333页）

遇道者

贯休

鹤骨松筋风貌殊，不言名姓绝荣枯。

寻常藜杖九衢里，莫是商山一皓无？

身带烟霞游汗漫,药兼神鬼在葫芦。

只应张果支公辈,时复相逢醉海隅。

（〔清〕彭定求等编,王全校点《全唐诗》卷八百三十六,

中华书局1960年版,第9417页）

戏赠渔家

杜荀鹤

见君生计羡君闲,求食求衣有底难。

养一箔蚕供钓线,种千茎竹作渔竿。

葫芦杓酌春浓酒,舴艋舟流夜涨滩。

却笑侬家最辛苦,听蝉鞭马入长安。

（〔清〕彭定求等编,王全校点《全唐诗》卷六百九十二,

中华书局1960年版,第7968页）

次韵和友人冬月书斋

张蠙

四季多花木,穷冬亦不凋。

薄冰行处断,残火睡来消。

象版签书帙,蛮藤络酒瓢。

公卿有知己,时得一相招。

（〔清〕彭定求等编,王全校点《全唐诗》卷七百二,

中华书局1960年版,第8073页）

赠东方道士

徐夤

葫芦窗畔挂,是物在其间。

雪色老人鬓,桃花童子颜。

祭星秋卜日，采药晓登山。

旧放长生鹿，时衔瑞草还。

（〔清〕彭定求等编，王全校点《全唐诗》卷七百八，

中华书局1960年版，第8139～8140页）

宋 诗

题玉堂壁

陶谷

官职有来须与做，才能用处不忧无。

堪笑翰林陶学士，一生依样画葫芦。

（北京大学古文献研究所编《全宋诗》卷一，

北京大学出版社1991年7月版，第16页）

小 园

宋庠

节物过芳苞，幽奇胜近郊。

先秋蝉弃甲，背岁鹊营巢。

池小萍周岸，筠低露泣梢。

摽梅资宴豆，赐膰佐晨庖。

夕坞禽声乱，芳蹊屐齿交。

茂丛罗宅菊，长柄庾园匏。

尸窃虞官谤，嘉肥愧遁爻。

披襟时一至，未塞学心茅。

（北京大学古文献研究所编《全宋诗》卷一九四，

北京大学出版社1991年8月版，第2223页）

后园秋物

宋庠

秋水清能浅，秋声断复寻。

衰荷欹似扇，新菊碎于金。

匏熟犹垂格，藤干倒附林。

日光寒转淡，山色远弥深。

索索群芳歇，幽幽妙虑沉。

薄言谢病晚，怅望丘中琴。

（北京大学古文献研究所编《全宋诗》卷一九五，

北京大学出版社1991年8月版，第2230页）

访宋氏溪园

宋庠

偶作城隅游（自注：园在郡城之左），居然物外期。

林风瓢易觉，山雨石先知。

藤老犹依格，沟斜更会池。

看蝉琴误曲，过树路成歧。

节近吹花酒，欢留败袄棋。

主人名族后，啸竹客忘疲。（自注：君故仆射文安公之子）

（北京大学古文献研究所编《全宋诗》卷一九五，

北京大学出版社1991年8月版，第2235~2236页）

赠叶山人

梅尧臣

倾珍奉宾客，傲物去珥貂。

贵来不以屈，饮酒且逍遥。

黄金百镒尽，左右无纤腰。

但存丹砂术，有道在一瓢。

（北京大学古文献研究所编《全宋诗》卷二四六，
北京大学出版社1991年8月版，第2857~2858页）

田家屋上壶

梅尧臣

修蔓屋头缀，大壶檐外垂。

霜干叶犹苦，风断根未移。

收挂烟突近，开充酒具迟。

贱生无所用，会有千金时。

（北京大学古文献研究所编《全宋诗》卷二四九，
北京大学出版社1991年8月版，第2961页）

五月七日见卖瓠者

梅尧臣

老圃夺天时，马通为煦妪。

四月彼种瓜，五月此卖瓠。

阳陂与粪壤，功力且异趣。

瓜迟瓠何早，岂不同雨露。

速利乃在人，争先无晚暮。

（北京大学古文献研究所编《全宋诗》卷二五三，
北京大学出版社1991年8月版，第3041页）

种瓜瓠

刘敞

吾生拙用大，江海思远适。

岂独为瓠瓜，长系取不食。

漆园有遗意，放荡豁心臆。

树此无何乡,近身见多益。

五日抽一寻,十日成百尺。

累蔓更相引,甘实行可摘。

因之浮汗漫,去矣笑局蹐。

从我其谁欤,由也不可得。

（北京大学古文献研究所编《全宋诗》卷四六九,

北京大学出版社1992年7月版,第5689页）

友人楚孟德过余纵言及神仙余谓之
无孟德谓之有伊人也非诞妄者盖有以知之
矣然余俗士终疑之故作游仙曲五章以佐戏笑云（其四）

司马光

仙家不似人间欢,瑶浆琅菜青玉盘。

乘醉东游憩阳谷,酒瓢闲挂扶桑木。

（北京大学古文献研究所编《全宋诗》卷五○二,

北京大学出版社1992年7月版,第6084~6085页）

再呈宜甫

司马光

西家壶已倒,次第向东邻。

朱户如坚闭,黄花恶笑人。

（北京大学古文献研究所编《全宋诗》卷五○五,

北京大学出版社1992年7月版,第6134页）

送酒与邵尧夫因戏之（前送牡丹、药苗,尧夫皆有诗）

司马光

林下虽无忧可销,许由闻说挂空瓢。

请君呼取孟光饮，共插花枝煮药苗。

（北京大学古文献研究所编《全宋诗》卷五〇九，

北京大学出版社1992年7月版，第6194~6195页）

又一首答二犹子与王郎见和
苏轼

脯青苔，炙青蒲，烂蒸鹅鸭乃瓠壶。

煮豆作乳脂为酥，高烧油烛斟蜜酒，贫家百物初何有。

古来百巧出穷人，搜罗假合乱天真。

诗书与我为曲糵，酝酿老夫成搢绅。

质非文是终难久，脱冠还作扶犁叟。

不如蜜酒无燠寒，冬不加甜夏不酸。

老夫作诗殊少味，爱此三篇如酒美。

封胡羯末已可怜，不知更有王郎子。

（〔宋〕苏轼撰，〔清〕王文诰辑注，孔凡礼点校《苏轼诗集》卷

二十一，中华书局1982年2月版，第1116~1117页）

刘监仓家煎米粉作饼子，余云为甚酥。
潘邠老家造逡巡酒，余饮之，云：莫作醋，错著水来否？
后数日，携家饮郊外，因作小诗戏刘公，求之
苏轼

野饮花间百物无，杖头惟挂一葫芦。

已倾潘子错著水，更觅君家为甚酥。

（〔宋〕苏轼撰，〔清〕王文诰辑注，孔凡礼点校《苏轼诗集》卷

二十二，中华书局1982年2月版，第1190~1191页）

蒜山松林中可卜居，余欲僦其地，地属金山，故作此诗与金山元长老

苏轼

魏王大瓠无人识，种成何翅实五石。

不辞破作两大樽，只忧水浅江湖窄。

我材濩落本无用，虚名惊世终何益。

东方先生好自誉，伯夷子路并为一。

杜陵布衣老且愚，信口自比契与稷。

暮年欲学柳下惠，嗜好酸咸不相入。

金山也是不羁人，早岁闻名晚相得。

我醉而嬉欲仙去，傍人笑倒山谓实。

问我此生何所归，笑指浮休百年宅。

蒜山幸有闲田地，招此无家一房客。

（〔宋〕苏轼撰，〔清〕王文诰辑注，孔凡礼点校《苏轼诗集》卷二十四，中华书局1982年2月版，第1277～1278页）

武阳寨闻峒中作乐

彭汝砺

成康已措刑，文景不言兵。

夷俗家家曲，蛮歌处处声。

长腰筒拍鼓，细竹葫芦笙。

物意惟安乐，人间共一情。

（自注：蛮笛长一二尺，孔疏，其声下而清。筒拍鼓长四五尺，以帛系于肩而拍其下。葫芦笙，葫音鹘，以十竹为户，其声不可复辨。）

（北京大学古文献研究所编《全宋诗》卷九〇二，北京大学出版社1995年3月版，第10578页）

葫芦颂

黄庭坚

大葫芦干枯,小葫芦行酤。

一居金仙宅,一往黄公垆。

有此通大道,无此令人老。

不问恶与好,两葫芦俱倒。

（北京大学古文献研究所编《全宋诗》卷一○二四,

北京大学出版社1995年3月版,第11715页）

失题九首（其三）

李之仪

君方陵愈我惭郊,大瓠为舟浪自要。

老矣独期云快便,归与长负桂丛招。

峥嵘红橘迎风密,点滴安榴掠望烧。

多谢□萌滋味永,便思飞步到杨寥。

（北京大学古文献研究所编《全宋诗》卷九七一,

北京大学出版社1995年3月版,第11270页）

再和观画三首（其三）

李之仪

欲问船师觅宝洲,须将大瓠作腰舟。

掀天白浪蛟龙吼,才得随流一点头。

（北京大学古文献研究所编《全宋诗》卷九七三,

北京大学出版社1995年3月版,第11284页）

无言兄以银壶作粥糜颇极其妙舟居夜饥顷刻可办戏作此诗

刘一止

少年爱酒不废沽，滑稽鸱夷每随车。

春禽似是知我意，日日劝我提葫芦。

侵寻老境筋力异，宿昔百嗜今一无。

羁穷未免走四方，是口时赖薄粥糊。

怜君巧作此瓠壶，善为口计真不疏。

上盖下丰腹胍肫，空洞可置升米余。

釜汤外沸如隔膜，气塞不作声卢胡。

须臾已复成淖糜，匀滑不减倾醍醐。

篷窗夜饥急星火，咄嗟而办功可书。

山僧歙钵未足诧，考父古鼎非时须。

我闻壶中有高隐，日月或类蓬莱居。

神仙有无事恍惚，山泽形貌常多臞。

不如一饱睡清熟，个中便是真华胥。

（北京大学古文献研究所编《全宋诗》卷一四四五，

北京大学出版社1995年11月版，第16671页）

次韵傅舍人咏褚邦直葫芦

刘一止

山瓢枵腹谩如壶，不学鸱夷肯借酤。

清夜玉堂谁伴宿，此时一盏可能无。

（北京大学古文献研究所编《全宋诗》卷一四五一，

北京大学出版社1995年11月版，第16724页）

送王循道赴省试四首（其一）

孙觌

龙扰已可屠，瓠坚今可攻。

不辞千金费，莫计五石容。

藏器古有待，用大难为工。

平生不龟手，伫此一战封。

（北京大学古文献研究所编《全宋诗》卷一四八四，

北京大学出版社1996年12月版，第16944页）

元日赠沈宗师四首（大观三年真州）（其四）

吕本中

君无绮纨气，我有冰雪容。

相期五石瓠，共济万里风。

江山秀句在，内子空洞中。

还身视尘滓，当有一日功。

（北京大学古文献研究所编《全宋诗》卷一六〇六，

北京大学出版社1998年4月版，第18046~18047页）

山居素饭

吕本中

豆苗可瀹瓠可羹，僧厨午饭蒸香粳。

道人得此清净供，下箸已胜肥羊烹。

平生为腹不为目，偶逢一饱心自足。

晚菘早韭旧所知，五鼎百牢未为福。

（北京大学古文献研究所编《全宋诗》卷一六一六，

北京大学出版社1998年4月版，第18146页）

颂古十六首（其四）

释明辩

张果老踏破葫芦，吕洞宾失却宝剑。

两个撒手相逢，囊箧更无一线。

何仙姑铁笛横吹，解道长江静如练。

（北京大学古文献研究所编《全宋诗》卷一六五〇，
北京大学出版社1998年4月版，第18482页）

示鼎需禅人
释宗杲

面门竖亚摩醯眼，肘后斜悬夺命符。

瞎却眼，解却符，赵州东壁挂葫芦。

（北京大学古文献研究所编《全宋诗》卷一七二二，
北京大学出版社1998年4月版，第19399页）

山居杂诗九十首（其三）
曹勋

孟夏物物茂，瓜瓠先置架。

引苗上扶疏，须蔓竞缠挂。

白花亦已出，青实旋造化。

会喜园枯时，匕箸不增价。

（北京大学古文献研究所编《全宋诗》卷一八九七，
北京大学出版社1998年4月版，第21199页）

园蔬十咏·瓠
刘子翚

溉釜熟轮囷，香清味仍美。

一线解琼瑶，中有家人齿。

（北京大学古文献研究所编《全宋诗》卷一九一七，
北京大学出版社1998年4月版，第21392页）

瓢饮亭

葛立方

我不学许由隐烟雾，得瓢不饮惟挂树。

又不学德义居虎丘，带瓢入市多骑牛。

分无玉瓯囊古锦，病渴文园只瓢饮。

下瞰金溪新结亭，未须引吸如长鲸。

但愿金溪化为酒，岁岁持瓢醉花柳。

（北京大学古文献研究所编《全宋诗》卷一九五五，

北京大学出版社1998年4月版，第21827页）

偈颂六十五首

释咸杰

其五十五

今朝三月十五，天色半晴半雨。

十分春色在枝头，满眼觑见没可睹。

报诸人，莫莽卤，甜瓜彻蒂甜，苦瓠连根苦。

其六十

一个葫芦才倒地，满地葫芦尽倾倒。

欲识单传直指禅，今日斗凑得恰好。

（北京大学古文献研究所编《全宋诗》卷二〇九一，

北京大学出版社1998年12月版，第23589~23590页）

偶失一丹瓢戏书

李流谦

谁取一瓢去，虚劳九转功。

征杯惊羽化，开画叹嶙空。

已堕宁论甑，虽亡未失弓。

人间闲得丧，尽付绿樽中。

（北京大学古文献研究所编《全宋诗》卷二一一七，

北京大学出版社1998年12月版，第23937页）

步虚（其四）

陆游

一瓢小如茧，芳醪溢其中，

醉此一市人，吾瓢故无穷。

不言术神奇，要是心广大。

豆有德色，笑子乃尔隘。

岳阳楼中横笛声，分明为子说长生。

金丹养成不自服，度尽世人朝玉京。

（〔宋〕陆游著《陆游集·剑南诗稿》卷十三，

中华书局1976年11月版，第371页）

蔬 圃

陆游

山翁老学圃，自笑一何愚。

硗瘠才三亩，勤劬赖两奴。

正方畦画局，微润土融酥。

剪辟荆榛尽，锄犁磊块无。

过沟横略彴，聚甓起浮屠。

隙地成瓜援，余功及芋区。

如丝细生菜，似鸭烂蒸壶。

此事今真办，东归不为鲈。

（〔宋〕陆游著《陆游集·剑南诗稿》卷十三，

中华书局1976年11月版，第386页）

村舍杂书（其三）

陆游

舍北作蔬圃，敢辞灌溉劳。

轮囷瓜瓠熟，珍爱敌豚羔。

晨飧戒厨人，全项净去毛。

虽云发客笑，亦足慰老饕。

（〔宋〕陆游著《陆游集·剑南诗稿》卷三十九，

中华书局1976年11月版，第1012页）

午坐戏咏

陆游

贮药葫芦二寸黄，煎茶橄榄一瓯香。

午窗坐稳摩痴腹，始觉龟堂白日长。

（〔宋〕陆游著《陆游集·剑南诗稿》卷四十四，

中华书局1976年11月版，第1122页）

自　嘲

陆游

外泽里常粗，元知似瓠壶。

仕因无援困，学为背时孤。

轩盖愁城市，风烟落道途。

它年游万里，不必念归吴。

（〔宋〕陆游著《陆游集·剑南诗稿》卷五十四，

中华书局1976年11月版，第1317页）

书怀四首（其四）

陆游

苜蓿堆盘莫笑贫，家园瓜瓠渐轮囷。

但令烂熟如蒸鸭，不着盐醯也自珍。

（〔宋〕陆游著《陆游集·剑南诗稿》卷五十四，

中华书局1976年11月版，第1323页）

对食戏作（其二）

陆游

白盐赤米了朝餔，拗项何妨煮瓠壶。

一种是贫吾尚可，邻家稗饭亦常无。

（〔宋〕陆游著《陆游集·剑南诗稿》卷五十六，

中华书局1976年11月版，第1361页）

或遗以两大瓢因寓物外兴

陆游

槲叶为衣草结庐，生涯正付两葫芦。

名山历遍家何有，尘念空来梦欲无。

野鹤巢云元自瘦，涧松埋雪定非枯。

悠然但觅高楼醉，何处人间无酒徒？

（〔宋〕陆游著《陆游集·剑南诗稿》卷七十四，

中华书局1976年11月版，第1743页）

家有两瓢分贮酒药出则使一童负之戏赋五字句

陆游

长物消磨尽，犹存两大瓢。

药能扶困惫，酒可沃枯焦。

童负来山店，人看度野桥。

画工殊好事，传写入生绡。

（〔宋〕陆游著《陆游集·剑南诗稿》卷七十五，

中华书局1976年11月版，第1760页）

刘道士赠小葫芦

陆游

其一

葫芦虽小藏天地，伴我云山万里身。

收起鬼神窥不见，用时能与物为春。

其二

贵人玉带佩金鱼，忧畏何曾顷刻无？

色似栗黄形似茧，恨渠不识小葫芦。

其三

短袍楚制未为非，况得药瓢相发挥。

行过山村倾社看，绝胜小剑压戎衣。

其四

个中一物着不得，建立森然却有余。

尽底语君君岂信，试来跳入看何如。

（〔宋〕陆游著《陆游集·剑南诗稿》卷八十三，

中华书局1976年11月版，第1930页）

六言（其一）

陆游

满帽秋风入剡，半帆寒日游吴。

问子行装何在，带间笑指葫芦。

（〔宋〕陆游著《陆游集·剑南诗稿》卷八十四，

中华书局1976年11月版，第1952页）

甘瓠

杨万里

笑杀桑根甘瓠苗，乱他桑叶上他条。

向人更逞廋藏巧，怪道桑梢挂一瓢。

（〔宋〕杨万里撰，辛更儒笺校《杨万里集笺校》卷三三，

中华书局2007年9月版，第1671页）

寄题刘巨卿六咏·壶天

杨万里

其大弥九苍，其小贮一壶。

静观性中天，大小竟何如？

（〔宋〕杨万里撰，辛更儒笺校《杨万里集笺校》卷三六，

中华书局2007年9月版，第1887页）

银葫芦

陈造

山水佳有余，我与之周旋。

江行已久矣，今复领其全。

漾舟银葫芦，雪在春渐妍。

素琼间苍玉，化工与雕镌。

屏围无空缺，护此百顷天。

图画别浓淡，粉墨生云烟。

人间有此境，定属水府仙。

先生嗜奇胜，久驻无由缘。

命名失雅驯，吾意终慊然。

玉鉴扁山石，取重须时贤。

可无泊舟所，作亭近江壖。

登临付楚客，当有云锦篇。

（北京大学古文献研究所编《全宋诗》卷二四二四，

北京大学出版社1998年12月版，第27983~27984页）

感事十诗上李侍郎（其一）

陈造

齐人石为瓠，自视比金璧。

钻之不能窍，宝此果何益。

人士为己学，落落肯如石。

当知井用汲，又恶匏不食。

（北京大学古文献研究所编《全宋诗》卷二四二四，

北京大学出版社1998年12月版，第27995页）

戏促黄簿鸡粥约三首（其三）

陈造

只鸡可餍小人腹，未羡侯家千足羊。

借问解鼋食指动，何如蒸鸭瓠壶香。

（北京大学古文献研究所编《全宋诗》卷二四三八，

北京大学出版社1998年12月版，第28207页）

徐南卿友竹轩二首（其一）

陈造

皱縠香罗裹瓠壶，此君高韵岂其徒。

萧然相对心莫逆，敢谓徐郎山泽臞。

（北京大学古文献研究所编《全宋诗》卷二四三九，

北京大学出版社1998年12月版，第28237页）

赠南道人

王质

露水班白未全白，长江大湖喜为客。

西风渐少北风多，脚底路声行格格。

一袍两跷都无余，腰间一二三葫芦。

生涯如此只如此，如此如此无他须。

红黄弥漫杂奔走，观旁亦有可人否。

公卿将相总不问，蓑衣铁拐岂无有。

青山绿水逢迎时，丞来相报令吾知。

戴起一顶青箬笠，拖将七尺紫藤枝。

因缘渺茫多阻隔，斯人吾前亦不识。

且吞溪玉濯心神，更揽月轮摩眼力。

摩到无明醉梦醒，挹袖拍肩须有人。

（北京大学古文献研究所编《全宋诗》卷二四九三，

北京大学出版社1998年12月版，第28824页）

写照叶处士求僧
楼钥

几年依样画葫芦，自作葫芦学佛徒。

一笔从今勾断了，一瓶一钵任江湖。

（北京大学古文献研究所编《全宋诗》卷二五四五，

北京大学出版社1998年12月版，第29476页）

蔬 食
王炎

瓠白吾何有，人言太瘦生。

富儿皆肉食，我辈但藜羹。

安得万钱费，应无五鼎烹。

饥肠雷欲吼，一饱亦何营。

（北京大学古文献研究所编《全宋诗》卷二五六〇，

北京大学出版社1998年12月版，第29698~29699页）

出 郊

赵汝镂

二月垂杨岸，行春诗酒徒。

苍头前引道，拄杖挂葫芦。

（北京大学古文献研究所编《全宋诗》卷二八六八，

北京大学出版社1998年12月版，第34243页）

村居书事四首（其一）

刘克庄

有客相逢说坎离，葫芦中药不容窥。

叩头无力营丹灶，聊奉先生一醉资。

（北京大学古文献研究所编《全宋诗》卷三〇四〇，

北京大学出版社1998年12月版，第36258页）

侨寄山居霍然几月凡见之于目闻之
于耳者辄缀成绝句名之
曰田园杂兴非敢比石湖聊以写一时闲适之趣云尔（其二）

王志道

幂幂黄云麦垄秋，牧童横笛倒骑牛。

百金买得葫芦扇，持向田头蔽日头。

（北京大学古文献研究所编《全宋诗》卷三二五四，

北京大学出版社1998年12月版，第38819页）

罗浮峒长宝谷王宁素送药瓢

李昴英

久矣深山炼鹤形，闻呼峒长又逃名。

断崖怪木人稀迹，乱石奔泉涧有声。

剑定通神收古匣，棋聊供玩戏纹枰。

药瓢解赠宁无意，重到孤庵论养生。

（北京大学古文献研究所编《全宋诗》卷三二五九，

北京大学出版社1998年12月版，第38856页）

题杜氏匏瓜亭

王义山

道包众妙起经纶，粒粟中藏天地仁。

五石匏徒夸彼大，一瓢饮有乐之真。

从来硕果存生意，吾岂匏瓜系此身。

文穆此心唯念旧，还能续得儋亭春。

（北京大学古文献研究所编《全宋诗》卷三三五四，

北京大学出版社1998年12月版，第40092页）

题许由弃瓢图

释绍昙

视尧天下一瓢轻，厌听风梢历历声。

飏下不须频顾恋，始终存取隐沦名。

（北京大学古文献研究所编《全宋诗》卷三四三一，

北京大学出版社1998年12月版，第40824页）

悬　壶

陈普

悬壶大如斗，紫芋高五尺。

物能充其量，满彻无不极。

人禀天地正，性分亦有则。

充之足为尧，不充乃为跖。

（北京大学古文献研究所编《全宋诗》卷三六四六，

北京大学出版社1998年12月版，第43734~43735页）

金元诗

三弟手植瓢材且有诗予亦戏作
刘从益

为爱胡卢手自栽，弱条柔蔓渐萦回。

素花飘后初成实，碧荫浓时可数枚。

试问老禅藤缴去，何如游子杖挑来。

早知瓠落终无用，只合江湖养不才。

（〔金〕元好问编《中州集》卷六，
上海古籍出版社影印文渊阁《四库全书》第1365册，第205页）

许由掷瓢图
元好问

不知黄屋不知尧，喧寂何心计一瓢。

我是许由初不尔，只将盛酒杖头挑。

（〔金〕元好问撰《遗山集》卷十二，
上海古籍出版社影印文渊阁《四库全书》第1191册，第142页）

匏瓜亭二首

耶律铸

其一

一壶天地备菀葇，应结壶翁物外游。

田仲尽当多屈毂，惠施何得应庄周。

岂容五石为无用，好办千金预与酬。

瓠落纵甘成弃物，世途元更有中流。

其二

拟挹春风颍水滨，坐忘颜陋谢嚣尘。

素知居士非田仲，只识幽人是卞彬。

尽办仙家方外地，径输花坞瓮头春。

岂为无口辞供济，好虑为樽与问津。

（〔元〕耶律铸《双溪醉隐集》卷三，

上海古籍出版社影印文渊阁《四库全书》第1199册，第424页）

东皋八咏为赵参谋题·匏瓜亭

王恽

君家匏瓜尽樽彝，金玉虽良适用齐。

为报主人多酿酒，葫芦从此大家题。

（〔元〕王恽撰《秋涧集》卷二十五，

上海古籍出版社影印文渊阁《四库全书》第1200册，第314页）

赵氏东皋八题匏瓜亭

胡祗遹

赵氏园池里，兹亭太出奇。

尊罍厌金玉，匏瓠作卮匜。

阮籍紫椰榼，渊明白接篱。

谁能呼一起,同与醉淋漓。

（〔元〕胡祗遹撰《紫山大全集》卷五,
上海古籍出版社影印文渊阁《四库全书》第1196册,第75页）

咏葫芦
李道纯

灵苗种子产先天,蒂固根深理自然。

逐日壅培坤位土,依时浇灌坎中泉。

花开白玉光而莹,子结黄金圆且坚。

成就顶门开一窍,个中别是一坤乾。

（〔元〕李道纯撰《清庵先生中和集·后集》卷中,《四库全书存目丛
书》子部第259册,齐鲁书社1995年9月版,第137页）

匏瓜诗（并序）
魏初

禹卿赵君别墅筑亭曰"匏瓜",诸公咸有歌咏。初不揆,以渊明"户庭无尘杂,虚
室有余闲"作十诗,以道其闲适之意。在风俗奔竞中独能操守如此,其亦可尚矣。

其一

出城十里余,小小筑园圃。

墙颓补青山,月冷杵秋黍。

萧然无人来,风叶拥庭户。

其二

志意若不足,文书官有程。

何如田亩间,脱落尘土星。

时时有佳客,烂醉秋风庭。

其三

此书不可废,此酒不可无。

醒时自漉酒,醉后还枕书。

人生天地间,穷达竟何如。

其四

人皆有乐地,百伪夺其真。

朝趋富儿屋,莫随肥马尘。

不知竟何得,空负百年身。

其五

青云半知己,遐遁非寡合。

持身自有道,许与不可杂。

君看谁卜邻,慎独有悬榻。

其六

非无功名心,乐此樵与渔。

炎凉各以时,知力谁能渝。

萧然一亭上,心境还清虚。

其七

只今终南山,亦自有少室。

捷径以索价,兹心素所疾。

一匏无余事,优游保清吉。

其八

匏瓜圣所喻,系著亦何有。

时行与时止,岂复论奇偶。

聊以名兹亭,拍塞贮春酒。

其九

筑亭瞰平野,四望情意舒。

青山入座来,尊俎杂肴蔬。

虽无九鼎侈,此乐亦有余。

其十

以君迈往气,未必能久闲。

唯其不自售,所以行之艰。

作诗固可工，亦可厉痴顽。

（〔元〕魏初撰《青崖集》卷一，

上海古籍出版社影印文渊阁《四库全书》第1198册，第691~692页）

玄庙二道士俱以酒死
戴表元

张髯好客月千壶，余吃清贫逐斗沽。

二子若逢仙宴会，化成一对酒葫芦。

（〔元〕戴表元撰，〔明〕周仪辑编《剡源文集》卷三十，

上海古籍出版社影印文渊阁《四库全书》第1194册，第388页）

饮仲诚椰瓢
刘 因

君家瓠落无所容，江湖谁辨平生胸。

海南佳气久郁塞，滟滪似喜今相逢。

前年对酒面发红，今年对酒气如虹。

江山万古骚人国，踵步便与华胥通。

河间古儒病我拘，闻我一饮喜气浓。

平生得意南湖张，此意颇与河间同。

太古洼尊老无底，一朝倾倒何由供。

醉乡千年有此客，鸟歌蝶舞春蒙蒙。

醉翁之意不在酒，宛如琴意非丝桐。

太和风境无酩酊，洛阳楼阁高玲珑。

泠然仙驭一杯水，眼中渺渺无极翁。

西家伯伦瞽且聋，东家醉死王无功。

酒中醒境渠未识，冰壶秋月昆仑峰。

举杯唤月来胸中，人间白日浮云空。

五岭山高云几重，朱崖灭没南飞鸿。

玄鹤翩翩渺何许，操瓢径访眉山公。

（〔元〕刘因撰《静修集》卷十四，

上海古籍出版社影印文渊阁《四库全书》第1198册，第597页）

许由弃瓢图

刘 因

人间洪水正横波，堂上南风入浩歌。

两耳区区无着处，一瓢孰与万几多。

（〔元〕刘因撰《静修集》卷十七，

上海古籍出版社影印文渊阁《四库全书》第1198册，第621页）

匏瓜亭

刘 因

匏瓜陨自天，中涵太虚气。

造物全其真，世人苦其味。

虽得终天年，惜坐无用器。

伊谁穷混沌，太朴分为二。

一供颜渊乐，一为许由弃。

颜有圣人依，许逢尧舜治。

天下非其责，行藏适自遂。

秋色高箕山，春风满洙泗。

后来鼎铛徒，谁知两瓢贵。

寥寥千载间，复随无用地。

神物终有归，至人可重值。

伟哉子赵子，独兼许颜义。

匏瓜集大成，高亭挹空翠。

感君亭上名，发我思圣喟。

人知圣人言，孰有圣人志。

圣人心如天，何时无生意。

时无不可为，人无不可致。

吾道苟寸施，吾民犹寸庇。

坚白自有持，磨涅岂吾累。

非不欲无言，恐与匏瓜类。

仲子诚少野，强直无再思。

圣人进退间，历历生私议。

请观欲往心，岂与乘桴异。

我生学圣人，栖栖形寱寐。

穷年忧道丧，漫自中肠沸。

君子尚有为，自以无用置。

我才尚无用，自以有为觊。

物性虽有殊，我心良可愧。

愿君志我志，才志庶相利。

使君名我名，名实亦相位。

留彼匏中酒，供我浩歌醉。

行当取其种，移来易川植。

（〔清〕于敏中、英廉等奉敕编《钦定日下旧闻考》卷八十九，
上海古籍出版社影印文渊阁《四库全书》第498册，第417页）

题扇面

程钜夫

葫芦缠蔓急，菜叶斗花妍。

为问将雏凤，丹成尔亦仙。

（〔元〕程钜夫撰《雪楼集》卷二十八，
上海古籍出版社影印文渊阁《四库全书》第1202册，第424页）

诗 瓢

王旭

莫笑庄生瓠不容，一朝分剖属诗翁。

新篇未厌收来满，元气须防挹处空。

兴在箕山抛掷外，春生颜巷笑吟中。

等闲莫放江湖去，留酌天浆伴五穷。

（〔元〕王旭撰《兰轩集》卷六，

上海古籍出版社影印文渊阁《四库全书》第1202册，第786页）

村中书事四首（其一）

马臻

桑条渐绿雨晴初，二月风光似画图。

茅店酒香招过客，篱边悬出草葫芦。

（〔元〕马臻撰《霞外诗集》卷五，

上海古籍出版社影印文渊阁《四库全书》第1204册，第107页）

咏葫芦

中峰明本

秀结团圞带晚秋，偏从根本易绸缪。

墙头恍忽悬明月，架上依稀缀碧旒。

密贮神仙三岛药，稳乘罗汉五湖游。

他年剖破成双器，半赠颜回半许由。

（〔清〕陈焯编《宋元诗会》卷一百，

上海古籍出版社影印文渊阁《四库全书》1464册，第769页）

乞酒潘景梁学士

袁桷

长夏萧斋学昼眠，鳌峰深处酒如泉。

山瓢从此通来往，准拟宫袍不上船。

（〔元〕袁桷撰《清容居士集》卷第十五，

上海古籍出版社影印文渊阁《四库全书》第1203册，第211页）

同王简卿赋莱石瓢杯

张之翰

秀气凭凌老瓦盆，玲形追配古洼尊。

圣清透骨香无累，颜乐传心篆有痕。

半破瓠瓜余玉蒂，一凹琥珀断云根。

莱山便是壶天路，几度春风引醉魂。

（〔元〕张之翰撰《西岩集》卷八，

上海古籍出版社影印文渊阁《四库全书》第1204册，第423页）

种瓠二首

范梈

其一

或言种瓠，蔓长必剪其标乃实。予斋所种，因树为架，蔓缘不已，果多虚花，欲去之，虑伤其凌霄之意。因赋五言，为之解嘲云。

岂是阶庭物，支离亦自奇。

已殊凡草蔓，缀得好花枝。

带雨宁无实，凌霄必有为。

啾啾群鸟雀，从汝踏多时。

其二

秋后瓠果成一实，轮囷可爱。予嘉其晚成而不群，答赋云。

嘉瓠吾所爱，孤高更可人。

不虚种植意，终系发生神。

有叶诚藏用，无容岂识真。

明年应见汝，众子亦轮囷。

（〔元〕范梈撰《范德机诗集》卷三，
上海古籍出版社影印文渊阁《四库全书》第1208册，第101页）

壶　清

欧阳玄

朝饮层冰瀹性灵，夕餐秋露引修龄。

江湖大瓠中无物，海峤方壶外有情。

貌示神巫机阖辟，醉邀市掾酒芳馨。

何人欲作先生传？长忆寒葅月满庭。

（〔元〕欧阳玄撰《圭斋文集》卷二，
上海古籍出版社影印文渊阁《四库全书》第1210册，第13页）

椰　瓢

王结

注瓦倾银窨世缘，那知椰实得天全。

浆如琼液醺人醉，形若匏樽比石坚。

陋巷大贤应未见，青州从事许忘年。

横挑径入无何有，梦见糟床酒涧泉。

（〔元〕王结撰《文忠集》卷三，
上海古籍出版社影印文渊阁《四库全书》第1206册，第223页）

题携壶图

马祖常

席帽遮头过野桥，诗筒酒榼亦萧萧。

黔娄吟罢还清渴，欲问先生借一瓢。

（〔元〕马祖常撰《石田文集》卷四，
上海古籍出版社影印文渊阁《四库全书》第1206册，第519～520页）

时雨既洽园蔬并茂

黄玠

白日有濬云萋萋，檐花乱坠眼欲迷。

鸣鸠脱裤土作泥，园蔬绕舍水出畦。

王瓜引蔓上落藜，瓠叶幡幡生瓠犀。

菘甲怒长如兰荑，中厨少妇唤阿稽。

亟取大瓮淹为齑，鱼兔不获何筌蹄，晚食足慰痴儿啼。

（〔元〕黄玠撰《弁山小隐吟录》卷二，

上海古籍出版社影印文渊阁《四库全书》第1205册，第30页）

鹤瓢为李道士作

马玉麟

青城道士思翩翩，幻得瓢成骨是仙。

光吐丹砂悬石壁，影随明月落芝田。

曾过缥缈琼楼外，不到清泠颍水边。

高致也堪居陋巷，莫教飞去破茶烟。

（〔元〕马玉麟撰《东皋先生诗集》卷四，〔清〕阮元辑

《宛委别藏》第107册，江苏古籍出版社1988年2月版）

诗 瓢

谢宗可

雨蔓霜条老翠壶，吟边不是酒胡卢。

剖开架上轮囷玉，著尽胸中错落珠。

满贮苦心留宇宙，深藏清气付江湖。

谁家半腹能千首，为问山人果在无。

（〔元〕谢宗可撰《咏物诗》，

上海古籍出版社影印文渊阁《四库全书》第1216册，第621页）

许由弃瓢卷

张翥

瓠落空瓢亦解鸣，先生那得耳根清。

纵令掷向溪流去，犹有风声与树声。

（〔元〕顾瑛编《草堂雅集》卷四，

上海古籍出版社影印文渊阁《四库全书》第1369册，第261页）

题李道士鹤瓢

戴良

羽人解腾骞，托物示灵奇。

遂使园瓢种，亦幻仙禽姿。

长喙已忘啄，轻躯时欲飞。

投赠有深意，世人那得知。

（〔元〕戴良撰《九灵山房集》卷八，

上海古籍出版社影印文渊阁《四库全书》第1219册，第345页）

匏瓜道人为徐子贞赋

张昱

吾岂匏瓜系此生，道人玩世以为名。

百年雨露司荣悴，一日江湖见老成。

濩落情怀庄子瓠，浮沉踪迹楚王萍。

壶公借与龙为杖，挤着青鞋到处行。

（〔元〕张昱撰《可闲老人集》卷三，

上海古籍出版社影印文渊阁《四库全书》第1222册，第572页）

明 诗

寄李鹤瓢士明

王行

山瓢形似鹤,山馆泻琼浆。

醉后书符验,常时施药忙。

坛横星斗影,帔着海霞光。

究彻玄玄理,吹笙谒紫皇。

（〔明〕王行撰《半轩集·方外补遗》,

上海古籍出版社影印文渊阁《四库全书》第1231册,第466页）

赋鹤瓢杯用方参政韵

郑真

仙骥云深早蜕胎,谁将霜骨镂崔嵬。

香流玉液风生座,影浸金波月上台。

诗客莫夸椰子榼,山翁何羡水精杯。

醉来傲睨乾坤阔,仿佛瑶池赐宴回。

（〔明〕郑真撰《荥阳外史集》卷九十四,

上海古籍出版社影印文渊阁《四库全书》第1234册,第575页）

寄鹤瓢李士明（时施药宁真馆甚验）

张羽

聃孙尝熟卫生经，笑握仙瓢类鹤形。

传得壶天长房术，世人休讶药偏灵。

（〔明〕张羽著《静居集》卷六，《四部丛刊三编》第72册，

上海书店1986年2月版）

与金文中朱仲义宋仲温过李士明炼师
雨阻留宿探韵得孤字
师有酒瓢如鹤形因扁居曰鹤瓢山房

徐贲

斋房留坐久，寒雨洒庭隅。

筵促兰香近，池空桂影孤。

酒瓢怜似鹤，蜡屐恨非凫。

虽阻还家兴，清言亦可娱。

（〔明〕徐贲著《北郭集》卷四，

上海古籍出版社影印文渊阁《四库全书》第1230册，第583页）

弃瓢卧雪（二图）

徐贲

其一

曾谢人间轩冕荣，一瓢何足累高情。

已知喧寂相忘久，弃掷元非为有声。

其二

空林有雪人犹卧，破屋无烟门未开。

多少洛阳城里客，如何县令独能来。

（〔明〕徐贲著《北郭集》卷六，

上海古籍出版社影印文渊阁《四库全书》第1230册，第613页）

鹤瓢歌（并序）

姚广孝

娄江李睿炼师得青城道人授以一瓢，其形如鹤，因名之曰"鹤瓢"。炼师复以所居之室扁为"鹤瓢山房"，故作歌以美之。

百斤之瓢世莫逢，大逾五石无所容。

斯瓢如鹤最奇绝，不由人力由天工。

我知造物本无意，赋形岂似雕镌功。

霜粘修颈缠缟白，霞覆老顶如丹红。

至人授矣来玉峰，倒挂石上之长松。

秋清夜半云汉静，空听历历鸣天风。

箕山弃捐羞许隘，陋巷操饮嗟颜穷。

金丹晨贮光炯炯，琼浆暮挹香蒙蒙。

从来草木总芜秽，奈尔不与匏瓜同。

君不见，葛陂竹杖化为龙，飘飘孤影其谁从。

吁嗟瓢兮胡为不飞去，期与仙人千岁兮居崆峒。

（〔明〕姚广孝撰《逃虚子诗集》卷十，上海古籍出版社
《续修四库全书》第1326册，第614页）

鹤 瓢

高启

其一

产自灵苗胜羽胎，何须去作凤匏来。

壶公本解飞腾术，丁令宁为濩落材。

直上青天身恐系，倒倾碧海腹初开。

生成自是神仙器，肯逐累累向草莱？

其二

远随仙客下青城，瘦骨肥来见尽惊。

藜杖夜悬翻露影，竹尊春泻饮泉声。

园中几岁形容变，海上何时羽翼成？

醉听树头风历历，还疑秋傍九皋鸣。

（〔明〕高启撰《大全集》卷十五，

上海古籍出版社影印文渊阁《四库全书》第1230册，第206页）

种 瓜

高启

绵绵花蔓萦，飒飒风烟洒。

秋来子正多，不似黄台下。

（〔明〕高启撰《大全集》卷十六，

上海古籍出版社影印文渊阁《四库全书》第1230册，第216页）

摘 瓠

高启

轮囷卧霜露，秋晓摘初归。

自笑诗人骨，何由似尔肥？

（〔明〕高启撰《大全集》卷十六，

上海古籍出版社影印文渊阁《四库全书》第1230册，第216页）

鹤 瓢

钱子正

因形称鹤初非鹤，以类名瓢未似瓢。

定是道真留别种，不妨贮酒杖头挑。

（〔明〕钱子正撰《三华集》卷三，

上海古籍出版社影印文渊阁《四库全书》第1372册，第62页）

存瓢诗

郑潜

乱后惟存此一瓢，许由世远孰能招。

思亲恨酌南溟水，忧国愁翻北海潮。

松下无声何用弃，壁间有影莫相邀。

富沙春色浓如酒，与尔寻芳过野桥。

（〔明〕郑潜撰《樗庵类稿》卷二，

上海古籍出版社影印文渊阁《四库全书》第1232册，第112页）

瓢隐画歌

虞堪

溪上昨日风雨来，溪上船子冲潮回。

白鸥微茫度岛屿，绿树恍惚迷尘埃。

烟昏气黑夜滂渤，石梁茅屋多倾颓。

壶公画里何悠哉，写此世外之蓬莱，弱水不渡良可哀。

（〔明〕虞堪撰《希澹园诗集》卷一，

上海古籍出版社影印文渊阁《四库全书》第1233册，第588页）

鹤 瓢

虞堪

青城黄仙师，四海遍行脚。

东观沧溟万里余，到时两鬓秋萧索。

手中常持一鹤瓢，言是太古开花萼。

偃蹇浑无斧凿痕，分明洞有烟霞烁。

青田一种至今无，溟渤昆仑任抄掠。

一从箕泉遭弃置，便向华表为栖托。

自入行囊不计春，长悬日月同飘泊。

弹丝或奏太古调，只与此瓢相对酌。

醉将北斗挽天潢，肯把此瓢分两勺。

君不见，伯牙绝弦无知音，卞和献璞遭残虐。

世间俗子眼眵瞎，有耳徒能听管龠。

安知老大葫芦生，小摘乾坤自成嚼。

林屋洞口种橘李，山人平生读书得真乐。

自是西周老聃姓，抱一冲虚岂雕琢。

仙翁亦是无怀民，大道迥出羲皇若。

禹穴南来一邂逅，握手谈笑如识昨。

许以此瓢今可遗，临别要即重然诺。

谢之拂袖去，意若全落魄。

山人得之不敢却，左悬右佩贮灵药。

有时挂向青崖间，脱屣扪萝坐盘礴。

月明辽海夜生寒，梦绕秋空双足蹻。

迩来作者歌鹤瓢，竞说山人瓢不恶。

长歌短句我亦有，雨露云烟讵穿凿。

我歌不凿瓢愈奇，山人之名愈充扩。

李山人，莫惊愕，我亦青城丈人客。

昔年西来觉丘壑，几回晞发太华颠，至今尚负山中约。

瓢乎瓢乎尔知否，一夕风高起朔漠，潇湘洞庭木叶落。

尔今不蔓纵为瓢，徒向人间受缠缚，何当从今只化鹤。

何当从今只化鹤，为我戛然飞鸣一万里，长风浩浩翔寥廓。

（〔明〕虞堪撰《希澹园诗集》卷一，
上海古籍出版社影印文渊阁《四库全书》第1233册，第589~590页）

新栽柏为瓠蔓所缠令诸生披解以遂生意有作

方孝孺

青青庭前柏，移植芳春时。

既承雨露润，欻见云霄姿。

盛夏乏人工，眼中芜秽滋。

瓠壶引长蔓，左右缠蔽之。

晨兴试行观，沉思喟然悲。

微物凌善类，胜负关盛衰。

巨叶覆其颠，浓阴密如帷。

自非为披折，恐使嘉树萎。

呼童操短镰，芟彼草与茨。

瓠蔓亦徐解，扶持向藩篱。

植物共有生，荣枯两无知。

贞脆本天质，生成仗人为。

仰惟玄造心，发育靡偏私。

于焉别臧否，可以人理推。

汉昭任博陆，不受群邪欺。

苻坚逐仇腾，景略事业施。

用贤必远佞，果断贵无疑。

嗟余何为者，栖屑名位卑。

触物徒有怀，于时竟奚裨。

柏也材气良，取效尝患迟。

众人重口腹，爱瓠固其宜。

纷纷俄顷计，落落千载期。

浩歌向苍穹，此意知者谁。

（〔明〕方孝孺撰《逊志斋集》卷二十三，

上海古籍出版社影印文渊阁《四库全书》第1235册，第674页）

赋椰瓢

王绂

炎方充贡物，颁赐出金门。

外表匏瓜质，中涵雨露恩。

香甘宜作果，坚确可刳尊。

铭刻须珍袭，留荣及子孙。

（〔明〕王绂撰《王舍人诗集》卷三，

上海古籍出版社影印文渊阁《四库全书》第1237册，第123页）

题许侍郎所藏许由弃瓢图

夏原吉

耳边方厌一瓢声，心外宁贪万乘荣。

可羡后来嘉遁客，谩欺林壑盗虚名。

（〔明〕夏原吉撰《忠靖集》卷六，

上海古籍出版社影印文渊阁《四库全书》第1240册，第529页）

赋得酒瓢送陆玘

谢晋

形质非雕琢，天成贮玉浆。

匏尊宜作伴，椰榼每同将。

和月悬吟杖，随人入醉乡。

最怜临别处，花底泻来香。

（〔明〕谢晋撰《兰庭集》卷上，

上海古籍出版社影印文渊阁《四库全书》第1244册，第435页）

寄葫芦族人

邢宥

卜筑葫芦境最幽，竹篱茅舍似蓁茜。

身多暇日琴随鹤，意得当年剑换牛。

泉石愿依山作主，簪缨不羡世封侯。

头因无事齐齐白，直是罗浮隐者流。

（〔明〕邢宥撰《湄丘集》卷二，《海南丛书第四五种》，

海南书局1927年版）

送丘仲深至葫芦口占

邢宥

与君相送到葫芦，酒在葫芦不用沽。

共饮一杯辞别去，君行西出故人无。

（〔明〕邢宥撰《湄丘集》卷二，《海南丛书第四五种》，

海南书局1927年版）

弃瓢图

张宁

逊位峻相绝，弃瓢焉足云。

独怜尧舜日，危行已如君。

（〔明〕张宁撰《方洲集》卷十，

上海古籍出版社影印文渊阁《四库全书》第1247册，第317页）

瓢

王越

剖开混沌窍，辛苦几时休。

陋巷亲颜子，箕山怨许由。

瓮边盛酒用，江口贮诗流。

羲颉论功赏，当封第一侯。

（〔明〕王越著《黎阳王太傅诗文集》卷上，《四库全书存目丛书》集

部第36册，齐鲁书社1997年7月版，第449页）

许由弃瓢图

沈周

一物有一累，吾形犹赘然。

区区此勺器，亦合付长川。

浩浩天地间，吾亦一瓢耳。

吾哉与瓢哉，大观何彼此。

（〔明〕汪砢玉撰《珊瑚网》卷三十七，

上海古籍出版社影印文渊阁《四库全书》第818册，第714页）

葫芦架

吴宣

移树当阶引稚藤，向空云雨绿层层。

好花历落葫芦小，十尺湘帘对曲肱。

（〔明〕曹学佺编《石仓历代诗选》卷三百八十八，

上海古籍出版社影印文渊阁《四库全书》第1392册，第237页）

谢石田送匏砚复次前韵

吴宽

园官惊见瓠壶肥，肯信良工自范围。

物在要论真与假，谱亡空较是耶非。

出门合辙何从合，逃墨归儒始是归。

不是痴翁多玩好，平生有号更谁依。

（〔明〕吴宽撰《家藏集》卷二十一，

上海古籍出版社影印文渊阁《四库全书》第1255册，第159页）

许由弃瓢图为廷殷侄题

程敏政

心寂何妨响万瓢，弃心生处胜狂涛。

耳尘暂灭心尘起，却恐先生见未高。

（〔明〕程敏政撰《篁墩文集》卷九十一，

上海古籍出版社影印文渊阁《四库全书》第1253册，第744页）

弃瓢图

李东阳

至人于物本忘情，瓢系犹嫌树里声。

应是向来新洗耳，个中听得更分明。

（〔明〕李东阳撰《怀麓堂集》卷二十，

上海古籍出版社影印文渊阁《四库全书》第1250册，第210页）

次徐大行许由弃瓢韵

张吉

都君已为苍生出，惨断春花与秋月。

天遗一叟治幽忧，万里冥鸿托消息。

颍人莫笑蟹与虾，荡泊烟涛为室家。

天真自适更何事，亦笑乾坤生有涯。

青山对我寂无语，尔瓢何乃声如许。

临流送尔出人间，好去当筵侑歌舞。

（〔明〕张吉撰《古城集》卷五，

上海古籍出版社影印文渊阁《四库全书》第1257册，第699页）

赐葫芦画五对

严嵩

殿里皆高手，丹青绘事奇。

宛疑临水石，春色上花枝。

（〔明〕曹学佺编《石仓历代诗选》卷四百八十一，

上海古籍出版社影印文渊阁《四库全书》1393册，第593页）

赐葫芦画八幅

严嵩

水树烟云列画屏，良工高殿写丹青。

内家每爱葫芦样，宝玩时时对宠灵。

（〔明〕严嵩撰《钤山堂集》卷第十六，《四库全书存目丛书》集部第
56册，齐鲁书社1997年7月版，第149页）

弃瓢图寄国英侍御

方豪

昔人弃国如弃瓢，山中独坐风萧萧。

今我聘书好种树，虎谷棠陵未寂寥。

我有知心在南海，壶公名药长自采。

安得羽化相飞攀，笑弄沧溟歌欸乃。

（〔清〕张豫章等敕编《御选宋金元明四朝诗·御选明诗》卷四十四，
上海古籍出版社影印文渊阁《四库全书》第1443册，第169页）

补瓢（二首）

朽庵林公

其一

足迹寻常懒过桥，栖栖今日又明朝。

诗情冷淡霜中菊，服色离披雪后蕉。

贫里有谁分米送，禁山无处觅柴烧。

老来自笑贪心在，还对清泉补破瓢。

其二

一席茅庵百衲身，山高无日照窗尘。

雪松挺翠能禁冷，霜叶堆红岂是春。

瓦罐汲泉便北井，木盘分米赠西邻。

补瓢留得青蚨在，自笑痴心也济贫。

（〔清〕钱谦益辑《列朝诗集》闰集卷二，
上海古籍出版社《续修四库》第1624册，第308页）

家园种壶作

朱曰藩

春柳半含黉，春鸠屋上啼。

弱苗何日引，长柄得谁携。

瓠落非无用，鸱夷爱滑稽。

挥锄不觉倦，新月在楼西。

（〔清〕张豫章等辑《御选宋金元明四朝诗·御选明诗》卷五十八，
上海古籍出版社影印文渊阁《四库全书》1443册，第462页）

瓢

冯惟敏

重怜濩落姿，那谢瑚琏器。

得意长相从，忘形莫轻弃。

（〔明〕冯惟敏撰《海浮山堂诗稿》卷五，
上海古籍出版社《续修四库全书》第1345册，第283页）

酬张元易送木瘿瓢

欧大任

长生木瓢置佛前，何年山隐辟支禅。

带将风露中条色，归汲曹溪白象泉。

（〔明〕欧大任撰《欧虞部集十五种·西署集》卷八，《四库禁毁书丛
刊》集部第47册，北京出版社1997年6月版，第632页）

吴季子饷我细腰壶芦石上芝（二首）

徐渭

其一

葫芦老细腰，乃似细腰女。

即令楚宫来，今亦不堪舞。

我闻方外医，庸以盛药丸。

梧子及鱼眼，可容百万千。

老圃畜蔬种，亦够一顷田。

我既丑医帐，亦复少蔬阡。

拟挂于扶老，支吾五岳颠。

心强足不健，终岁掩帐眠。

止取作蒸鹅，聊以谑客涎。

其二

芝朵虽不润，芝色坚且古。

根须络拳石，如筋蚀臂股。

络古不复脱，初芽宁藉土。

石色既已黄，芝紫亦稍妩。

有如意魁梧，状貌乃妇女。

谷城吊老人，泪下潜如雨。

置我笔研间，长与留侯语。

（〔明〕徐渭撰《徐文长文集》卷四，
上海古籍出版社《续修四库全书》第1354册，第715~716页）

为陈司理题画

徐渭

葫芦聊当海槎敧，海潮如雪拥槎飞。

萧郎去访支矶事，弄玉楼中怨未归。

（〔明〕徐渭撰《徐文长逸稿》卷八，
上海古籍出版社《续修四库全书》第1355册，第329~330页）

石云瓢（并叙）

田艺蘅

石云瓢，田子酒器也，山中老木瘿剞而成尊，石以其坚，云以其文，瓢以其形，盖草堂之雅器也。倾倒之余，为之赋此。

悬崖古木拥灵根，风露凋残日月吞。

自与麹生甘落魄，每逢山鬼怨招魂。

金罍底事污云象，杯饮终须陋石尊。

宁为一瓢重改乐，扣歌行复挂柴门。

（〔明〕田艺蘅撰《香宇集》卷十二，

上海古籍出版社《续修四库全书》第1354册，第147页）

咏子艺石云瓢

蒋灼

莫羡田家老瓦盆，草堂重见一瓢存。

瘿杉亦复成杯棬，幽客时能伴酒尊。

荷叶影翻青石髓，梨花香动白云根。

怜予小试如沟量，卧听山禽唤醉魂。

（〔明〕田艺蘅撰《香宇集》卷十二，

上海古籍出版社《续修四库全书》第1354册，第147页）

瓢

王世贞

偶从清颍得，乞食焦山僧。

一饱便无事，却挂焦山藤。

（〔明〕王世贞撰《弇州四部稿》卷四十五，

上海古籍出版社影印文渊阁《四库全书》第1279册，第573页）

郊坛扈驾赐观斋宫温室赐金椰瓢银八宝纪恩

赵用贤

圣主肃郊祁，天行日驭移。

旌旄元队合，冠剑上公随。

法驾叨倍列，灵坛属仰窥。

何如宣室召，得与閟宫仪。

殊锡珍金错，承恩丽玉墀。

镂文光贯鼎，宝气耀悬藜。

位直台衡重，荣沾雨露私。

誓将精白志，岁岁格皇祇。

（〔明〕赵用贤撰《松石斋集·诗集》卷二，《四库禁毁书丛刊》集部
第41册，北京出版社1997年6月版，第496页）

元旦赐门神挂屏葫芦等物岁以为常

于慎行

节启青阳岁籥新，金人十二画为神。

韶华自合留天府，御气谁期洽近臣。

彩胜仍分仙禁缕，云屏况借汉宫春。

却怜寂莫扬雄宅，门巷恩光接紫宸。

（〔明〕于慎行撰《谷城山馆诗集》卷十六，上海古籍出版社影印文
渊阁《四库全书》第1291册，第152页）

赋得壁上酒瓢唐人题

黄汝亨

一瓢饮亦乐，所置叹非宜。

顾此家徒壁，何从酒满卮。

伯伦空有颂，北海客何为。

斟酌原无量，虚盈自有时。

（〔明〕黄汝亨撰《寓林诗集》卷三，《四库禁毁书丛刊》集部第43
册，北京出版社1997年6月版，第75页）

内兄杨令过访披缁悬瓢如乞士状诗寄谢之

虞淳熙

尔读缁衣日，青衿换赤霜。

改为天竺服，犹带紫泥香。

楚楚蜉蝣制，纷纷蝼蚁粮。

惭予飞动意，见月想霓裳。

（〔明〕虞淳熙撰《虞德园先生集·诗集》卷四，《四库禁毁书丛刊》
集部43册，北京出版社1997年6月版，第591页）

瘿木瓢

徐𤊻

臃肿非无用，偏于隐者宜。

登山云自贮，洗涧月相随。

水乐颜居饮，风嫌许树吹。

有时僧借去，堪当小军持。

（〔明〕徐𤊻撰《鳌峰集》卷十，
上海古籍出版社《续修四库全书》第1381册，第130页）

题僧挂瓢图

郑鄤

一抹深松画寂寥，蒲团坐对塔灯遥。

云山万叠留僧住，那得僧家肯挂瓢。

（〔明〕郑鄤撰《峚阳草堂诗集》卷九，
《四库禁毁书丛刊》集部126册，北京出版社2000年版，第600页）

补 瓢

韩洽

惜此长柄瓢，操持未尝惰。

斯须一失手，自悔已无那。

岂敢学孟敏，恝言甑已破。

粘黐合其离，挹注备清课。

补瓢何足云，藉以补吾过。

（〔明〕韩洽撰《寄庵诗存》卷一，《四库禁毁书丛刊》集部第149册，

北京出版社1997年6月版，第194～195页）

题匏杯

巢鸣盛

回也资瓢饮，悠然见古风。

剖心香自发，刮垢力须攻。

不识金银气，何如陶冶工。

尼丘疏水意，乐亦在其中。

（〔清〕朱彝尊编《明诗综》卷七十三，上海古籍出版社影印文渊阁

《四库全书》第1460册，第662～663页）

清 诗

匏杯歌

曹溶

酌酒当用黄金樽，近年以来贵陶瓦。

物巧生新定莫穷，易以坚匏更淳雅。

尚象恒思谋始难，西楚东吴无作者。

禾里遗风差不俗，逸客栽匏满原野。

累累结实饱霜雾，夏秀秋贞互倾写。

巨者尝闻济险津，酒易溺人此其亚。

鉴古足藉息流湎，目前寓意在杯斝。

光逾栗玉谢雕镌，岁月摩娑贱聊且。

我里鲂鱼尾頳赤，甲乙之间嘶塞马。

故家筐篚无一存，插羽征求到松槚。

犹余匏器侑曲糵，宾筵秩秩见潇洒。

小制翻为四海珍，凤凰鹦鹉徒土苴。

乃知治器等治国，群材精粗趋良冶。

不然弃掷老田庐，虫吟雀啄谁能把。

（〔清〕曹溶《静惕堂诗集》第十四卷，《四库全书存目丛书》集部第
198册，齐鲁书社1997年7月版，第117页）

后匏杯歌

曹溶

郡中攻匏始王氏，其后模效纷然多。

各能推择尚坚朴，八月九月留霜柯。

宣武平生诮形似，精微以往皆涫讹。

石佛群僧称好手，工惟急就亏揩磨。

流传空复遍燕粤，贱售只辱幽人薖。

东郊周生最晚出，家无尺帛颜常酡。

思穷莽苍得奇窍，尽刷怪诡还中和。

终年黯惨与神遇，歘起奏刀如掷梭。

不规而成妙天质，因物纤巨无偏颇。

瓶罍满眼总适用，譬若圣教陈四科。

其间卓绝首觞器，琴轩书榻光相摩。

捧之宜俟偓佺辈，侍坐可斥妖秦娥。

愚也好古彻骨髓，周生之宝曾经过。

持赠不惜倒筐箧，皓若片月来烟萝。

南潘闽墺北沙塞，尘坌戛击催沉疴。

糟丘已颓欢伯怨，不饮奈此匏者何。

（〔清〕曹溶撰《静惕堂诗集》卷十四，《四库全书存目丛书》集部第

198册，齐鲁书社1997年7月，第117~118页）

家叔见贻酒瓢诗以为谢

葛芝

荷锸非吾事，一瓢即醉乡。

香生萝月白，影泻涧泉凉。

挂处随松麈，行时逐锦囊。

三春芳草绿，先办客游狂。

（〔清〕葛芝撰《卧龙山人集》卷四，《四库禁毁书丛刊》集部第33册，

北京出版社1997年6月版，第330页）

葫芦门
蔡衍鎤

径曲如蔓转，蔓穷始见葫。

虽然依样画，别是一门途。

（〔清〕蔡衍鎤撰《操斋集》卷九诗部，

《四库未收书辑刊》第9辑第20册，北京出版社，第138页）

匏 尊
吴绮

吾岂匏瓜事可知，一尊闲卧夕阳时。

人间只有槐安好，便是蚍蜉也不辞。

（〔清〕吴绮撰《林蕙堂全集·亭皋诗集》，

上海古籍出版社影印文渊阁《四库全书》第1314册，第651页）

瘿 瓢
陈恭尹

已分瓠俱掊，宁期匠见收。

在人思错节，于物戒悬疣。

量腹为虚受，投身免贵游。

同根有枝叶，灰烬已千秋。

（〔清〕陈恭尹撰《独漉堂诗集》卷十四，

上海古籍出版社《续修四库全书》第1413册，第200页）

长生木瓢歌（有序）
查慎行

塞山千年松瘿，内侍采以为瓢，覆如虾蟆，仰如荷叶，中容一升许，体轻而材坚，叩之有声，乙酉秋随驾避暑口外，蒙恩颁赐者。闽中林鹿原取少陵诗语，名之曰"长生木瓢"，八分书其旁。闲窗检点旧物，以歌纪之，并邀德尹同作。

老蟾爬沙离月户，走上寒岩古松树。

化而为瘿质渐坚，雪锢冰胶肌理附。

夜义欲割电火烧，颐未及张其背焦。

不知阅世经几劫，大似箕山旧挂瓢。

中官采同豫章朴，雨洗泉浇出新沐。

豹胎拆骨仅留皮，鳖甲刳肠殊少肉。

外睅两目头微頫，仰擎无柄幡幡荷。

旁敲俨闻声合合，中翕能受形皤皤。

当初曾浥官厨酒，拜赐居然落吾手。

今来饮水每思源，甘与支离分相守。

诗人好古命以名，杜章可断标长生。

瓢乎，瓢乎，汝之真率吾所爱，毋逞狡狯伎俩，复变虾蟆精。

（〔清〕查慎行撰《敬业堂诗续集》卷二，上海商务印书馆《四部丛刊初编》第365册，上海商务印书馆1936年版，第602页）

和初白御赐瘿瓢歌

查嗣瑮

天瓢浥注海一泓，幻成天禄虾蟆形。

曾从玉皇手亲赐，得与诗老同长生。

吾闻玉芝万年药，领有丹书头戴角。

星眸闪睒怒翕张，文背轮菌郁斑驳。

无端跳浪月窟行，谪来还作老树精。

色非青铜质非玉，不假剖琢由天成。

颇如欹器防满溢，轻比偏提易蠲涤。

愿同蠡测纪深恩，莫遣风吹声历历。

（〔清〕查嗣瑮撰《查浦诗钞》卷十一，《四库未收书辑刊》第8辑第20册，北京出版社1997年版，第129页）

葫芦灰（有序）

陈梓

李卫公谪崖州，游禅院，见壁挂十余葫芦，问所贮。僧曰："皆人骨灰。太尉当轴，朝列以私憾黜此者，贫道焚骸贮灰，以待其子孙耳。"公闻，返走心痛。是夕卒。

相公不识葫芦物，此时老僧亲拾得。

多少游魂在异乡，生杀都由相公出。

相公不到崖州来，那识葫芦贮此灰。

葫芦灰，相公见之心转哀，前车后车同一摧。

寄语后来权宰相，莫画葫芦依旧样。

（〔清〕陈梓撰《删后诗存》卷二，《四库未收书辑刊》第9辑第28册，

北京出版社1997年版，第128页）

补瓢歌

韩骐

志士勤补拙，学人善补过。

老夫志短学亦荒，但补山瓢惜瓢破。

瓢腹彭亨大如斗，肌理错杂形模丑。

托生古木含精久，二曜胎光百灵守。

曾依佛氏钵，亦贮仙家酒。

屡空不悔是吾儒，陋巷食箪相与友。

一朝堕入俗士怀，所托非人不如朽。

猛然跃地声如雷，暗中已觉光芒走。

由来破甑不反顾，而此相逢定非偶。

众人所弃何足凭，谈笑寻常落吾手。

归来摩挲几案傍，形分神合终辉煌。

娲皇炼石天可补，补瓢事却非荒唐。

冰丝作绳裹教密，鸾液煎胶腻于漆。

纵横凑泊本天成，凹凸弯环反初质。

古意忽添冰裂痕，奇姿更簇蒲桃纹。

翻嫌自昔瓢无补，一补须增价十分。

老夫生平嗜好偏，瓦铛折脚琴无弦。

补成此瓢共三绝，商彝周鼎良徒然。

不闻祖师西来意，不读庄叟南华篇。

筴铿八百等驹隙，回也何必非长年。

醉邀东林月，渴饮西涧泉。

朝注五湖云，暮挹三江烟。

行住坐卧不离手，百年自与瓢为缘。

吁嗟瓢破终获全，斡补造化天无权。

悠悠此意向谁语，挈瓢独上荒山巅。

（〔清〕韩骐《补瓢存稿》卷二，
《四库未收书辑刊》集部第8辑第21册，北京出版社，第700~701页）

咏壶卢器

爱新觉罗·弘历

壶卢器者，出于康熙年间。皇祖命奉宸取架瓠而规模之，及熟遂成器焉。碗、盂、盆、盒惟所命，盖其朴可尚，而巧亦非人力之所能为也。爰令园人仿为之。既成，题以句而识其源如是。

累在栗薪烝，陶人岂藉凭。

玉成原有自，瓠落又何曾。

纳约传遗制，随圆泯锐棱。

爱兹淳朴器，更切木从绳。

（〔清〕高宗撰，〔清〕蒋溥等奉敕编《御制诗集·初集》卷四十四，上
海古籍出版社影印文渊阁《四库全书》第1302册，第640页）

咏葫芦笔筒

爱新觉罗·弘历

葫芦笔筒，予向日书几上日用物也。弃置廿余年，今偶见之，如遇故人，因成是什，亦言志之意云尔。

苦叶甘瓠只佐飧，纵然为器乃壶樽。

岂知贮笔成清供，陡忆含饴拜圣恩（是器乃皇祖所赐也）。

巧是鸿钧能造物（匏蒂初生，函以木范，迨落实时，各肖形成器。此制创自康熙年间，而此筒尤为天质完美），训垂燕翼见铭言（筒上有阳文铭，用成公绥"经纬天地，错综群艺"之句）。

错综不易穷理境，经纬何曾达治源。

顿觉廿年成梦幻，那忘十载伴朝昏。

犹然我也如相待，惭愧休为刮目论。

（〔清〕高宗撰，〔清〕蒋溥等奉敕编《御制诗集·二集》卷七十九，

上海古籍出版社影印文渊阁《四库全书》第1304册，第461页）

痕都斯坦玉羊头瓜瓣瓢歌

爱新觉罗·弘历

鹿台嘉产来遐陬，彼中良工细雕镂。

式异汉杯及商卣，瓢饮一具琢美球。

瓜分数瓣花叶浮，曲柄回顾为羊头。

匪夷所思用意周，其脂非远其性柔，东陵关内伊谁侯。

（〔清〕高宗撰，〔清〕蒋溥等奉敕编《御制诗集·四集》卷六十四，

上海古籍出版社影印文渊阁《四库全书》第1308册，第374页）

题旧端石天然壶卢砚

爱新觉罗·弘历

雕几曾不藉多加，形赋天然丝蔓拏。

怜彼耕而弗获者，无端还拟叹匏瓜。

（〔清〕高宗撰，〔清〕蒋溥等奉敕编《御制诗集·四集》卷七十五，上

海古籍出版社影印文渊阁《四库全书》第1308册，第528页）

敬题康熙年间葫芦瓶

爱新觉罗·弘历

具绘非因刻，成模不是陶。

物皆堪造就，可识化工高。

（〔清〕高宗撰，〔清〕蒋溥等奉敕编《御制诗集·四集》卷七十九，

上海古籍出版社影印文渊阁《四库全书》第1308册，第575页）

咏壶卢瓶

爱新觉罗·弘历

幸谢蒸鹅佐脱粟，却成槌纸得全壶。

囫图弗藉范而范，沕穆何妨觚不觚。

学士漫嗤画依样，陶人那问铸从模。

无烦贮水安铜胆，随意闲花簪几株。

（〔清〕高宗撰，〔清〕蒋溥等奉敕编《御制诗集·四集》卷八十五，

上海古籍出版社影印文渊阁《四库全书》第1308册，第670页）

咏葫芦笔筒

爱新觉罗·弘历

作器必归圣，葫芦器古无。

可知心造化，即此示猷谟。

地宝何曾爱，天然宛就模。

裘钟看巧制，毛颖得安区。

布景图犹活，临池帖可摹。

兰亭同逸少，愧我少工夫。

（〔清〕高宗撰，〔清〕蒋溥等奉敕编《御制诗集·四集》卷八十七，

上海古籍出版社影印文渊阁《四库全书》第1308册，第696页）

恭题壶卢碗歌

爱新觉罗·弘历

壶卢碗逮百年矣，穆如古色含表里。

摩挲不忍释诸手，康熙御玩识当底。

昔时未审赐何人，其家弗守鬻之市。

展转兹复充贡珍，是诚珍胜其他耳。

辞尘世仍入西清，碗如有知应自喜。

敬思当日圣意渊，不贵异物祛奢靡。

园开丰泽重农圃，蔬瓠尔时种于此。

就模中规成诸器，神枢即契造物理。

对碗可悟见诸羹，幻海浮沉宁论彼。

（〔清〕高宗撰，〔清〕蒋溥等奉敕编《御制诗集·五集》卷十六，

上海古籍出版社影印文渊阁《四库全书》第1309册，第498~499页）

咏壶卢瓶

爱新觉罗·弘历

壶卢模器始康熙，苑监相承法种之（壶卢模器者，皇祖命苑监于初生时制印模以规之，及成，文理宛然，瓶碗诸器，惟意所命。至今御园内监尚存其法，种之每得佳器）。

胜木从绳无斧凿，肖金在冶有垆锤。

明雕漆异果园局，宋制磁赢修内司。

踵事则然增华否？慎言敦朴每勤思。

（〔清〕高宗撰，〔清〕蒋溥等奉敕编《御制诗集·五集》卷十七，上海

古籍出版社影印文渊阁《四库全书》第1309册，第525页）

咏壶卢合子

爱新觉罗·弘历

悬瓠何尝有定容？规之成器在陶镕。

外模设矣得由己，中道立而能者从。

绎义有符铸人法，摘词无匪慕前踪（壶卢器自皇祖命苑监创制至今，遵奉成规，每得佳器，屡经题咏，以志率由前典）。

苑丞种出呈盘覆，贮水沉堪佐静供。

（〔清〕高宗撰，〔清〕蒋溥等奉敕编《御制诗集·五集》卷二十五，
上海古籍出版社影印文渊阁《四库全书》第1309册，第662页）

咏壶卢瓶

爱新觉罗·弘历

碗盘富有印成模，似此花瓶新样殊。

大小壶卢连蔓缀（瓶之纹复缀以壶卢），物毋忘本若斯夫。

（〔清〕高宗撰，〔清〕蒋溥等奉敕编《御制诗集·五集》卷四十五，
上海古籍出版社影印文渊阁《四库全书》第1310册，第333页）

恭咏壶卢罐

爱新觉罗·弘历

器高五寸，径三寸，通体蟠螭二，有盖，当底有"康熙赏玩"四字。制是器者，瓠始生时以木模束之，迨其长成，花纹字体俨若天造。命意甚巧而形制浑朴，较金玉之品，似转胜之。

成器已将百岁余，康熙赏玩识当（当底之当，非当然之当）初。

置之白玉青铜侧，华朴之间意愧如。

（〔清〕高宗撰，〔清〕蒋溥等奉敕编《御制诗集·五集》卷八十二，上
海古籍出版社影印文渊阁《四库全书》第1311册，第230页）

五弟有葫芦笔筒用十年矣属予题句

爱新觉罗·弘历

物贵朴质不贵奇，用贵长久不贵暂。

譬如君子小人交，或如醴甘或水淡。

何处西风蒲柳姿，忽成雅制佐铅椠。

日与湘东三品俱，位置安排毋乃僭。

吾弟用之已十年，资益吟哦恒不厌。

磨砻本自无圭角，日事摩挲光泛滟。

腰胸肩顶相称停，映射溪藤云藻掞。

架笔何须红珊瑚，只此天成质无欠。

伊予雁序愧先行，十有四年共笔研。

枯韵同拈工拙殊，心中欢喜兼艳羡。

不辞复作笔筒诗，已费苦吟一日半。

（〔清〕高宗撰，〔清〕蒋溥等奉敕编《御制乐善堂全集定本》卷

十五，上海古籍出版社影印文渊阁《四库全书》第1300册，第411页）

恭和御制咏葫芦笔筒元韵

介福

采瓠幡幡但夕飧，壶尊名后漫匏樽。

葛萝林外风霜质，翡翠床边翰墨恩。

贮笔赐占恭则寿，释铭题系大哉言。

圆来二十年非梦，蓄得三千字有源。

封即管城才斗大，涉怀秋水未烟昏。

砚傍侍从威仪束，绳祖亲瞻制作论。

（〔清〕董诰等辑《皇清文颖续编》卷九十八，

上海古籍出版社《续修四库全书》第1667册，第569页）

拟恭和御制咏葫芦笔筒元韵（御制诗序曰：葫芦笔筒，予向日书几上日用物也，

弃置廿余年，今偶见之，如遇故人，因成是什，亦言志之意云尔）

钱载

豳人可但及秋飧，庄叟徒枵五石樽。

坚作笔城供上用，净依书几拜先恩（御制注曰：是器乃皇祖所赐也）。

廿年不见频相忆，一日重逢辄与言。

肖物范模留化迹（御制注曰：匏蒂初生，函以木范，迨落实时，各肖形成器，此制创自康熙年间，而此筒尤为天质完美），铭文经纬彻心源（御制注曰：筒上有阳文铭，用成公绥"经纬天地，错综群艺"之句）。

轩窗倍觉承晖迥，篱落回思挂雨昏。

道也器欤观所合，虚中直内义凭论。

（〔清〕钱载撰《箨石斋诗集》卷十八，

上海古籍出版社《续修四库全书》第1443册，第185页）

秋圃九咏·葫芦

钱载

巡圃诵毛诗，南有樛木瓠累之，幡幡者叶匏错垂。

瓠甘匏苦心自知，瓠长匏短颈腹为。

断壶断壶霜踏蹊，色泽而坚可提携。

子属皆曰葫芦兮，材与不材食不食，葫芦葫芦安所识。

蟏蛸网篱鸣促织，落日无风有寒色。

我欲作要舟，江湖满地长东流，子宁不抱千金忧。

我欲盛美酒，家无秫田酤则有，与子期乎酌大斗。

葫芦葫芦用亦多，饮酒之乐奈乐何。

（〔清〕钱载撰《箨石斋诗集》卷十八，

上海古籍出版社《续修四库全书》第1443册，第186页）

恭和御制咏葫芦笔筒元韵

钱维城

细腰非为减盘飧，皤腹无烦剖巨樽。

槐市根遥体惜别，管城封近许叨恩。

古犀老茧新投契，暮雀秋虫久忘言。

惠子蓬心艰用大，王郎藻思解探源。

案头气得经书润，架上斑消雾雨昏。

曾自尧厨分手泽，珊瑚有价不须论。

（〔清〕钱维城撰《钱文敏公全集·鸣春小草集》卷四，

上海古籍出版社《续修四库全书》第1442册，第470页）

除夕笕谷惠漆葫芦以玉露两瓶报之

顾光旭

难逢除日是春朝，苦叶吟余柏酒消。

闻道漆园浮五石，须知颜巷卧空瓢。

觞流曲水宁胶口，匏系多年怕束腰。

玉露一杯仙侣赠，凭君斟酌送今宵。

（〔清〕顾光旭撰《响泉集》卷十四，

上海古籍出版社《续修四库全书》第1451册，第410页）

葫芦歌

刘一明

这葫芦，两头空，中间细小上下通。

寸口能装天和地，包罗日月造化功。

太极未分无形象，鸿蒙已判露根蓬。

庶民得他轻性命，丈夫收来有威风。

日里施药疗百病，夜间高悬伴英雄。

有时用力打个破，片片飞上太虚空。

（〔清〕刘一明著《道书十二种·会心外集》卷下，

中国医药出版社1990年版，第690页）

寄吴蔚田索盛酒大葫芦

沈赤然

葫芦谁使半年闲，昨梦哓哓苦要还。

醉里乾坤都在此，不教好种落人间。

（〔清〕沈赤然《五研斋诗钞》卷十一，

上海古籍出版社《续修四库全书》第1465册，第562页）

以葫芦为花瓶

李苞

如胆瓶难得，葫芦倩尔为。

腹圆能受水，腰细可缠丝。

挂壁添家具，无花插果枝。

临僧倘来借，汲涧胜军持。

（〔清〕李苞《巴塘诗钞》卷上，

上海古籍出版社《续修四库全书》第1475册，第669～670页）

诗瓢（樗仙将军书藏）

法式善

幽燕诗笔悍，句短见才长。

独尔樗仙老，能参太白行。

行空腾逸气，掩卷发寒铓。

老去诗瓢里，兼收苏与黄。（"诗瓢"，樗仙集名）

（〔清〕法式善撰《存素堂诗初集录存》卷十四，

上海古籍出版社《续修四库全书》第1476册，第570页）

葫芦

汤贻汾

其一

浑噩能全太璞初，莫嫌腹负最心虚。

请君试探中何物，可有先生下酒书。

其二

藤根不断多牵绊，个里乾坤若个寻。

瓠落拚成无用物，中流谁道值千金。

（〔清〕汤贻汾撰《琴隐园诗集》卷十八，

上海古籍出版社《续修四库全书》第1502册，第248页）

葫　芦

路德

坐卧葫芦下，不见葫芦长。

几日不曾看，葫芦大如盎。

（〔清〕路德撰《柽华馆全集·柽华馆诗集》卷二，

上海古籍出版社《续修四库全书》第1509册，第546页）

题宗涤楼万松阴里一团瓢图

陈庆镛

绝壑春深万绿丛，一瓢诗史寄苏翁。

闲心时放武林鹤，聊向山居问鞠穷。

（〔清〕陈庆镛撰《籀经堂类稿》卷十，

上海古籍出版社《续修四库全书》第1522册，第621页）

得小葫芦作歌

傅仲辰

葫芦二寸天然态，精工却与雕镂赛。

传闻束缚老秋霜，何异茫茫阅人代。

欲效壶公市肆悬，愧无丹汞藏其内。

气味仿佛含烟霞，乘兴摩挲驱尘秽。

昔曾似睹一追思，得母南极老人杖头之所佩。

（〔清〕傅仲辰撰《心孺诗选》卷二十四，

《四库未收书辑刊》第8辑第28册，北京出版社1997年版，第440页）

咏葫芦寄梅安

张天方

八月何堪咏断壶,诗心无匹与灯孤。

匏瓜读罢陈王赋,驰想梅花近更癯。

（陈衍著《石遗室诗话续编》卷四,《民国诗话丛编》第一册,

上海书店出版社2002年12月版,第610页）

历代词曲

渔家傲

黄庭坚

予尝戏作诗云："大葫芦挈小葫芦，恼乱檀那得便沽。每到夜深人静后，小葫芦入大葫芦。"又云："大葫芦干枯，小葫芦行沽。一住金仙宅，一住黄公垆。有此通大道，无此令人老。不问恶与好，两葫芦俱倒。"或请以此意倚声律作词，使人歌之，为作《渔家傲》。

踏破草鞋参到了。等闲拾得衣中宝。遇酒逢花须一笑。长年少。俗人不用瞋贫道。　　何处青旗夸酒好。醉乡路上多芳草。提着葫芦行未到。风落帽。葫芦却缠葫芦倒。

（唐圭璋编《全宋词》第一册，中华书局1965年6月版，第398页）

点绛唇

张继先

祐陵问：所带葫芦如何不开口。对御作。

小小葫芦，生来不大身材矮。子儿在内。无口如何怪。　　藏得乾坤，此理谁人会。腰间带。臣今偏爱。胜挂金鱼袋。

（唐圭璋编《全宋词》第二册，中华书局1965年6月版，第755页）

蝶恋花

张抡

莫笑一瓢门户隘。任意游行，出入俱无碍。玉殿珠宫都不爱。别藏大地非尘界。　　东海扬尘瓢不坏。寒暑□移，瑞日何曾改。一住如今知几载。主人不老长春在。

（唐圭璋编《全宋词》第三册，中华书局1965年6月版，第1423页）

壶中天

张炎

陆性斋筑葫芦庵，结茅于上，植桃于外，扁曰"小蓬壶"。

海山缥缈。算人间自有，移来蓬岛。一粒粟中生倒景，日月光融丹灶。玉洞分春，雪巢不夜，心寂凝虚照。鹤溪游处，肯将琴剑同调。　　休问挂树瓢空，窗前清意，赢得不除草。只恐渔郎曾误入，翻被桃花一笑。润色茶经，评量山水，如此闲方好。神仙陆地，长房应未知道。

（唐圭璋编《全宋词》第五册，中华书局1965年6月版，第3492页）

浪淘沙·题许由掷瓢手卷

张炎

拂袖入山阿。深隐松萝。掬流洗耳厌尘多。石上一般清意味，不羡渔蓑。　　日月静中过。俗□消磨。风瓢分付与清波。却笑唐求因底事，无奈诗何。

（唐圭璋编《全宋词》第五册，中华书局1965年6月版，第3507页）

圣葫芦

王喆

这一葫芦儿有神灵。会会做惺惺。占得逍遥真自在，头边口里，长是诵仙经。　　把善因缘，却腹中盛。净净转清清。玉杖挑将何处去，紧随师父，云水是前程。

（唐圭璋编《全金元词》上册，中华书局1979年10月版，第189页）

临江仙（大葫芦，先生出，常背此以贮酒也。）

王嚞

每向街头来往走，谁人识此葫芦。长盛美酒岂须沽。时时真畅饮，日日不曾无。 自是一身唯了事，相随肯暂离余。杖头挑起趁江湖。一船风月好，千古水云舒。

（唐圭璋编《全金元词》上册，中华书局1979年10月版，第191页）

临江仙·咏葫芦

王嚞

一只葫芦真个好，朝朝长是随予。腹中明朗莹中虚。贮琼浆玉液，滋味胜醍醐。 日日饮来依旧有，自然不用钱沽。杖头挑起入云衢。三清前面过，参从黍米珠。

（唐圭璋编《全金元词》上册，中华书局1979年10月版，第232页）

酴醾香

无名氏

自小孤云，身外无萦系。披一片，搭一片，逍遥快活计。破葫瓢，腰间挂，别无行李。是人笑我没操持。尽教傍人点指。 古庙祠堂，且共泥神作戏。破砂盆，泼瓦罐，折匙无筋。破纸被，糊包定，弯跧打睡。只等待、行满功成朝玉帝。方表男儿有志。

（唐圭璋编《全金元词》下册，中华书局1979年10月版，第1271页）

点绛唇

无名氏

小小瓢儿，生得天然诧。身矬矮。瓢儿元有口，难开解。 认得乾坤，此理谁能解。腰间常道人偏爱。不换金鱼袋。（依托梁桓真人，见《鸣鹤余音》卷四，案此词又见宋张继先《虚靖词》。）

（唐圭璋编《全金元词》下册，中华书局1979年10月版，第1308页）

太常引·书巢二首（其二）
陶安

苍芸缃轴几周遭。身世占清高。风雨不飘摇。最相称、先生一瓢。

鲲鹏海阔，鹧鹑枝上，各自遂逍遥。经史隽芳膏。似养翮、翱翔九霄。

（饶宗颐初纂，张璋总纂《全明词》第一册，中华书局2004年1月版，

第112页）

洛阳春·葫芦
易震吉

入夏雨知时，绕屋葫芦壮。不堪依样画图他，他却其、元模样。

日日野风吹向。未沾尘块。只逢秋老就中虚，卖药底、来相访。

（饶宗颐初纂，张璋总纂《全明词》第四册，中华书局2004年1月版，

第2084页）

浪淘沙·端午
吴伟业

缠臂彩丝绳。妙手心灵。真珠嵌就一星星。五色叠成方胜小，巧样丹青。　　刻玉与裁冰。眼见何曾。葫芦如豆虎如蝇。旁系累丝银扇子，半黍金铃。

（南京大学中国语言文学系《全清词》编纂研究室编

《全清词·顺康卷》第一册，中华书局2002年5月版，第385页）

清平乐·菖蒲葫芦
董元恺

花阴午直。旋把菖蒲刻。依样雕镂纤指劈。细认灵根九节。　　五丝撷向霓裳。一樽醉泛瑶觞。共喜兰汤浴罢，携来倍觉芬芳。

（南京大学中国语言文学系《全清词》编纂研究室编

《全清词·顺康卷》第六册，中华书局2002年5月版，第3248页）

古倾杯·匏匜
李良年

径惹风丝，畦翻露叶，谁种茅茨下。吾家六样，销沉后（李适之有酒器六，其一为匏匜）、解事犹传僧舍。平添一架花阴，垂垂满夏。霜镔旋剖，酒匜纷把，松子试剥，淡着浅香微赭。　　闲摒挡、蔬筵堪亚。念只有、盆携老瓦。记绣水流传，碧山槎古，从此双论价。轻衔最好饮伴。何处但、白袷宜寻，朱门定讶。岁岁共汝，竹溪莲社。

（南京大学中国语言文学系《全清词》编纂研究室编
《全清词·顺康卷》第十一册，中华书局2002年5月版，第6637页）

少年行
文廷式

日本艺妓瓢箪书来，戏题其后。日本人谓葫芦曰"瓢箪"。

清瞳映雪，纤腰贴地，东日照明姝。教剥瓜犀，戏堆臕凤，情态半憨疏。　　还相问，近来消息，怀得汉书无？如此壶天，尽留人住，我欲再乘桴。

（〔清〕文廷式著，汪叔子编《文廷式集》下册，
中华书局1993年1月版，第1443页）

浣溪纱·题陈君任问匏图
程颂万

藤戒多应忘死生，辘轳悬汲近天明。笑牵牛处有残星。　　底许葫芦依样画，从知匕箸不为羹。懒从天问礨孤清。

（〔清〕程颂万著，徐哲兮校点《程颂万诗词集》，
湖南人民出版社2009年10月版，第563页）

洞仙歌

朱祖谋

为张圣雌明经铭匏瓜砚。时君将北归，复媵一解。

琳腴新摘，剩温岩云片，钩带双文似牵蔓。想松煤、销夜研写羁愁，摩挲处、凝得玉鸦泪眼。　　呼童花外洗，小叶幡幡，凉翠漂香墨池满。相伴压归装，象管鸾笺，心心待、秋波一睬。便料理、疏狂炙红丝，定销与天孙，画眉新怨。

（〔清〕陈维崧等著，钱仲联选编《清八大名家词集》，

岳麓书社1992年7月版，第936页）

〔双调·殿前欢〕

卢挚

酒杯浓，一葫芦春色醉山翁。一葫芦酒压花梢重，随我奚童。葫芦干兴不穷，谁人共，一带青山送。乘风列子，列子乘风。

酒频沾，正花间山鸟唤提壶。一葫芦提在花深处，任意狂疏。一葫芦够也无，临时觑，不够时重沽去。任三闾笑我，我笑三闾。

酒新篘，一葫芦春醉海棠洲。一葫芦未饮香先透，俯仰糟丘。傲人间万户侯，重酺后，梦景皆虚谬。庄周化蝶，蝶化庄周。

酒频倾，一葫芦风味扶诗兴。一葫芦仗挑相随定，荷插银瓶。爱诗家阮步兵，宽沽兴，身世都休竞。蜾蠃螟蛉，螟蛉蜾蠃。

（隋树森编《全元散曲》上册，中华书局1964年2月版，第134～135页）

〔中吕·红绣鞋〕仙居

张可久

有客樽前谈笑，无心江上渔樵，小壶新酝注仙瓢。梅花和月种，松叶带霜烧，本清闲忙到了。

（隋树森编《全元散曲》上册，中华书局1964年2月版，第893页）

〔中吕·粉蝶儿〕

邓玉宾

【六么序】不如俺闲乐，陶陶，木碗椰瓢，乞化村醪。醉得来前合后倒，又带糟随下随高。都是教酒葫芦相与酬酢，归来醉也藜杖挑，过清风皓月溪桥。柴门掩上无锁钥，自颠狂自歌自笑，天地如我这草团标。

（隋树森编《全元散曲》上册，中华书局1964年2月版，第311页）

〔双调·蟾宫曲〕酒

无名氏

酒能消闷海愁山，酒到心头，春满人间。这酒痛饮忘形，微饮忘忧，好饮忘餐。一个烦恼人乞惆似阿难，才吃了两三杯可戏如潘安。止渴消烦，透节通关，注血和颜，解暑温寒。这酒则是汉钟离的葫芦，葫芦儿里救命的灵丹。

（隋树森编《全元散曲》下册，中华书局1964年2月版，第1741页）

〔仙桂引〕咏诗匏

冯惟敏

灵匏声价重鸱夷，盘古流传混沌皮，团圆共结缁沂会。赛邮筒不摘离，叩清音唤醒诗脾。写不尽风花记，吟不彻雪月题，但登临滚滚相随。小壶天玉质冰肌。喜则喜空洞能容，为则为囊括无遗。锦重叠满纸云烟，光绚烂一天星斗，圆滴溜万颗珠玑。俺只道混元形未分两仪，谁凿透窍肇判三极？付奚童仔细收拾，倩高贤珍重留题。览诗篇字字精工，咏词章句句神奇。

（〔明〕冯惟敏撰《海浮山堂词稿》卷二，
上海古籍出版社《续修四库全书》第1738册，第650页）

历代辞赋

瓠 赋
崔曙

送子清酤，挹兹瓢杓。杓为器用，势本天作。生也绵绵，长非濩落。工虽能而莫骋，宾有量而是度。外象招摇，中虚橐籥。泛然无系，似为客之漂流；浮而不沉，如从事之鸣跃。许何挂而厌喧？颜何饮而为乐？传一杯之引满，更百壶之竭涸。倘遇主人之深恩，敢忘此堂之斟酌。

（〔宋〕李昉等奉敕编《文苑英华》卷一百八，

上海古籍出版社影印文渊阁《四库全书》第1334册，第49～50页）

瓠赋（以岂徒用乃可珍为韵）
韦肇

器为用兮则多，体自然兮能几？惟兹瓢之雅素，禀成象而瑰伟。安贫所饮，颜生何愧于贤哉；不食而悬，孔父尝嗟夫吾岂。离方叶，配金壶，虽人斯造制，而天与规模。柄非假操而直，腹非待剖而刳。静然无似于物，豁尔虚受之徒。黄其色以居贞，圆其首以持重。匪憎乎林下逸人，何事而喧；可惜乎樽中夫子，宁拙于用。笙匏同出，讵为乐音以见奇；牢卺各行，用谢婚姻之所共。受质于不宰，成形而有待。与箪食而义同，方杯饮而功倍。省力而易就，因性而莫改。岂比夫尔戈尔矛，而劳乎锻乃砺乃。于是荐芳席，娱密座。动而委命，虽提挈之由君；用或当仁，信斟酌而在我。挹酒浆则仰惟北而有别，充玩好则校司南以为可。有以小为贵，有以约为珍。瓠之生莫先于晋壤，枓之类奚取于梓人。昔者沧流，曾变蠡名而愿测；今兹庙礼，请代龙号而惟新。勿谓轻之掌握，无使辱在埃尘。为君酌人心而不倦，庶反朴以还淳。

（〔宋〕李昉等编《文苑英华》卷一百八，

上海古籍出版社影印文渊阁《四库全书》第1334册，第50页）

匏赋（以五音克谐次用为韵）

李程

自然之器，匏也可睹。宜标名于曲沃，竟入用于乐府。将以验遗声，追淳古。听自分乎雅郑，事有动于三五。俾夫继《咸池》而嗣《六英》，越《大章》而跨《大武》。观其发徵含宫，设商分羽。洎清角而杂奏，合五色而相辅。笙磬愔愔而在听，鸟兽跄跄而率舞。其为器也尚质，其感人也则深。类《韶》乐之和，自当忘味；耻齐竽之滥，讵可同音。伊昔哲匠未顾，伶官未临。分瓜瓞以为伍，将葛藟而是寻。空思谐于音律，宁望齐于瑟琴。愿以刳心，去苦叶而展用；宁无滋蔓，惧甘瓠之见侵。今则规模有制，清浊不惑。受天和而乃圆其象，生土德而再黄其色。不患大而拙用，奚能系而不食。道无自满，我则虚受而持盈；物有混成，我则不宰而为德。是知察清音而匪匏孰可，含雅韵而匪匏不克。矧国家大乐既备，万邦允怀。惟异域钦和而内向，君子勤礼而外谐。至哉！听斯匏之音也，可以知太平之阶。

（〔宋〕李昉等编《文苑英华》卷七十二，

上海古籍出版社影印文渊阁《四库全书》第1333册，第565～566页）

匏樽

王祯

咨大块兮孕质，引蔓叶兮高悬。惟中虚兮表圆，实取离兮象乾。繄生成兮永固，匪雕琢兮自然。惟系之兮不食，爰剖之兮用全。继洼尊兮作古，与鸱夷兮比肩。至若畎亩登秋，粒米呈瑞，民无菜色，家称乐岁。走赤脚兮提携，酤村醪兮远致。泻瓦盆之真率，竞捧承乎若器。既尔汝兮相属，遂长幼兮同醉。复乃俯扣仰答，途歌里谣，忘一己之所之，迈千载之寂寥。初若笠泽引田舍之觞，又似柴桑倒茅檐之瓢。无思虑兮适刘伶之动止，浮江湖兮游庄周之逍遥。浩浩乎无怀大庭兮，去此逾几，又奚啻等山罍于敝屣兮，侪牺象于苏樵。

（〔元〕王祯撰《农书》卷十七，
上海古籍出版社影印文渊阁《四库全书》）第730册，第511页）

椰子酒瓢赋为知滑县事诸君仲仁作（君前雷州遂溪县丞）

宋讷

祝融之荒，朱崖之疆。有木惟椰，花实同芳。叶毵毵乎凤尾，树彷佛乎槟榔。融瘴雨之滋养，受海风之吹扬。凝鲸波之润泽，孕蜃气之光芒。竹长节兮下生，雀五色兮上翔。采一壳之贞姿，破半瓠之异常。不漆而玄，不老而苍。讶琢疑雕，离圆遁方。谓为匏耶，而非济水之具；谓为螺也，而无掩甲之铓。制作合自然之度，规模岂杞柳之戕。薄临池之荷杯，轻随波之羽觞。尊藤瘿兮土茸，厄竹根兮秕糠。憎一杯之鹦鹉，妒双盏之鸳鸯。斟酌乎真一之酝，输写乎波若之扬。纳麴生之风味，友陆醑之壶觞。齐列并陈，虽翠勺银罂之属，无忝先后；争操竞执，虽嵇康阮籍之徒，亦效奔忙。注春色于苍颜，添风韵于红妆。疏水部之醒何，亲酒泉之渴羌。素过乎陶匏之质，贵饶于金玉之相。箕山之许由未弃，陋巷之颜子不将。若夫公子高楼，豪客画堂，银屏前列，秀幕后张。荐琼酥之炙鹅，封杏酪之蒸羊。绿醅涨竹叶之酿，紫霞溢葡萄之浆。夜月秦若兰，春风杜韦娘。或妙舞兮垂手，或清歌兮绕梁。巧笑仙容，转宫腰之猗傩；怀春翠袖，露玉笋之纤长。浇彼磊块之胸，倾此潋滟之香。银凿落兮在侧，金叵罗兮在傍。瓢于斯时，孰低孰昂。负清标与雅致，任酣颠而醉狂。又若幽人草亭，高士山房，诗礼之庭，翰墨之场。逍遥兮兰佩葛巾，优雅兮野服云装。杜瓮半开，香脓酾乎蚁绿；郫筒初断，色浅泛乎鹅黄。缕银丝之鲈鲙，研金膏之蟹匡。新洞庭之绿橘，嘉糟丘之紫姜。冠者数人，童子两行。再献不假于歌喉，一倾直润乎诗肠。滴残沥于布袍，散余馨于银珰。瓢于斯时，价比琳琅。视金罍而不耻，顾瓦盆而有光。有美一人，邦家俊良。典六艺于文教，肃三语于宪纲。蔚赞画之才华，近池上之凤凰。出贰遂溪，来宰灵昌。昔访兹瓢，得于雷阳。封以溪藤之纸，韬以蜀锦之囊。逮琴堂之公暇，时会友以徜徉。精麹蘖以作醴，洁甘旨而起尝。味过杜康，客邀宋庠。幕宾之丰仪俊逸，广文之环佩铿锵。挂一幅之墨梅，设四位之胡床。爇水沉兮霏微，烧银烛兮荧煌。乃命爱子，钥启筠箱。出清赏于胜集，乐良夜之未央。蔬如琼芝，果剥栗穰。肴佳山雉，味美河鲂。一酢一酬，和敬交彰；一奠一举，宾主相忘。延席上之欢伯，拓樽前之醉乡。引青州之从事，啖汤饼于何郎。宜贤侯之特达，重此器如圭璋。呜呼，海中之洲，琼山效祥。实产椰子，大小莫量。懿为瓢而为杯，亦风土之木强。来中华兮万里，几山海兮梯航。物远见珍，爱之恐伤。木灵知毒，验之允臧。杳穷陬之地理，恨考索之未详。吾将假之过黄公之垆，持之唤西家之墙。旷席地而幕天，脱声锁而名缰。属一瓢于海神，追秘怪于渺茫。酬一瓢于坡仙，吊谪居之闻望。尽南海于一吸，漱岭岛之风霜。倒著白接篱，翻污云锦裳。揖群彦兮归来，拂醉袖于缣缃。承主人之索赋，聊染翰以成章。愿常加乎洗涤，示清白以保藏。

（〔明〕宋讷撰《西隐集》卷一，

上海古籍出版社影印文渊阁《四库全书》第1225册，第812~814页）

鹤瓢赋

高启

宁真馆李高士，遇青城黄老师遗一瓢，其形肖鹤，刳为饮器，名曰"鹤瓢"，尝出以饮，启因为之赋：

月华子夜宿玄馆，梦游太微。见一古士，其状实希。长颈密齿，不臞而肥。苦叶被体，服非羽衣。翩然来前，自称庖氏。少生魏园，长入吴市。慕高蹑于烟霞，离旧根于泥滓。云翼未成，海路空指。不食穷年，濩落而已。握手终欢，愿托于子。

觉而占之，既喜且惊。当得异物，莫测其名。匪胎以化，乃实而成。不解飞骞，历历善鸣。未足御仙客之举，但可挹圣人之清者欤？案未敛策，户响剥啄。起逢老翁，曳杖躄铄。远有携而见遗，乃质刿而形鹤。月华子掀髯而笑曰："尔青田之族，赤壁之侣，竟混草木而零落耶？畴昔之夜，吾与尔有约矣。"于是扫苔轩，启松阁，分半壁以留栖，命一壶以对酌。不扃怨夜之笼，不贮回春之药。誓将共浮沉于沧溟，同上下于寥廓。青丘生过之，出以为乐。生诮之曰："夫道贵无累，始能有得。此盖许由弃之以全名，卫公好之而丧国。吾谓子遗身而超世，尚何留意而玩物？"

月华子耳若不闻，引满欲釂。拊之而歌曰：昂藏兮支离，尔生兮何奇。行则佩兮饮则持，与翱翔兮千岁期。唯游无何兮，余非吾之所知。

（〔明〕高启撰《凫藻集》卷四，
上海古籍出版社影印文渊阁《四库全书》第1230册，第303页）

木瘿瓢赋
韩上桂

汝载子从罗浮山中得瘿木甚怪，制为瓢器，郁错可玩。既饮客，因以自名，予为之赋：

析木之津，广莫之野，有一怪木，结根磊砢。枝既碍日，干复低云。冲波下啮，野火潜焚。孤雌离鷇，恋乳伤群。昼夜靡歇，扰扰纷纷。于是郁性未平，结为瘿瘰。蹙頞颓颜，歙唇俯味。萝护藤牵，旁生空窦。有聃玄处士见而悦之。荷斤载斧，援而伐斯。念彼离奇，与余性宜。虽弃规矩，犹近希夷。譬彼雄鸡，予惮为牺。世人相面，仅得其皮。制而为瓢，文采历录。既似龙盘，又如凤蹴。鹤散龟旋，虬奔骥逐。瑶草微生，丹华始煜。云已卷而弥舒，波既翻而犹蹙。故其拂拭提携，罔离左右。几席辉盈，琴书错绣。高扬绿蚁，满酌芳醪。沉吟风雅，讽诵离骚。送西山之落月，引巨海之洪涛。箕许陪其逸迹，颜巷媲其崇操。斯时也，浩气横飞，尘情荡斥。天地为拘，沧溟为窄。贱梁苑之遗樽，鄙惠施之五石。代能识此宝者，虽千金而不易。

（〔明〕韩上桂著，〔明〕黄圣年选《蘧庐稿选》，《四库禁毁书丛刊》
集部第78册，北京出版社1997年6月版，第92～93页）

木瘿瓢赋
李光地

何所怀之怫怫兮，驾言迈以游遨。览物性而潜思兮，感余心之切切。彼雨露之所施兮，寒暑之所化。物生各有以自舒兮，独纡郁而则那。余将问此由兮，阴阳幽而孔秘。眇相观于四极兮，乃殊行而同义。日掩则生霓兮，气屯而为云。水冲而生波兮，火遏而成熏。器蠹以生瘢兮，玉矗而成璘。盖存此而为病兮，乃去此而何珍。在昔世之方茂兮，尝抔饮而汙尊。俨元流之在中兮，盖馨香之所闻。君子之高蹈兮，亦一瓢以怡怡。信斯美之可尚兮，又何必夫庙之牺。余固服于古之谊兮，悟屈伸之常道。盖有塞产于一时兮，历终久以为宝。维轮囷以樛罗兮，非草木之本愿。嗟佳人之好修兮，独迟回而岁晏。发微文于素质兮，心几焦而饮苦。犹磨砺以终生兮，夫孰知余之所以自处。纷瑚琏之缤缤兮，灿金玉之熠熠。苟不陈于商周之庭兮，曾不满夫一盼。羌硁硁而自固兮，信古人之所佩也。余既不争夫世之荣兮，宜非造物之所败也。忽返顾以回首，见绿野之阴黳。恐微霜之所践，有岁暮之严风。嗟独酌兮独乐，怅弭忘兮何心。

（〔清〕李光地撰《榕村集》卷四十，上海古籍出版社影印文渊阁《四
库全书》第1324册，第1070～1071页）

木瘿瓢赋
陈梦雷

繄元化之纷纶兮，阴阳运而参差。万有变而莫纪穷兮，昊苍主宰而何私。产五材以利用兮，曲直判而为民资。何斯物之异禀兮，轮菌蹙郁以增奇。既方之不可以为筐兮，亦圆之不可以为筥。极摩挲以致精兮，终诘屈而

龃龉。樵苏采伐而弃捐兮，幸得免乎薪煮。彼何不耸干而强？何不发艳而芳？何不夭乔千尺而挺拔乎豫章？何不结盖扶疏而作荫乎庙廊？乃色黝而苍，体狭而刚。节不完兮独苦，心非蠹兮自伤。徒供匠石之斫取，用挹注乎酒浆。吾闻神理之舛错兮，渺浩浩其无涯。阳乌或蔽于阴霾兮，夜光蚀于妖蟆。沙在泥而俱黑兮，璧受玷而微瑕。固遭逢之不幸兮，奚庸深其叹嗟。抑又闻岳渎之蜿兮，气蒸郁而兴云；洪波之浩淼兮，风摧激而成纹。金在冶而耀辉兮，香入火而吐芬。彼磊砢盘错之纠寻兮，又安知非造物之殷勤。然则顺逆由天，屈伸以理。或直节以孤标，或委蛇而受訾。彼樛曲以苟完，非本愿之得已。惟素质不亏，匪君子之所鄙。睹丹漆之辉煌兮，滑泽脂韦而易毁也。金罍玉斝之璀灿兮，小器盈而自侈也。若兹之坚贞而可久兮，固将拟乎夏鼎与商彝。兼朴茂而有文兮，奚俟刻云雷而绘虎蜼。惟哲人之素修兮，感曲成之奇姿。调太羹而注黄流兮，荐馨香而攸宜。本希世之为珍兮，彼俗好其焉知。

　　乱曰：山嵯峨兮崒崒，水激湍兮发发。操一瓢兮独酌，濯清泉兮汲明月。思美人兮一方，聊俯仰兮以歇。

（〔清〕陈梦雷撰《松鹤山房文集》卷二十，
上海古籍出版社《续修四库全书》第1416册，第299页）

貳

明清叙事小说中的葫芦描述选编

《水浒传》节选

第十回
"林教头风雪山神庙，陆虞候火烧草料场" 节选

　　大雪下的正紧，林冲和差拨两个在路上又没买酒吃处。早来到草料场外看时，一周遭有些黄土墙，两扇大门。推开看里面时，七八间草房做着仓廒，四下里都是马草堆，中间两座草厅。到那厅里，只见那老军在里面向火。差拨说道："管营差这个林冲来替你回天王堂看守，你可即便交割。"老军拿了钥匙，引着林冲，分付道："仓廒内自有官司封记，这几堆草一堆堆都有数目。"老军都点见了堆数，又引林冲到草厅上。老军收拾行李，临了说道："火盆、锅子、碗、碟，都借与你。"林冲道："天王堂内我也有在那里，你要便拿了去。"老军指壁上挂一个大葫芦，说道："你若买酒吃时，只出草场，投东大路去三二里，便有市井。"老军自和差拨回营里来。

　　只说林冲就床上放了包裹被卧，就坐下生些焰火起来。屋边有一堆柴炭，拿几块来生在地炉里。仰面看那草屋时，四下里崩坏了，又被朔风吹撼，摇振得动。林冲道："这屋如何过得一冬？待雪晴了，去城中唤个泥水匠来修理。"向了一回火，觉得身上寒冷，寻思："却才老军所说五里路外有那市井，何不去沽些酒来吃？"便去包里取些碎银子，把花枪挑了酒葫芦，将火炭盖了，取毡笠子戴上，拿了钥匙，出来把草厅门拽上。出到大门

首,把两扇草场门反拽上,锁了。带了钥匙,信步投东。雪地里踏着碎琼乱玉,迤逦背着北风而行。那雪正下得紧。

行不上半里多路,看见一所古庙。林冲顶礼道:"神明庇佑,改日来烧纸钱。"又行了一回,望见一簇人家。林冲住脚看时,见篱笆中挑着一个草帚儿在露天里。林冲径到店里,主人道:"客人那里来?"林冲道:"你认得这个葫芦么?"主人看了道:"这葫芦是草料场老军的。"林冲道:"如何便认的?"店主道:"既是草料场看守大哥,且请少坐。天气寒冷,且酌三杯权当接风。"店家切一盘熟牛肉,烫一壶热酒,请林冲吃。又自买了些牛肉,又吃了数杯。就又买了一葫芦酒,包了那两块牛肉,留下碎银子,把花枪挑了酒葫芦,怀内揣了牛肉,叫声相扰,便出篱笆门,依旧迎着朔风回来。看那雪,到晚越下得紧了。

……

再说林冲踏着那瑞雪,迎着北风,飞也似奔到草场门口,开了锁,入内看时,只叫得苦。原来天理昭然,佑护善人义士。因这场大雪,救了林冲的性命。那两间草厅,已被雪压倒了。林冲寻思:"怎地好?"放下花枪、葫芦在雪里,恐怕火盆内有火炭延烧起来。搬开破壁子,探半身入去摸时,火盆内火种都被雪水浸灭了。林冲把手床上摸时,只拽得一条絮被。林冲钻将出来,见天色黑了,寻思:"又没打火处,怎生安排?"想起:"离了这半里路上,有个古庙,可以安身。我且去那里宿一夜。等到天明却做理会。"把被卷了,花枪挑着酒葫芦,依旧把门拽上,锁了,望那庙里来。入得庙门,再把门掩上,傍边止有一块大石头,掇将过来,靠了门。入得里面看时,殿上做着一尊金甲山神,两边一个判官,一个小鬼,侧边堆着一堆纸。团团看来,又没邻舍,又无庙主。林冲把枪和酒葫芦放在纸堆上,将那条絮被放开,先取下毡笠子,把身上雪都抖了,把上盖白布衫脱将下来,早有五分湿了,和毡笠放在供桌上,把被扯来盖了半截下身。却把葫芦冷酒提来便吃,就将怀中牛肉下酒。正吃时,只听得外面必必剥剥地爆响。林冲跳起身来,就壁缝里看时,只见草料场里火起,刮刮杂杂烧着。

……

林冲听那三个人时，一个是差拨，一个是陆虞候，一个是富安。林冲道："天可怜见林冲，若不是倒了草厅，我准定被这厮们烧死了。"轻轻把石头掇开，挺着花枪，左手拽开庙门，大喝一声："泼贼那里去！"三个人急要走时，惊得呆了，正走不动。林冲举手肐察的一枪，先戳倒差拨。陆虞候叫声："饶命！"吓的慌了手脚，走不动。那富安走不到十来步，被林冲赶上，后心只一枪，又戳倒了。翻身回来，陆虞候却才行得三四步。林冲喝声道："好贼！你待那里去？"批胸只一提，丢翻在雪地上，把枪搠在地里，用脚踏住胸脯，身边取出那口刀来，便去陆谦脸上搁着，喝道："泼贼！我自来又和你无甚么冤仇，你如何这等害我！正是杀人可恕，情理难容！"陆虞候告道："不干小人事，太尉差遣，不敢不来。"林冲骂道："奸贼，我与你自幼相交，今日倒来害我，怎不干你事！且吃我一刀。"把陆谦上身衣服扯开，把尖刀向心窝里只一剜，七窍迸出血来，将心肝提在手里。回头看时，差拨正爬将起来要走。林冲按住喝道："你这厮原来也恁的歹！且吃我一刀。"又早把头都割下来，挑在枪上。回来把富安、陆谦头都割下来。把尖刀插了，将三个人头发结做一处，提入庙里来，都摆在山神面前供桌上。再穿了白布衫，系了胳膊，把毡笠子带上，将葫芦里冷酒都吃尽了。被与葫芦都丢了不要。提了枪，便出庙门投东去。

（〔明〕施耐庵、罗贯中著《水浒传》上册，
人民文学出版社1975年10月版，第135~139页）

第十六回
"杨志押送金银担，吴用智取生辰纲"节选

正在松树边闹动争说，只见对面松林里那伙贩枣子的客人，都提着朴刀走出来问道："你们做甚么闹？"那挑酒的汉子道："我自挑这酒过冈子村里卖，热了在此歇凉。他众人要问我买些吃，我又不曾卖与他。这个客官道我酒里有甚么蒙汗药。你道好笑么？说出这般话来！"那七个客人说道："我只道有歹人出来，原来是如此，说一声也不打紧。我们倒着买一碗

吃。既是他们疑心，且卖一桶与我们吃。"那挑酒的道："不卖，不卖!"这七个客人道："你这鸟汉子也不晓事，我们须不曾说你。你左右将到村里去卖，一般还你钱。便卖些与我们，打甚么不紧。看你不道得舍施了茶汤，便又救了我们热渴。"那挑酒的汉子便道："卖一桶与你不争，只是被他们说的不好。又没碗瓢舀吃。"那七人道："你这汉子忒认真，便说了一声打甚么不紧。我们自有椰瓢在这里。"只见两个客人去车子前取出两个椰瓢来，一个捧出一大捧枣子来。七个人立在桶边，开了桶盖，轮替换着舀那酒吃，把枣子过口。无一时，一桶酒都吃尽了。七个客人道："正不曾问得你多少价钱?"那汉道："我一了不说价，五贯足钱一桶，十贯一担。"七个客人道："五贯便依你五贯，只饶我们一瓢吃。"那汉道："饶不的，做定的价钱。"一个客人把钱还他，一个客人便去揭开桶盖，兜了一瓢，拿上便吃。那汉去夺时，这客人手拿半瓢酒，望松林里便走，那汉赶将去。只见这边一个客人从松林里走将出来，手里拿一个瓢，便来桶里舀了一瓢酒。那汉看见，抢来劈手夺住，望桶里一倾，便盖了桶盖，将瓢望地下一丢，口里说道："你这客人好不君子相!戴头识脸的，也这般罗唣。"

那对过众军汉见了，心内痒起来，都待要吃。数中一个看着老都管道："老爷爷，与我们说一声。那卖枣子的客人买他一桶吃了，我们胡乱也买他这桶吃，润一润喉也好。其实热渴了，没奈何，这里冈子上又没讨水吃处。老爷方便!"老都管见众军所说，自心里也要吃得些，竟来对杨志说："那贩枣子客人已买了他一桶酒吃，只有这一桶，胡乱教他们买了避暑气。冈子上端的没处讨水吃。"杨志寻思道："俺在远远处望，这厮们都买他的酒吃了，那桶里当面也见吃了半瓢，想是好的。打了他们半日，胡乱容他买碗吃罢。"杨志道："既然老都管说了，教这厮们买吃了便起身。"众军健听了这话，凑了五贯足钱，来买酒吃。那卖酒的汉子道："不卖了，不卖了!"便道："这酒里有蒙汗药在里头。"众军陪着笑说道："大哥，直得便还言语。"那汉道："不卖了!休缠!"这贩枣子的客人劝道："你这个鸟汉子，他也说得差了，你也忒认真，连累我们也吃你说了几声。须不关他众人之事，胡乱卖与他众人吃些。"那汉道："没事讨别人疑心做甚么。"这贩枣子客人把那卖酒的汉子推开一边，只顾将这桶酒提与众军去吃。那军汉开了桶盖，无甚舀吃，赔个小心，问客人借这椰瓢用一用。众客人道："就送这几个枣子与你们过酒。"众军谢道："甚么道理。"客人道："休要相谢，都是一般客人，何争在这百十个枣子上。"众军谢了，先兜两瓢，叫老都管吃一瓢，杨提辖吃一瓢。杨志那里肯吃。老都管自先吃了一瓢，两个虞候各吃一瓢。众军汉一发上，那桶酒登时吃尽了。杨志见众人吃了无事，自本不吃，一者天气甚热，二乃口渴难熬，拿起来只吃了一半，枣子分几个吃了。那卖酒的汉子说道："这桶酒被那客人饶两瓢吃了，少了你些酒，我今饶了你众人半贯钱罢。"众军汉把钱来还他。那汉子收了钱，挑了空桶，依然唱着山歌，自下冈子去了。

只见那七个贩枣子的客人，立在松树傍边，指着这一十五人说道："倒也，倒也！"只见这十五个人，头重脚轻，一个个面面厮觑，都软倒了。那七个客人从松树林里推出这七辆江州车儿，把车子上枣子丢在地上，将这十一担金珠宝贝，都装在车子内，叫声："聒噪！"一直望黄泥冈下推了去。

……

我且问你，这七人端的是谁？不是别人，原来正是晁盖、吴用、公孙胜、刘唐、三阮这七个。却才那个挑酒的汉子，便是白日鼠白胜。却怎地用药？原来挑上冈子时，两桶都是好酒。七个人先吃了一桶，刘唐揭起桶盖，又兜了半瓢吃，故意要他们看着，只是教人死心搭地。次后，吴用去松林里取出药来，抖在瓢里，只做赶来饶他酒吃，把瓢去兜时，药已搅在酒里，假意兜半瓢吃，那白胜劈手夺来，倾在桶里，这个便是计策。那计较都是吴用主张，这个唤作"智取生辰纲"。

（〔明〕施耐庵、罗贯中著《水浒传》上册，人民文学出版社1975年10月版，第207~210页）

《古本水浒传》节选

第八十八回
"白虎神劫粮捉周通，黄龙道斗法败樊瑞"节选

只说公孙胜引领人马下山，取路而行，路上了无耽搁，直抵狼嗥山。樊瑞已得戴宗报信，迎候上来。彼此见面，樊瑞就向公孙胜告禀："前日戴宗去后，因妖人多方薅恼，忍耐不得再行出战，又败在妖道手里。妖道四个徒弟，不见得多大能耐，尚易对敌，只是妖道厉害无穷，几次都斗他不过，又坏了俺祭炼的宝幡，实在令人羞忿。"公孙胜道："胜败常事，何必忧愁，且待俺来日出阵应战，看是如何。"便教前后两起人马合并，一齐移动，赶前途二十里下寨。布置方定，只听得一串金铃响亮，狼嗥山上早飞下一彪人马，足有千人，在平地排开阵势，专等厮杀。公孙胜在高阜处，望见对阵如是气势，便向樊瑞说道："这山上真有能人，不可轻敌。"看罢，便下高阜，教黄信打头阵，项充、李衮打二阵，杜迁、宋万打三阵。五人分做三起，每起带领五百喽罗，像转轮一般上前攻打，休惧怕他妖法利害，只管猛冲，俺自在这里作法保护。五员头领得令，黄信将引喽罗五百，当先出到阵前，但见对阵人马如同八字，左右分开，马上高坐着三条好汉，左首一个遍体青装，身骑火炭赤马。右首一个全身白色，身骑黑马。背上各插一面尖角小旗，旗上有字，看不清楚，肩尖上一个葫芦，手中各仗一口月轮刀。居中一

位黄衣道士，方面修眉，双目精炯，长髯过腹，足着红鞋，坐下白马，腰系葫芦，手捧双剑，异样精神。背后打着一面绣旗，上写"中天一炁黄龙道人"八个大字。黄信纵马上前，黄龙道人吴角已看得分明，高声叫道："来人听着，久闻梁山泊有一人云龙公孙胜，神通广大，道法高明，见今是否来此？快叫他出马，俺们见个高低；你这无名之辈，休来送死。"黄信大怒道："俺乃梁山泊镇三山黄信便是。俺们公孙先生已到，正要拿你这干妖人，你死在临头，还敢如此狂言自大。"左首那个骑赤马的，便是老道的大徒弟青龙神阎光，一闻此言，勃然大怒，抢动月轮刀，拍马过来直取黄信，黄信舞丧门剑相迎，就此战住。斗十多合，阎光那里是黄信对手，看看招架不住，白虎神田霸催动坐下黑马，上前夹攻。黄信且战，眼角常在留神，只见田霸嘴唇翕张，似在念些什么，黄信一剑劈开两般兵器，回马便走。二人赶来，忽听得一阵喊杀之声，项充、李衮引五百人冲到，将二人围在垓心。大叫："拿捉妖人，休教走了！"项充、李衮手执蛮牌，滚到阎光、田霸马前，只拣下三路攻打。二人慌了，连忙取下葫芦，拔去塞子，喝声道："疾！"葫芦中冲出两道黑气，登时满天昏暗，日色无光，项充、李衮和五百喽罗，自家冲碰跌撞，叫苦连天，没做手脚。公孙胜在远处望见，大笑道："这么一点邪术，也来欺人！"便左手捏定一个诀，右手掣出松文古定剑，望空只一指，一道火光直射对阵，顷刻天光明亮，黑气全无，五百另二人没伤一个，只撞坏些头脸手足。阎光、田霸见破了法术，就形慌张，却待再行作法。

（〔明〕施耐庵著，蒋祖钢校勘《古本水浒传》第三册，
河北人民出版社1985年8月版，第125~126页）

第一百十七回
"公孙胜斗法斩邱玄，呼延灼赚城捉高让"节选

……只见邱玄除去头上冠儿，披发仗剑，肩背葫芦，身骑黑马，直到阵前。董平喝道："是何鬼怪，且自赏你一枪！"邱玄见董平厉害，慌忙舞剑招

架，那里是董平对手，不到十合，撇开一剑，拨马便走。董平怒发，拍马赶来。邱玄早将葫芦盖揭去，喝声道："疾"，葫芦中冲出一道黑气，顷刻散漫半天，昏昏惨惨，许多细沙铁屑似的东西，向人身上打来，打着的皮肉焦痛，好生难忍，梁山泊人马登时大乱。

（〔明〕施耐庵著、蒋祖钢校勘《古本水浒传》第三册，

河北人民出版社1985年8月版，第332页）

《英烈传》节选

第五十回 "弄妖法虎豹豺狼" 节选

……正待要走过去，只见下面摇旗呐喊，火炮连声，亮祖吃了一惊。原来县官在那里操演军士。亮祖因而立住了脚，细细的看他光景，马军步卒，共也不上五千之数。未及半个时辰，却见一连三四个弟兄，都一般披了发，仗了剑，口中念念有词，喝声道："如律令！"只见一个药葫芦，早有许多盔甲、军马，分着青、黄、赤、白、黑五方旗号，杀将出来。又有一个把药葫芦一倾，却是许多虎、豹、狮、象，张牙舞爪，在演武场中扑来扑去，把这些军士赶得没处安身，把那县官也没做理会。

（〔明〕郭勋初编，宁德伟点校《英烈传》，

中华书局1996年7月版，第201页）

《西游记》（吴承恩）节选

第五回
"乱蟠桃大圣偷丹，反天宫诸神捉怪" 节选

这大圣直至丹房里面，寻访不遇，但见丹灶之旁，炉中有火。炉左右安放着五个葫芦，葫芦里都是炼就的金丹。大圣喜道："此物乃仙家之至宝，老孙自了道以来，识破了内外相同之理，也要炼些金丹济人，不期到家无暇；今日有缘，却又撞着此物，趁老子不在，等我吃他几丸尝新。"他就把那葫芦都倾出来，就都吃了，如吃炒豆相似。

一时间丹满酒醒。又自己揣度道："不好！不好！这场祸，比天还大；若惊动玉帝，性命难存。走！走！走！不如下界为王去也！"他就跑出兜率宫，不行旧路，从西天门，使个隐身法逃去。即按云头，回至花果山界。但见那旌旗闪灼，戈戟光辉，原来是四健将与七十二洞妖王，在那里演习武艺。大圣高叫道："小的们！我来也！"众怪丢了器械，跪倒道："大圣好宽心！丢下我等许久，不来相顾！"大圣道："没多时！没多时！"且说且行，径入洞天深处。四健将打扫安歇，叩头礼拜毕。俱道："大圣在天这百十年，实受何职？"大圣笑道："我记得才半年光景，怎么就说百十年话？"健将道："在天一日，即在下方一年也。"大圣道："且喜这番玉帝相爱，果封做'齐天大圣'，起一座齐天府，又设安静、宁神二司，司设仙吏侍卫。向后见我无

事，着我代管蟠桃园。近因王母娘娘设'蟠桃大会'，未曾请我，是我不待他请，先赴瑶池，把他那仙品、仙酒，都是我偷吃了。走出瑶池，跟跟跄跄误入老君宫阙，又把他五个葫芦金丹也偷吃了。但恐玉帝见罪，方才走出天门来也。"

（〔明〕吴承恩著《西游记》上册，

人民文学出版社1985年8月版，第59~60页）

第二十二回
"八戒大战流沙河，木叉奉法收悟净" 节选

　　菩萨即唤惠岸，袖中取出一个红葫芦儿，吩咐道："你可将此葫芦，同孙悟空到流沙河水面上，只叫'悟净'，他就出来了。先要引他归依了唐僧，然后把他那九个骷髅穿在一处，按九宫布列，却把这葫芦安在当中，就是法船一只，能渡唐僧过流沙河界。"惠岸闻言，谨遵师命，当时与大圣捧葫芦出了潮音洞，奉法旨辞了紫竹林。有诗为证。诗曰：

　　五行匹配合天真，认得从前旧主人。炼己立基为妙用，辨明邪正见原因。金来归性还同类，木去求情共复沦。二土全功成寂寞，调和水火没纤尘。

　　他两个，不多时，按落云头，早来到流沙河岸。猪八戒认得是木叉行者，引师父上前迎接。那木叉与三藏礼毕，又与八戒相见。八戒道："向蒙尊者指示，得见菩萨，我老猪果遵法教，今喜拜了沙门。这一向在途中奔碌，未及致谢，恕罪，恕罪。"行者道："且莫叙阔，我们叫唤那厮去来。"三藏道："叫谁？"行者道："老孙见菩萨，备陈前事。菩萨说：这流沙河的妖怪，乃是卷帘大将临凡；因为在天有罪，堕落此河，忘形作怪。他曾被菩萨劝化，愿归师父往西天去的。但是我们不曾说出取经的事情，故此苦苦争斗。菩萨今差木叉，将此葫芦，要与这厮结作法船，渡你过去哩。"三藏闻言，顶礼不尽，对木叉作礼道："万望尊者作速一行。"那木叉捧定葫芦，半云半雾，径到了流沙河水面上，厉声高叫道："悟净！悟净！取经人在此

久矣，你怎么还不归顺！"

　　却说那怪惧怕猴王，回于水底，正在窝中歇息，只听得叫他法名，情知是观音菩萨；又闻得说"取经人在此"，他也不惧斧钺，急翻波伸出头来，又认得是木叉行者。你看他笑盈盈，上前作礼道："尊者失迎。菩萨今在何处？"木叉道："我师未来，先差我来吩咐你早跟唐僧做个徒弟。叫把你项下挂的骷髅与这个葫芦，按九宫结做一只法船，渡他过此弱水。"悟净道："取经人却在那里？"木叉用手指道："那东岸上坐的不是？"悟净看见了八戒道："他不知是那里来的个泼物，与我整斗了这两日，何曾言着一个取经的字儿？"又看见行者，道："这个主子，是他的帮手，好不利害！我不去了。"木叉道："那是猪八戒，这是孙行者，俱是唐僧的徒弟，俱是菩萨劝化的，怕他怎的？我且和你见唐僧去。"那悟净才收了宝杖，整一整黄锦直裰，跳上岸来，对唐僧双膝跪下道："师父，弟子有眼无珠，不认得师父的尊容，多有冲撞，万望恕罪。"八戒道："你这脓包，怎的早不皈依，只管要与我打？是何说话！"行者笑道："兄弟，你莫怪他，还是我们不曾说出取经的事样与姓名耳。"长老道："你果肯诚心皈依吾教么？"悟净道："弟子向蒙菩萨教化，指河为姓，与我起了法名，唤做沙悟净，岂有不从师父之理！"三藏道："既如此，叫悟空取戒刀来，与他落了发。"大圣依言，即将戒刀与他剃了头。又来拜了三藏，拜了行者与八戒，分了大小。三藏见他行礼，真像个和尚家风，故又叫他做沙和尚。木叉道："既秉了迦持，不必叙烦，早与作法船去来。"

　　那悟净不敢怠慢，即将颈项下挂的骷髅取下，用索子结作九宫，把菩萨葫芦安在当中，请师父下岸。那长老遂登法船，坐于上面，果然稳似轻舟。左有八戒扶持，右有悟净捧托，孙行者在后面牵了龙马，半云半雾相跟；头直上又有木叉拥护；那师父才飘然稳渡流沙河界，浪静风平过弱河。真个也如飞似箭，不多时，身登彼岸，得脱洪波；又不拖泥带水，幸喜脚干手燥，清净无为，师徒们脚踏实地。那木叉按祥云，收了葫芦，又只见那骷髅一时解化作九股阴风，寂然不见。三藏拜谢了木叉，顶礼了菩萨。正是：木叉径回东洋海，三藏上马却投西。毕竟不知几时才得正果求经，且听下回分解。

（〔明〕吴承恩著《西游记》上册，

人民文学出版社1985年8月版，第285~287页）

第三十三回
"外道迷真性，元神助本心" 节选

老魔笑道："贤弟好手段！两次捉了三个和尚。但孙行者虽是有山压住，也须要作个法，怎么拿他来凑蒸，才好哩。"二魔道："兄长请坐。若要拿孙行者，不消我们动身，只教两个小妖，拿两件宝贝，把他装将来罢。"老魔道："拿甚么宝贝去？"二魔道："拿我的'紫金红葫芦'，你的'羊脂玉净瓶'。"老魔将宝贝取出道："差那两个去？"二魔道："差精细鬼、伶俐虫二人去。"吩咐道："你两个拿着这宝贝，径至高山绝顶，将底儿朝天，口儿朝地，叫一声'孙行者！'他若应了，就已装在里面，随即贴上'太上老君急急如律令奉敕'的帖儿，他就一时三刻化为脓了。"二小妖叩头，将宝贝领出去拿行者不题。

……

行者明知故问道："你二位从那里来的？"那怪道："自莲花洞来的。""要往那里去？"那怪道："奉我大王教命，拿孙行者去的。"行者道："拿那个？"那怪又道："拿孙行者。"孙行者道："可是跟唐僧取经的那个孙行者么？"那妖道："正是，正是。你也认得他？"行者道："那猴子有些无礼。我认得他，我也有些恼他，我与你同拿他去，就当与你助功。"那怪道："师父，不须你助功。我二大王有些法术，遣了三座大山把他压在山下，寸步难移，教我两个拿宝贝来装他的。"行者道："是甚宝贝？"精细鬼道："我的是'红葫芦'，他的是'玉净瓶'。"行者道："怎么样装他？"小妖道："把这宝贝的底儿朝天，口儿朝地，叫他一声，他若应了，就装在里面，贴上一张'太上老君急急如律令奉敕'的帖子，他就一时三刻化为脓了。"

行者见说，心中暗惊道："利害！利害！当时日值功曹报信，说有五件宝贝，这是两件了；不知那三件又是甚么东西？"行者笑道："二位，你把宝贝借我看看。"那小妖那知甚么诀窍，就于袖中取出两件宝贝，双手递与行者。行者见了，心中暗喜道："好东西！好东西！我若把尾子一抉，飕的跳起走了，只当是送老孙。"忽又思道："不好！不好！抢便抢去，只是坏了老孙的名头，这叫做白日抢夺了。"复递与他去，道："你还不曾见我的宝贝哩。"那怪道："师父有甚宝贝？也借与我凡人看看压灾。"

好行者，伸下手把尾上毫毛拔了一根，捻一捻，叫"变！"即变做一个一尺七寸长的大紫金红葫芦，自腰里拿将出来道："你看我的葫芦么？"那伶俐虫接在手，看了道："师父，你这葫芦长大，有样范，好看，却只是不中用。"行者道："怎的不中用？"那怪道："我这两件宝贝，每一个可装千人哩。"行者道："你这装人的，何足稀罕？我这葫芦，连天都装在里面哩！"那怪道："就可以装天？"行者道："当真的装天。"那怪道："只怕是谎。就装与我们看看才信；不然，决不信你。"行者道："天若恼着我，一月之间，常装他七八遭。不恼着我，就半年也不装他一次。"伶俐虫道："哥啊，装天的宝贝，与他换了罢。"精细鬼道："他装天的，怎肯与我装人的相换？"伶俐虫道："若不肯啊，贴他这个净瓶也罢。"行者心中暗喜道："葫芦换葫芦，余外贴净瓶，一件换两件，其实甚相应！"即上前扯住那伶俐虫道："装天可换么？"那怪道："但装天就换；不换，我是你的儿子！"行者道："也罢，也罢，我装与你们看看。"

……

早有游神急降大圣耳边道："哪吒太子来助功了。"行者仰面观之，只见祥云缭绕，果是有神。却回头对小妖道："装天罢。"小妖道："要装就装，只管'阿绵花屎'怎的？"行者道："我方才运神念咒来。"那小妖都睁着眼，看他怎么样装天。这行者将一个假葫芦儿抛将上去。你想，这是一根毫毛变的，能有多重？被那山顶上风吹去，飘飘荡荡，足有半个时辰，方才落下。只见那南天门上，哪吒太子把皂旗拨喇喇展开，把日月星辰俱遮闭了。真是乾坤墨染就，宇宙靛装成。二小妖大惊道："才说话时，只好向午，却怎么就黄昏了？"行者道："天既装了，不辨时候，怎不黄昏！"——"如何又这等样黑？"行者道："日月星辰都装在里面，外却无光，怎么不黑！"小妖道："师父，你在那厢说话哩？"行者道："我在你面前不是？"小妖伸手摸着道："只见说话，更不见面目。师父，此间是甚么去处？"行者又哄他道："不要动脚，此间乃是渤海岸上。若塌了脚，落下去啊，七八日还不得到底哩！"小妖大惊道："罢！罢！罢！放了天罢。我们晓得是这样装了。若弄一会子，落下海去，不得归家！"

好行者，见他认了真实，又念咒语，惊动太子，把旗卷起，却早见日光正午。小妖笑道："妙啊！妙啊！这样好宝贝，若不换啊，诚为不是养家的儿子！"那精细鬼交了葫芦，伶俐虫拿出净瓶，一齐儿递与行者，行者却将假葫芦儿递与那怪。行者既换了宝贝，却又干事找绝：脐下拔一根毫毛，吹口仙气，变作一个铜钱，叫道："小童，你拿这个钱去买张纸来。"小妖道："何用？"行者道："我与你写个合同文书。你将这两件装人的宝贝换了我一件装天的宝贝，恐人心不平，向后去日久年深，有甚反悔不便，故写此各执为照。"小妖道："此间又无笔墨，写甚文书？我与你赌个咒罢。"行者道："怎么样赌？"小妖道："我两件装人之宝，贴换你一件装天之宝，若有反悔，一年四季遭瘟。"行者笑道："我是决不反悔；如有反悔，也照你四季遭瘟。"说了誓，将身一纵，把尾子翘了一翘，跳在南天门前，谢了哪吒太子麾旗相助之功。太子回宫缴旨，将旗送还真武不题。这行者伫立霄汉之间，观看那个小妖。毕竟不知怎生区处，且听下回分解。

（〔明〕吴承恩著《西游记》中册，
人民文学出版社1985年8月版，第425~431页）

第三十四回
"魔王巧算困心猿，大圣腾那骗宝贝" 节选

却说那两个小妖，将假葫芦拿在手中，争看一会，忽抬头不见了行者。伶俐虫道："哥啊，神仙也会打诳语，他说换了宝贝，度我等成仙，怎么不辞

就去了？"精细鬼道："我们相应便宜的多哩，他敢去得成？拿过葫芦来，等我装装天，也试演试演看。"真个把葫芦往上一抛，扑的就落将下来，慌得个伶俐虫道："怎么不装！不装！莫是孙行者假变神仙，将假葫芦换了我们的真的去耶？"精细鬼道："不要胡说！孙行者是那三座山压住了，怎生得出？拿过来，等我念他那几句咒儿装了看。"这怪也把葫芦儿望空丢起，口中念道："若有半声不肯，就上灵霄殿上，动起刀兵！"念不了，扑的又落将下来。两妖道："不装！不装！一定是个假的！"

正嚷处，孙大圣在半空里听得明白，看得真实，恐怕他弄得时辰多了，紧要处走了风汛，将身一抖，把那变葫芦的毫毛，收上身来，弄得那两妖四手皆空。精细鬼道："兄弟，拿葫芦来。"伶俐虫道："你拿着的。——天呀！怎么不见了？"都去地下乱摸，草里胡寻，吞袖子，揣腰间，那里得有？二妖吓得呆呆挣挣道："怎的好！怎的好！当时大王将宝贝付与我们，教拿孙行者；今行者既不曾拿得，连宝贝都不见了。我们怎敢去回话？这一顿直直的打死了也！怎的好！怎的好！"伶俐虫道："我们走了罢。"精细鬼道："往那里走么？"伶俐虫道："不管那里走罢。若回去说没宝贝，断然是送命了。"精细鬼道："不要走，还回去。二大王平日看你甚好，我推一句儿在你身上。他若肯将就，留得性命；说不过，就打死，还在此间。莫弄得两头不着，去来！去来！"那怪商议了，转步回山。

行者在半空中见他回去，又摇身一变，变作苍蝇儿。飞下去，跟着小妖。你道他既变了苍蝇，那宝贝却放在何处？如丢在路上，藏在草里，被人看见拿去，却不是劳而无功？他还带在身上。带在身上啊，苍蝇不过豆粒大小，如何容得？原来他那宝贝，与他金箍棒相同；叫做如意佛宝，随身变化，可以大，可以小，故身上亦可容得。他嘤的一声飞下去，跟定那怪，不一时，到了洞里。

只见那两个魔头，坐在那里饮酒。小妖朝上跪下，行者就钉在那门柜上，侧耳听着。小妖道："大王。"二老魔即停杯道："你们来了？"小妖道："来了。"又问："拿着孙行者否？"小妖叩头，不敢声言。老魔又问，又不敢应，只是叩头。问之再三，小妖俯伏在地："赦小的万千死罪！赦小的万千死罪！我等执着宝贝，走到半山之中，忽遇着蓬莱山一个神仙。他问我们那里去，我们答道，拿孙行者去。那神仙听见说孙行者，他也恼他，要与我们帮功。是我们不曾叫他帮功，却将拿宝贝装人的情由，与他说了。那神仙也有个葫芦，善能装天。我们也是妄想之心，养家之意，他的装天，我的装人，与他换了罢。原说葫芦换葫芦，伶俐虫又贴他个净瓶。谁想他仙家之物，近不得凡人之手，正试演处，就连人都不见了。万望饶小的们死罪！"老魔听说，暴躁如雷道："罢了！罢了！这就是孙行者假妆神仙骗哄去了！那猴头神通广大，处处人熟，不知那个毛神，放他出来，骗去宝贝！"

......

行者暗喜道："这泼怪倒也架得住老孙的铁棒！我已得了他三件宝贝，却这般苦苦的与他厮杀，可不误了我的工夫？不若拿葫芦或净瓶装他去，多少是好。"又想道："不好！不好！常言道：'物随主便。'倘若我叫他不答应，却又不误了事业？且使幌金绳扣头罢。"好大圣，一只手使棒，架住他的宝剑；一只手把那绳抛起，刷喇的扣了魔头。原来那魔头有个紧绳咒，有个松绳咒。若扣住别人，就念紧绳咒，莫能得脱；若扣住自家人，就念松绳咒，不得伤身。他认得是自家的宝贝，即念松绳咒，把绳松动，便脱出来，反望行者抛将去，却早扣住了大圣。大圣正要使"瘦身法"，想要脱身，却被那魔念动紧绳咒，紧紧扣住，怎能得脱？褪至颈项之下，原是一个金圈子套住。那怪将绳一扯，扯将下来，照光头上砍了七八宝剑，行者头皮儿也不曾红了一红。那魔道："这猴子，你这等头硬，我不砍你，且带你回去再打你。将我那两件宝贝趁早还我！"行者道："我拿你甚么宝贝，你问我要？"那魔头将身上细细搜检，却将那葫芦、净瓶都搜出来，又把绳子牵着，带至洞里道："兄长，拿将来了。"老魔道："拿了谁来？"二魔道："孙行者。你来看，你来看。"老魔一见，认得是行者，满面欢喜道："是他！是他！把他长长的绳儿拴在柱科上耍子！"真个把行者拴住，两个魔头，却进后面堂里饮酒。

......

得了这件宝贝，急转身跳出门外，现了原身。高叫："妖怪！"那把门的小妖问道："你是甚人，在此呼喝？"行者道："你快早进去报与你那泼魔，说者行孙来了。"那小妖如言报告，老魔大惊道："拿住孙行者，又怎么有个者行孙？"二魔道："哥哥，怕他怎的？宝贝都在我手里，等我拿那葫芦出去，把他装将来。"老魔道："兄弟仔细。"二魔拿了葫芦，走出山门，忽看见与孙行者模样一般，只是略矮些儿，问道："你是那里来的？"行者道："我是孙行者的兄弟，闻说你拿了我家兄，却来与你寻事的。"二魔道："是我拿了，锁在洞中。你今既来，必要索战；我也不与你交兵，我且叫你一声，你敢应我么？"行者道："可怕你叫上千声，我就答应你万声！"那魔执了宝贝，跳在空中，把底儿朝天，口儿朝地，叫声"者行孙"。行者却不敢答应，心中暗想道："若是应了，就装进去哩。"那魔道："你怎么不应我？"行者道："我有些耳闭，不曾听见。你高叫。"那怪物又叫声"者行孙"。行者在底下掐着指头算了一算，道："我真名字叫做孙行者，起的鬼名字叫做者行孙。真名字可以装得，鬼名字好道装不得。"却就忍不住，应了他一声。飕的被他吸进葫芦去，贴上帖儿。原来那宝贝，那管甚么名字真假，但绰个应的气儿，就装了去也。

大圣到他葫芦里，浑然乌黑。把头往上一顶，那里顶得动，且是塞得甚紧，却才心中焦躁道："当时我在山上，遇着那两个小妖，他曾告诵我说：不拘葫芦、净瓶，把人装在里面，只消一时三刻，就化为脓了，敢莫化了我么？"一条心又想着道："没事！化不得我！老孙五百年前大闹天宫，被太上老君放在八卦炉中炼了四十九日，炼成个金子心肝，银子肺腑，铜头铁背，火眼金睛，那里一时三刻就化得我？且跟他进去，看他怎的！"

二魔拿入里面道："哥哥，拿来了。"老魔道："拿了谁？"二魔道："者行孙，是我装在葫芦里也。"老魔欢喜道："贤弟，请坐。不要动，只等摇得响再揭帖儿。"行者听得道："我这般一个身子，怎么便摇得响？只除化成稀汁，才摇得响是。等我撒泡溺罢，他若摇得响时，一定揭帖起盖，我乘空走他娘罢！"又思道，"不好！不好！溺虽可响，只是污了这直裰。等他摇时，我但聚些唾津漱口，稀漓呼喇的，哄他揭开，老孙再走罢。"大圣作了准备，那怪贪酒不摇。大圣作个法，意思只是哄他来摇，忽然叫道："天呀！

孤拐都化了！"那魔也不摇。大圣又叫道："娘啊！连腰截骨都化了！"老魔道："化至腰时，都化尽矣，揭起帖儿看看。"

那大圣闻言，就拔了一根毫毛。叫"变！"变作个半截的身子，在葫芦底上。真身却变做个蟭蟟虫儿，钉在那葫芦口边。只见那二魔揭起帖子看时，大圣早已飞出。打个滚，又变做个倚海龙。倚海龙却是原去请老奶奶的那个小妖。他变了，站在旁边。那老魔扳着葫芦口，张了一张，见是个半截身子动耽，他也不认真假，慌忙叫："兄弟，盖上！盖上！还不曾化得了哩！"二魔依旧贴上。大圣在旁暗笑道："不知老孙已在此矣！"

那老魔拿了壶，满满的斟了一杯酒，近前双手递与二魔道："贤弟，我与你递个锺儿。"二魔道："兄长，我们已吃了这半会酒，又递甚锺？"老魔道："你拿住唐僧、八戒、沙僧犹可；又索了孙行者，装了者行孙，如此功劳，该与你多递几锺。"二魔见哥哥恭敬，怎敢不接，但一只手托着葫芦，一只手不敢去接，却把葫芦递与倚海龙，双手去接杯，不知那倚海龙是孙行者变的。你看他端葫芦，殷勤奉侍。二魔接酒吃了，也要回奉一杯，老魔道："不消回酒，我这里陪你一杯罢。"两人只管谦逊。行者顶着葫芦，眼不转睛，看他两个左右传杯，全无计较，他就把个葫芦揾入衣袖，拔根毫毛，变个假葫芦，一样无二，捧在手中。那魔递了一会酒，也不看真假，一把接过宝贝。各上席，安然坐下，依然叙饮。孙大圣撤身走过，得了宝贝，心中暗喜道："饶这魔头有手段，毕竟葫芦还姓孙！"毕竟不知向后怎样施为，方得救师灭怪，且听下回分解。

（〔明〕吴承恩著《西游记》中册，
人民文学出版社1985年8月版，第432~444页）

第三十五回
"外道施威欺正性，心猿获宝伏邪魔" 节选

他自得了那魔真宝，笼在袖中，喜道："泼魔苦苦用心拿我，诚所谓水中捞月；老孙若要擒你，就好似火上弄冰。"藏着葫芦，密密的溜出门外，

现了本相，厉声高叫道："精怪开门！"旁有小妖道："你又是甚人，敢来吆喝？"行者道："快报与你那老泼魔，吾乃行者孙来也。"

那小妖急入里报道："大王，门外有个甚么行者孙来了。"老魔大惊道："贤弟，不好了！惹动他一窝风了！幌金绳现拴着孙行者，葫芦里现装着者行孙，怎么又有个甚么行者孙？想是他几个兄弟都来了。"二魔道："兄长放心，我这葫芦装下一千人哩。我才装了者行孙一个，又怕那甚么行者孙！等我出去看看，一发装来。"老魔道："兄弟仔细。"

……那魔道："你且过来，我不与你相打，但我叫你一声，你敢应么？"行者笑道："你叫我，我就应了；我若叫你，你可应么？"那魔道："我叫你，是我有个宝贝葫芦，可以装人；你叫我，却有何物？"行者道："我也有个葫芦儿。"那魔道："既有，拿出来我看。"行者就于袖中取出葫芦道："泼魔，你看！"幌一幌，复藏在袖中，恐他来抢。

那魔见了大惊道："他葫芦是那里来的？怎么就与我的一般？……纵是一根藤上结的，也有个大小不同，偏正不一，却怎么一般无二？"他便正色叫道："行者孙，你那葫芦是那里来的？"行者委的不知来历，接过口来就问他一句道："你那葫芦是那里来的？"那魔不知是个见识，只道是句老实言语，就将根本从头说出道："我这葫芦是混沌初分，天开地辟，有一位太上老祖，解化女娲之名，炼石补天，普救阎浮世界；补到乾宫夬地，见一座昆仑山脚下，有一缕仙藤，上结着这个紫金红葫芦，却便是老君留下到如今者。"大圣闻言，就绰了他口气道："我的葫芦，也是那里来的。"魔头道："怎见得？"大圣道："自清浊初开，天不满西北，地不满东南，太上道祖解化女娲，补完天缺，行至昆仑山下，有根仙藤，藤结有两个葫芦。我得一个是雄的，你那个却是雌的。"那怪道："莫说雌雄，但只装得人的，就是好宝贝。"大圣道："你也说得是，我就让你先装。"

那怪甚喜，急纵身跳将起去，到空中，执着葫芦，叫一声："行者孙！"大圣听得，却就不歇气连应了八九声，只是不能装去。那魔坠将下来，跌脚捶胸道："天那！只说世情不改变哩！这样个宝贝，也怕老公，雌见了雄，就不敢装了！"行者笑道："你且收起，轮到老孙该叫你哩。"急纵筋斗，跳起去，将葫芦底儿朝天，口儿朝地，照定妖魔，叫声"银角大王"。那怪不敢闭口，只得应了一声，倏的装在里面，被行者贴上"太上老君急急如律令奉敕"的帖子，心中暗喜道："我的儿，你今日也来试试新了！"

他就按落云头，拿着葫芦，心心念念，只是要救师父，又往莲花洞口而来。那山上都是些洼踏不平之路，况他又是个圈盘腿，拐呀拐的走着，摇的那葫芦里漰漰索索，响声不绝。你道他怎么便有响声？原来孙大圣是熬炼过的身体，急切化他不得；那怪虽也能腾云驾雾，不过是些法术，大端是凡胎未脱，到于宝贝里就化了。行者还不当他就化了，笑道："我儿子啊，不知是撒尿耶，不知是漱口哩，这是老孙干过的买卖。不等到七八日，化成稀汁，我也不揭盖来看。——忙怎的？有甚要紧？想着我出来的容易，就该千年不看才好！"他拿着葫芦说着话，不觉的到了洞口，把那葫芦摇摇，一发响了，他道："这个像发课的筒子响，倒好发课。等老孙发一课，看师父甚么时才得出门。"你看他手里不住的摇，口里不住的念道："周易文王、孔子圣人、桃花女先生、鬼谷子先生。"

那洞里小妖看见道："大王，祸事了！行者孙把二大王爷爷装在葫芦里发课哩！"那老魔闻得此言，唬得魂飞魄散，骨软筋麻，扑的跌倒在地，放声大哭道："贤弟呀！我和你私离上界，转托尘凡，指望同享荣华，永为山洞之主；怎知为这和尚伤了你的性命，断吾手足之情！"满洞群妖，一齐痛哭。

……

这大圣才按落云头，闯入莲花洞里，解下唐僧与八戒、沙和尚来。他三人脱得灾危，谢了行者，却问："妖魔那里去了？"行者道："二魔已装在葫芦里，想是这会子已化了；大魔才然一阵战败，往西南压龙山去讫。概洞小妖，被老孙分身法打死一半，还有些败残回的，又被老孙杀绝，方才得入此处，解放你们。"唐僧谢之不尽道："徒弟啊，多亏你受了劳苦！"行者笑道："诚然劳苦。你们还只是吊着受疼，我老孙再不曾住脚，比急递铺的铺兵还甚，反复里外，奔波无已。因是偷了他的宝贝，方能平退妖魔。"猪八戒道："师兄，你把那葫芦儿拿出来与我们看看。只怕那二魔已化了也。"大圣先将净瓶解下，又将金绳与扇子取出，然后把葫芦儿拿在手道："莫看莫看！他先曾装了老孙，被老孙漱口，哄得他扬开盖子，老孙方得走了。我等切莫揭盖，只怕他也会弄喧走了。"师徒们喜喜欢欢，将他那洞中的米面菜蔬寻出。烧刷了锅灶，安排些素斋吃了，饱餐一顿，安寝洞中。一夜无词，早又天晓。

……

正行处，猛见路旁闪出一个瞽者，走上前扯住三藏马，道："和尚，那里去？还我宝贝来！"八戒大惊道："罢了！这是老妖来讨宝贝了！"行者仔细观看，原来是太上李老君，慌得近前施礼道："老官儿，那里去？"那老祖急升玉局宝座，九霄空里仃立，叫："孙行者，还我宝贝。"大圣起到空中道："甚么宝贝？"老君道："葫芦是我盛丹的，净瓶是我盛水的，宝剑是我炼魔的，扇子是我搧火的，绳子是我一根勒袍的带。那两个怪：一个是我看金炉的童子，一个是我看银炉的童子，只因他偷了我的宝贝，走下界来，正无觅处，却是你今拿住，得了功绩。"大圣道："你这老官儿，着实无礼，纵放家属为邪，该问个钤束不严的罪名。"老君道："不干我事，不可错怪了人。此乃海上菩萨问我借了三次，送他在此托化妖魔，看你师徒可有真心往西去也。"大圣闻言，心中作念道："这菩萨也老大惫懒！当时解脱老孙，教保唐僧西去取经，我说路途艰涩难行，他曾许我到急难处亲来相救；如今反使精邪掯害，语言不的，该他一世无夫！——若不是老官儿亲来，我决不与他；既是你这等说，拿去罢。"那老君收得五件宝贝，揭开葫芦与净瓶盖口，倒出两股仙气，用手一指，仍化为金、银二童子，相随左右。只见那霞光万道，咦！缥缈同归兜率院，逍遥直上大罗天。毕竟不知此后又有甚事，孙大圣怎生保护唐僧，几时得到西天，且听下回分解。

（〔明〕吴承恩著《西游记》中册，
人民文学出版社1985年8月版，第445～456页）

《包龙图判百家公案》节选

第四十一回"妖僧感摄善王钱"节选

　　温殿直自同冉贵入南门，行到相国寺前，见一伙人在那里看把戏。冉贵道："待我去根究。"直入人丛中，却是一个行法的，在京有名，叫做杜七圣。祖传下异术，将着一个小孩儿，装在板凳上，作法念了咒，即把那孩儿宰剥了，待问众人讨了花红利市，依然将孩儿救醒。当下看的，无人不喝采。正值那个和尚亦在看，要淹他法术，先念了咒，径把孩儿魂魄收了，便抽身去对门店里吃面，将碟子盖了那孩儿魂魄。不想杜七圣收了花红，要救醒孩儿时，施百计不能安其头。七圣慌忙，告众道："列位君子，有谁将吾孩儿魂魄收去，望乞赐还。"道罢，孩儿头又安不上。杜七圣怒发，便从袖中取出一颗葫芦子，撒在地下，喷上一口水，那葫芦便抽藤、开花结实。七圣摘下葫芦来一刀剁下。那和尚正在楼上吃面，忽那头落在地下。和尚慌忙用手摩那头来，安在颈上端正，乃道："我忘放着那孩儿。"即忙揭起碟子，还了魂魄。那杜七圣复救得孩儿回去。

（〔明〕安遇时编集《包龙图判百家公案》，

上海古籍出版社《古本小说集成》影印本，第206~207页）

《三宝太监西洋记通俗演义》节选

第二十七回
"二指挥双敌行者，张天师三战大仙"节选

羊角道德真君叫声："无底洞何在？"无底洞应声道："弟子在这里。"真君道："你到沿海地面南军阵前，高声叫道：'那一个强将敢来出马，敢与我交锋？'看他那里是个甚么将官来，你便抖擞精神，与他交战。"无底洞说道："弟子空着一双手，怎么与他交战？"真君道："我自有兵器与你。"无底洞道："愿借兵器来。"羊角道德真君转身到水火花篮之内，取出一个小小的葫芦来，拿在手里，说道："你过来，我把这个兵器交与你。"无底洞看了，微微而笑，说道："师父差矣！这个葫芦只好盛药，怎么教我拿去当枪当刀？"真君道："你看来！"只说一声看，就把一个葫芦拿在手里，吹上一口仙气，喝声道："变！"即时就变做丈八长的一杆柳叶神枪，递与无底洞。无底洞接了这一杆枪，飞星就走。

（〔明〕二南里人编次《三宝太监西洋记通俗演义》第二册，
上海古籍出版社《古本小说集成》影印本，第713~716页）

第四十四回
"老母求国师讲和，元帅用奇计取胜"节选

佛爷爷辞别了三位神将，又说道："那一位神仙，和我劈开这个山来？"道犹未了，只见一阵信风吹下八位神仙来，齐齐的朝着佛爷爷行一个礼，第一位汉钟离，第二位吕洞宾，第三位李铁拐，第四位风僧寿，第五位蓝彩和，第六位玄壶子，第七位曹国舅，第八位韩湘子。佛爷爷道："这三座山是骊山老母吊下来的。既有列位大仙在此，何不与我劈开它来？"八位神仙齐齐的答应一声"是"，一涌而去。这八仙各人用一番仙力，各人设一番仙术，各人搬出一班仙家宝贝，只指望一战成功。那晓得劳而无用。内中有一位神仙高叫道："列位都不济事，不如各人散了罢。待我来设出一个妙计，撞倒他的三座高山。"众人起头一看，原来是个吕纯阳洞宾先生。他说了这一句大话，即时间取下背上的葫芦，把海里的水灌满了，一直站着山头上倾将下来，就像五六月的淫雨一般，倾盆倒钵，昼夜不停。好个吕纯阳，却又借将海里的水，望上长起来，若是等闲的山，一撞便倒。老母这个山其实的有些厉害哩！任你这等的大雨，山顶上的石子儿也不能冲动了半个，任你这等的大水，山脚下的柴儿草儿也不能冲动了半毫。吕纯阳也没奈何，只得回复了佛爷爷。

（〔明〕二南里人编次《三宝太监西洋记通俗演义》第三册，
上海古籍出版社《古本小说集成》影印本，第1189~1190页）

第四十八回
"天师擒住王莲英，女王差下长公主"节选

两个人即时披挂上马。王莲英迎着就叫道："烂狗肉，你可晓得我的利害么？"黄凤仙道："饶你利害，我要活捉你来。"二人大战，战到二十余合，不分胜负。王莲英手里又在撮撮弄弄，撮弄出一个小小的葫芦，不过三寸来长，正在朝着太阳来晃也晃。唐状元先前就看见了，带过马来，照着他

的葫芦就是一枪。一枪不至紧，戳得个葫芦有千万道的金光一并而出。唐状元的两只眼，如同两道闪电一般，一只眼一道闪电，又还开得个眼？不觉的扑地一声响，吊下马来。王莲英伸起刀就要动手，吓得个黄凤仙魂不附体，连忙的架住，救起了唐状元。王莲英又寻着黄凤仙，单单厮杀。杀了一回，也拿出个葫芦，朝着太阳晃一晃，就爆出十万道金光来。黄凤仙看见笑了一笑，说道："这是我老娘多年不用的，你敢抄这旧文章来哄我哩？"轻轻的张开口，对着西北上叹一口气，早已不见了那个万道金光。王莲英看见一法不中，二法不成，连忙的飞过一口剑来，砍着黄凤仙的顶阳骨上。黄凤仙又笑了一笑，把个手指头儿一指，那口剑轻轻的插在地上。王莲英看见不能取胜，心上有些慌张。只见黄凤仙手里又拿出箭来，王莲英越加慌了，说道："今日天色已晚，你不要把那个暗箭伤人。明日来，我和你明明白白决一个胜负。"黄凤仙道："你今番晓得我老娘厉害么？"各自散阵。

（〔明〕二南里人编次《三宝太监西洋记通俗演义》第三册，
上海古籍出版社《古本小说集成》影印本，第1298~1300页）

第六十八回
"元帅收服金眼国，元帅兵阻红罗山"节选

道犹未了，鹿皮大仙离了筵席，走到丹墀里面，也不除下巾来，也不脱下衣服，慢腾腾地到袖儿里面取出一个小小的葫芦来，拿起个葫芦，放到嘴上吹上一口气，只见葫芦里面突出一把三寸来长的小伞来：铜骨子、金皮纸、铁伞柄。鹿皮大仙接在手里撑一撑，喝声："变！"一会儿，就有一丈来长，七尺来大，拿起来望空一撇，撇在虚空里面，没头没脑，遮天遮地，连天也不知在那里，连日光也不知在那里。訇訇的一声响，吊将下来，就把两班文武并大小守护的番兵，一收都收在伞里面去了。番王看见，吃了一大惊，说道："足见先生的道术了，望乞放出这些众人来，恐有疏失，反为不便。"鹿皮大仙说道："王上休要吃惊，贫道即当送过这些人来还你。"道

犹未了，把个伞望空又是一撒，撒在半空里面，一声响，那些文武百官、大小番兵，一个个慢慢的吊将下来。番王看见好一慌，连忙的叫道："先生！先生！却不跌坏了这些官僚军士么？"鹿皮大仙还要在这里卖弄，偏不慌不忙，取出一条白绫手帕来，吹上一口气，即时间变做无数的白云，堆打堆的，只见那些文武百官、大小番兵，都站在白云上面。鹿皮大仙把手一招，一阵香风吹过，一个个的落到地上来，并没有半个损坏。番王大惊，又问说道："先生，这个宝贝诚希世之奇珍，可也有个名字么？"鹿皮大仙说道："有个名字。"番王道："请教一番是何如？"鹿皮大仙道："这个宝贝也说不尽的神通，只说收之不盈一掬，放之则遮天地，故此名字就叫做遮天盖。"番王说道："妙哉！妙哉！"依旧请三位大仙上席开怀畅饮，直至夜半才散。

（〔明〕二南里人编次《三宝太监西洋记通俗演义》第四册，
上海古籍出版社《古本小说集成》影印本，第1839~1841页）

第七十六回
"关元帅禅师叙旧，金碧峰禅师斗变" 节选

到了明日，一边国师老爷，跟着一个徒孙云谷；一边一个飞钹禅师，跟着一个徒弟尊者。禅师依旧还是那扇雌钹，一变变上一万，满空中啰啰喨喨。国师依旧也是那个钵盂，也一变变上一万，上下翻腾，一个抵敌一个。两下里正闹吵之时，飞钹禅师取出一个朱红漆的药葫芦儿，去了削子，只见葫芦里面一道紫雾冲天，紫雾之中，透出一个天上有、地下无的飞禽来，自歌自舞，就像个百鸟之王的样子。一会儿，满空中有无万的奇禽异鸟，一个个的朝着他飞舞一番，就像个人来朝拜一般的样子，朝了一会，拜了一回，那百鸟之王把个嘴儿挑一挑，那些奇禽异鸟一个鹞子翻身，把老爷的钵盂，一个鸟儿衔了一个，有一万个钵盂，就有一万个鸟儿衔着。衔着之时还不至紧，竟望飞钹禅师而去。那个百鸟之王自由自在，也在转身，也在要去。国师叫声云谷，问道："那个鸟王是甚么样子？"云谷道："倒也眼生，

着实生得有些古怪。"国师道:"怎么古怪?"云谷道:"鸡冠燕喙,鱼尾龙胼,鹤颡鸳臆,鸿前麟后。这等一个形状,却不眼生?"国师道:"似此之时原来是一个凤凰。一个凤凰却不是百鸟之王?故此有这些奇禽异鸟前来朝拜。"云谷道:"舜时来仪,文王时鸣于岐山,可就是他么?"国师道:"正是他。凤凰灵鸟,见则天下大安宁。"

（〔明〕二南里人编次《三宝太监西洋记通俗演义》第四册,

上海古籍出版社《古本小说集成》影印本,第2069~2070页）

《封神演义》节选

第一回 "纣王女娲宫进香" 节选

……正行礼间，顶上两道红光冲天。娘娘正行时，被此气挡住云路；因望下一看，知纣王尚有二十八年气运，不可造次，暂回行宫，心中不悦。唤彩云童儿把后宫中金葫芦取来，放在丹墀之下；揭去葫芦盖，用手一指。葫芦中有一道白光，其大如线，高三四丈有余。白光之上，悬出一面幡来，光分五彩，瑞映千条，名曰："招妖幡"。怎见得不一时，悲风飒飒，惨雾迷漫，阴云四合，但见有诗为证，诗曰：

善聚亭前草，能开水上萍。揭帘真有义，灭烛太无情。隔院闻钟响，高楼送鼓声。只知千树吼，不见半分形。

风过数阵，天下群妖俱到行宫听候法旨。娘娘分付彩云："着各处妖魔且退，只留轩辕坟中三妖伺候。"三妖进宫参谒，口称："娘娘圣寿无疆！"这三妖一个是千年狐狸精，一个是九头雉鸡精，一个是玉石琵琶精，俯伏丹墀。娘娘曰："三妖听吾密旨：成汤望气黯然，当失天下；凤鸣岐山，西周已生圣主。天意已定，气数使然。你三妖可隐其妖形，托身宫院，惑乱其心；俟武王伐纣以助成功，不可残害众生。事成之后，使你等亦成正果。"娘娘分付已毕，三妖叩头谢恩，化清风而去。

（〔明〕许仲琳编辑《封神演义》第一册，
上海古籍出版社《古本小说集成》影印本，第14～16页）

第三回 "姬昌解围进妲己" 节选

二将大战冀州城下。苏全忠不知崇黑虎幼拜截教真人为师,秘授一个葫芦,背伏在脊背上,有无限神通。全忠只倚平生猛勇,又见黑虎用的是短斧,不把黑虎放在心上,眼底无人,自逞己能,欲要擒获黑虎,须把平日所习武艺尽行使出。戟有尖有咎,九九八十一进步,七十二开门,腾、挪、闪、赚、迟、速、收、放。怎见好戟:

能工巧匠费经营,老君炉里炼成兵,造出一根银尖戟,安邦定国正乾坤,黄幡展三军害怕,豹尾动战将心惊。冲行营犹如大蟒,踏大寨虎荡羊群。休言鬼哭与神嚎,多少儿郎轻丧命。全凭此宝安天下,画戟长幡定太平。

苏全忠使尽平生精力,把崇黑虎杀了一身冷汗。黑虎叹曰:"苏护有子如此,可谓佳儿! 真是将门有种!"黑虎把斧一晃,拨马便走。就把苏全忠在马上笑了一个腰软骨酥:"若听俺父亲之言,竟为所误。誓拿此人,以灭我父之口!"放马赶来,那里肯舍。紧走紧赶,慢走慢追。全忠定要成功,往前赶有多时。黑虎闻脑后金铃响处,回头见全忠赶来不舍,忙把脊梁上红葫芦顶揭去,念念有词。只见葫芦里边一道黑烟冒出,化开如网罗大小,黑烟中有"噫哑"之声,遮天映日飞来,乃是铁嘴神鹰,张开口,劈面咬来。全忠只知马上英雄,那晓得黑虎异术,急展戟护其身面,坐下马早被神鹰把眼一嘴伤了,那马跳将起来,把苏全忠跌了个金冠倒蹋,铠甲离鞍,撞下马来。黑虎传令:"拿了!"众将一拥向前,把苏全忠绑缚二背。黑虎长得胜鼓回营,辕门下马。

（〔明〕许仲琳编辑《封神演义》第一册,
上海古籍出版社《古本小说集成》影印本,第60~62页）

第十二回 "陈塘关哪吒出世" 节选

哪吒离了乾元山,径往宝德门来。正是天官异景非凡像,紫雾红云罩碧空。但见上天大不相同：

初登上界，乍见天堂，金光万道吐红霓，瑞气千条喷紫雾。只见那南天门，碧沉沉琉璃造就，明晃晃宝鼎妆成。两旁有四根大柱，柱上盘绕的是兴云布雾赤须龙；正中有二座玉桥，桥上站立的是彩羽凌空丹顶凤。明霞灿烂映天光，碧雾朦胧遮斗日。天上有三十三座仙宫：遗云宫、昆沙宫、紫霄宫、太阳宫、太阴宫、化乐宫，一宫宫，脊吞金獬豸；又有七十三重宝殿：乃朝会殿、凌虚殿、宝光殿、聚仙殿、传奏殿、一殿殿柱列玉麒麟。寿星台、禄星台、福星台、台下有千年不卸奇花；炼丹炉、八卦炉、水火炉、炉中有万万载常青的绣草。朝圣殿中绛纱衣，金霞灿烂；彤廷阶下芙蓉冠，金碧辉煌。灵霄宝殿，金钉攒玉户；积圣楼前，彩凤舞珠门。伏道回廊，处处玲珑剔透；三檐四簇，层层龙凤翱翔。上面有紫巍巍、明晃晃、圆丢丢、光灼灼、亮铮铮的葫芦顶；左右是紧簇簇、密层层、响叮叮、滴溜溜、明朗朗的玉佩声。正是：天宫异物般般有，世上如他件件稀。金阙银銮并紫府，奇花异草暨瑶天。朝王玉兔坛边过，参圣金乌着底飞；若人有福来天境，不堕人间免污泥。

（〔明〕许仲琳编辑《封神演义》第一册，

上海古籍出版社《古本小说集成》影印本，第319～321页）

第四十四回 "子牙魂游昆仑山" 节选

太师又问："如何为'红水阵'？其中妙用如何？"王天君曰："吾'红水阵'内，夺壬癸之精，藏天乙之妙，变幻莫测。中有一八卦台，台上有三个葫芦，任随人、仙入阵，将葫芦往下一掷，倾出红水，汪洋无际。若其水溅出一点粘在身上，顷刻化为血水，纵是神仙，无术可逃。"

……

不言众将在府中慌乱，单言子牙一魂一魄，飘飘荡荡，杳杳冥冥，径往封神台来。时有清福神迎迓，见子牙竟是魂魄，清福神百鉴知道天意，忙将子牙的魂魄轻轻的推出封神台来。但子牙原是有根行的人，一心不忘昆仑，那魂魄出了封神台，随风飘飘荡荡，如絮飞腾，径至昆仑山来。适有南极仙翁闲游山下，采芝炼药，猛见子牙魂魄渺渺而来，南极仙翁仔细观看，方知是子牙的魂魄。仙翁大惊曰："子牙绝矣！"慌忙赶上前，一把绰住了魂魄，装在葫芦里面，塞住了葫芦口，正进玉虚宫，启掌教老师。才进得宫门，后面有人叫曰："南极仙翁不要走！"仙翁及至回头看时，原来是太华山云霄洞赤精子。仙翁曰："道友那里来？"赤精子曰："闲居无事，特来会你游海岛，适山岳，访仙境之高明野士，看其着棋闲耍，如何？"仙翁曰："不得闲。"赤精子曰："如今止了讲，你我正得闲。他日若还开讲，你我俱不得闲矣。今日反说是不得闲，兄乃欺我。"仙翁曰："我有要紧的事，不得陪兄，岂为不得闲之说。"赤精子曰："吾知你的事：姜子牙魂魄不能入窍之说，再无他意。"仙翁曰："你何以知之？"赤精子曰："适来言语，原是戏你，我正为子牙魂魄赶来。我因先到西岐山，封神台上见清福神百鉴，说：'子牙魂魄方至此，被我推出，今游昆仑山去了。'故此特地赶来，方才见你进宫，故意问你，今子牙魂魄果在何处？"仙翁曰："适间闲游崖前，只见子牙魂魄飘荡而至，及仔细观看方知；今已被吾装在葫芦内，要启老师知之，不意兄至。"赤精子曰："多大事情，惊动教主。你将葫芦拿来与我，待吾去救子牙走一番。"仙翁把葫芦付与赤精子。赤精子心慌意急，借土遁离了昆仑，霎时来至西岐，到了相府前，有杨戬接住，拜倒在地，口称："师伯今日驾临，想是为师叔而来。"赤精子答曰："然也。快为通报！"杨戬入内，报与武王。武王亲自出迎。赤精子至银安殿，赤精子对武王打个稽首；武王竟以师礼待之，尊于上坐。赤精子曰："贫道此来，特为子牙下山。如今子牙死在那里？"武王同众将士，引赤精子进了内榻。赤精子见子牙合目不言，迎面而卧，赤精子曰："贤王不必悲啼，毋得惊慌。只今他魂魄还体，自然无事。"赤精子同武王复至殿上，武王请问曰："道长，相父不绝，还是用何药饵？"赤精子曰："不必用药，自有妙用。"杨戬在旁问曰："几时救得？"赤精子曰："只消至三更时，子牙自然回生。"众人俱是欢喜，不觉至晚，已到三更。杨戬来请，赤精子整顿衣袍，起身出城。只见十阵内黑风迷天，阴云布合，悲风飒飒，冷雾飘飘；有无限鬼哭神嚎，竟无底止。赤精子见此阵，十分险恶，用手一指，足下先现两朵白莲花，为护身根本，后将麻鞋踏定莲花，轻轻起在空中，正是仙家妙用。怎见得？有诗为证：

诗曰：道人足下白莲生，顶上祥九五色呈。只为神仙犯杀戒，"落魂阵"内去留名。

话说赤精子站在空中，见十阵好生凶恶，杀气贯于天界，黑雾罩于岐山。赤精子正看，只见"落魂阵"内，姚斌在那里披发仗剑，步罡踏斗于雷门，又见草人顶上一盏灯，昏昏惨惨，足下一盏灯，半灭半明，姚斌把令牌一击，那灯往下一灭，一魂一魄在葫芦中一迸；幸葫芦口儿塞住，焉能迸得出来。姚天君连拜数拜，其灯不灭。大抵灯不灭，魂不绝，姚斌不觉心中焦躁，把令牌一拍，大呼曰："二魂六魄已至，一魂一魄，为何不归？"不言姚天君发怒连拜，且说赤精子在空中，见姚斌方拜下去，把足下二莲花往下一坐，来抢草人。不意姚斌拜起抬头看见有人，落将下来乃是赤精子。姚斌曰："赤精子原来你敢入吾'落魂阵'，抢姜尚之魂！"忙将一把黑砂，望上一洒，赤精子慌忙疾走，饶着走得快，把足下二朵莲花落在阵里，赤精子几乎失陷落魂阵中，急忙架遁进了西岐。杨戬接住，见赤精子面色恍惚，喘息不定，杨戬曰："老师可曾救回魂魄！"赤精子摇头，连曰："好利害！好利害！'落魂阵'几乎连我陷于里面！饶我走得快，犹把我足下二朵莲花打落在阵中。"武王闻说，大哭曰："若如此言，相父不能回生矣。"赤精子曰："贤王不必忧虑，料是无妨。此不过系子牙灾殃，如此迟滞，贫道如今往个所在去来。"武王曰："老师往那里去？"赤精子曰："吾去就来，你们不可走动，好生看待子牙。"分付已毕，赤精子离了西岐，脚踏祥光，借土遁来至昆仑山下。不一时，有南极仙翁出玉虚宫而来，见赤精子至，忙问："子牙魂魄可曾回？"赤精子把前事说了一遍："借重道兄启师尊，问个端的：怎生救得子牙？"仙翁听说，入宫至宝座下行礼毕，把子牙事细细陈说一番。元始曰："吾虽掌此大教事体尚有疑难。你叫赤精子可去八景宫，见大老爷，便知始末。"仙翁领命出宫来，对赤精子曰："老师分付你可往八景宫去，参谒大老爷，便知端的。"赤精子辞了南极仙翁，驾祥云往玄都而来。不一时已到仙山。此处乃大罗宫玄都洞，是老子所居之地，内有八景宫，仙境异常，令人把玩不暇。有诗为证：

仙峰险巅，峻岭崔嵬。玻生瑞草，地长灵芝。根连地秀，顶接天齐。青松绿柳，紫菊红梅。碧桃银杏，火枣交梨。仙翁判画，隐者围棋。群仙谈道，静讲玄机。闻经怪兽，听法狐狸。彪熊剪尾，豹舞猿啼。龙吟虎啸，翠落莺飞。犀牛望月，海马声嘶。

异禽多变化，仙鸟世间稀。孔雀谈经句，仙童玉笛吹。怪松盘古柏，宝树映沙堤。山高红日近，涧阔水流低。清幽仙境院，风景胜瑶池。此间无限景，世上少人知。

话说赤精子至玄都洞，见上面一联云：

道判混元，曾见太极两仪生四象；鸿蒙传法，又将胡人西度出函关。

赤精子在玄都洞外，不敢擅入。等候一会，只见玄都大法师出宫来，看见赤精子问曰："道友到此，有甚么大事？"赤精子打稽首，口称："道兄，今无甚事，也不敢擅越。只因姜子牙魂魄游荡的事……"细说一番，"特奉师命，来见老爷。敢烦通报。"玄都大法师听说，忙入宫，至蒲团前行礼，启曰："赤精子宫门外听候法旨。"老子曰："招他进来。"赤精子入宫，倒身下拜："弟子愿老师万寿无疆！"老子曰："你等犯了此劫，'落魂阵'姜尚有愆，吾之宝'落魂阵'亦遭此厄，都是天数。汝等谨受法戒。"叫玄都大法师："取太极图来。"付与赤精子。"将吾此图……如此行去，自然可救姜尚，你速去罢。"赤精子得了太极图，离了大罗宫，一时来至西岐。武王闻说赤精子回来，与众将迎迓至殿前，武王忙问曰："老师那里去来？"赤精子曰："今日方救得子牙。"众将听说，不觉大喜，杨戬曰："老师还到甚时候？"赤精子曰："也到三更时分。"请弟子专待，等至三更来请，赤精子随即起身。出城行至十阵门前，捏土成遁，架在空中，只见姚天君还在那里拜伏。赤精子将老君太极图打散抖开，此图乃老君劈地开天，分清理浊，定地、水、火、风，包罗万象之宝。化了一座金桥，五色毫光，照耀山河大地，护持看赤精子往下一坠，一手正抓住草人，望空就走。姚天君忽见赤精子，二进"落魂阵"来，大叫曰："好赤精子！你又来抢我草人！甚是可恶！"忙将一斗黑砂望上一泼。赤精子叫一声"不好！"把左手一放，将太极图落在阵里，被姚天君所得。且说赤精子虽是把草人抓出阵去，反把太极图失了，吓得魂不附体，面如金纸，喘息不定，在土遁内，几乎失利；落下遁光，将草人放下，把葫芦取出，收了子牙二魂六魄，装在葫芦里面，望相府前而来。只见众弟子正在此等候，远远望见赤精子忻然而来，杨戬上前请问曰："老师！师叔魂魄可曾取得来么？"赤精子曰："子牙事虽完了，吾将掌教大老爷的奇宝失在'落魂阵'，吾未免有陷身之祸！"众将同进相府，武王闻得取子牙魂魄已至，不觉大喜。赤精子至子牙卧榻之前，将子牙头发分开，用葫芦口合住子牙泥丸宫，连把葫芦敲了三四下，其魂魄依旧入窍。少时，子牙睁开眼，口称："好睡！"急至看时，卧榻前武王、赤精子、众门人。子牙跃身而起。武王曰："若非此位老师费心，焉得相父今生再面？"这会子牙方醒悟。便问："道兄何以知之，而救不才也？"赤精子把"十绝阵内有一'落魂阵'，姚斌将你魂魄，拜入草人腹内，止得一魂一魄。天不绝你，魂游昆仑，我为你赶入玉虚宫，讨你魂魄；复入大罗宫，蒙掌教大老爷赐太极图救你；不意失在'落魂阵'中。"子牙听毕："自悔根行甚浅，不能俱知始末。太极图乃玄妙之珍，今已误陷，奈何？"赤精子曰："子牙且调养身体，待平复后，共议破阵之策。"武王回驾。子牙调养数日，方才痊愈。

（〔明〕许仲琳编辑《封神演义》第三册，
上海古籍出版社《古本小说集成》影印本，第1127～1150页）

第四十八回 "陆压献计射公明" 节选

百天君听得此言，着心看火内，见陆压精神百倍，手中托着一个葫芦。葫芦内有一线毫光，高三丈有余；上边现出一物，长有七寸，有眉有目；眼中两道白光，反罩将下来，钉住了百天君泥丸宫。百天君不觉昏迷，莫知左右。陆压在火内一躬："请宝贝转身！"那宝贝在白光头上一转，百礼首级早已落下尘埃。一道灵魂往封神台下去了。陆压收了葫芦，破了"烈焰阵"；方出阵时，只见后面大呼曰："陆压休走！吾来也！""落魂阵"主姚天君跨鹿持铜，面如黄金，海下红髯，巨口獠牙，声如霹雳，如飞电而至。燃灯命子牙曰："你去唤方相破'落魂阵'走一遭。"子牙急令方相："你去破'落魂阵',其功不小。"方相应声而出,提方天画戟,飞步出阵曰:"那道人吾奉将令,特来破你'落魂阵'!"更不答话,一戟就刺。方相身长力大。姚天君招架不住,掩一铜,往阵内便走。方相耳闻鼓声,随后追来,赶进"落魂阵"中;见姚天君已上板台,把黑沙一把洒将下来,可怜方相那知其中奥妙,大叫一声,顷刻而绝,一道灵魂往封神台去了。姚天君复上鹿,出阵大呼曰:"燃灯道人,你乃名士,为何把一俗子凡夫,枉受杀戮?你们可着道德清高之士,来会吾此阵。"燃灯命赤精子:"你当去矣。"赤精子领命,提宝剑作歌而来。歌曰:

......

话说燃灯命："曹道友,你去破阵走一遭。"曹宝曰:"既为真命之主,安得推辞。"忙提宝剑出阵,大叫:"王变慢来!"王天君认得是曹宝散人,王变曰:"曹兄,你乃闲人,此处与你无干,为何也来受此杀戮?"曹宝曰:"察情断事,你们扶假灭真,不知天意有在,何必执拗。想赵公明不顺天时,今一旦自讨其死,十阵之间已破八九,可见天心有数。"王天君大怒,仗剑来取。曹宝剑架忙迎。步鹿相交,未及数合,王变往阵中就走。曹宝随后跟来。赶入阵中,王天君上台,将一葫芦水往下一抖,葫芦振破,红水平地涌来。一点粘身,四肢化为血水。曹宝被水粘身,可怜!只剩道服丝绦在,四股皮肉化为津。一道灵魂往封神台去了。

（〔明〕许仲琳编辑《封神演义》第三册,
上海古籍出版社《古本小说集成》影印本,第1252~1269页）

第七十回 "准提道人收孔宣" 节选

且说高继能久战多时,一条枪挡不住五般兵器,又不能跳出圈子,正在慌忙之时,只见蒋雄使的抓把金纽索一软,高继能乘空把马一撺,跳出圈子就走。崇黑虎等五人随后赶来。高继能把蜈蜂袋一抖,好蜈蜂!遮天映日,若骤雨飞蝗。文聘拨回马就要逃走,崇黑虎曰:"不妨。不可着惊,有吾

在此。"忙把背后一红葫芦顶揭开了,里边一阵黑烟冒出,烟里隐有千只铁嘴神鹰。怎见得,有赞为证,赞曰:

葫芦黑烟生,烟开神鬼惊。秘传玄妙法,千只号神鹰。乘烟飞腾起,蜈蜂当作羹。铁翅如铜剪,尖嘴似金针。翅打蜈蜂成粉烂,嘴啄蜈蜂化水晶。今朝"五岳"来相会,"黑煞"逢之命亦倾。

(〔明〕许仲琳编辑《封神演义》第四册,
上海古籍出版社《古本小说集成》影印本,第1858~1859页)

第七十五回"土行孙盗骑陷身"节选

陆压曰:"取香案。"陆压香焚炉中,望昆仑山下拜,花篮中取出一个葫芦,放在案上,揭开葫芦盖;里边一道白光如线,起在空中,现出七寸五分横在白光顶上,有眼有翅。陆压口里道:"宝贝请转身!"那东西在白光之上连转三四转,可怜余元斗大一颗首级落将下来。有诗单道,斩将封神飞刀,有诗为证:

先炼真元后运功,炉中玄妙配雌雄。惟存一点先天诀,斩怪诛妖自不同。

(〔明〕许仲琳编辑《封神演义》第四册,
上海古籍出版社《古本小说集成》影印本,第2031页)

第九十三回"金吒智取游魂关"节选

话说杨戬擒白猿来至辕门,军政官报入中军:"启元帅:杨戬等令。"子牙命:"令来。"杨戬来至中军,见子牙,曰:"弟子追赶白猿至梅山,仰仗女娲娘娘秘授一术,已将白猿擒至辕门,请元帅发落。"子牙大喜,命:"将白猿拿来见我。"少时,杨戬将白猿拥至中军帐。子牙观之,见是一个白猿,乃曰:"似此恶怪,害人无厌,情殊痛恨!"令:"推出斩之!"众将把白猿拥至辕门,杨戬将白猿一刀,只见猴头落下地来,颈项上无血,有一道清气冲出,颈子里长出一朵白莲花来;只见花一放一收,又是一个猴头。杨戬连诛数刀，一样如此，忙来报与子牙。子牙急出营来看，果然如此。子牙曰："这猿猴既能采天地之灵气，便会炼日月之精华，故有此变化耳。这也无难……"忙令左右排香案于中，子牙取出一个红葫芦，放在香几之上，方揭开葫芦盖，只见里面升出一道白线，光高三丈有余。子牙打一躬："请宝贝现身！"须臾间，有一物现于其上，长七寸五分，有眉，有眼，眼中射出两道白光，将白猿钉住身形。子牙又一躬："请法宝转身！"那宝物在空中，将身转有两三转，只见白猿头已落地，鲜血满流。众皆骇然。

（〔明〕许仲琳编辑《封神演义》第五册，
上海古籍出版社《古本小说集成》影印本，第2557~2559页）

第九十七回"摘星楼纣王自焚"节选

话说三军动手，已将雉鸡精、琵琶精斩了首级，杨戬与韦护上帐报功。只有雷震子监斩狐狸精，众军士被妲己迷惑，皆目瞪口呆，手软不能举刃。雷震子发怒，喝令军士，只见个个如此，雷震子急得没奈何，只得来中军帐报知，请令定夺。子牙见杨戬、韦护报功，令："拿出辕门号令。"惟有雷震子赤手来见。子牙问曰："你监斩妲己，如何空身来见我？莫非这狐狸走了？"雷震子曰："弟子奉令监斩妲己，孰意众军士被这妖狐迷惑，皆目瞪口呆，莫能动履。"子牙怒曰："监斩无能，要你何用！"一声喝退。雷震子羞惭满面，站立一傍。子牙命："将行刑军士拿下，斩首示众。"复命杨戬、韦护监斩。二人领命，另换了军士，再至辕门。只见那妖妇依旧如前，一样软款，又把这些军士弄得东倒西歪，如痴如醉。杨戬与韦护看见这样光景，二人商议曰："这毕竟是个多年狐狸，极善迷惑人，所以纣王被他缠缚得迷而忘返，又何况这些愚人哉！我与你快去禀明元帅，无令这些无辜军士死于非命也。"杨戬道罢，二人齐至中军帐来，对子牙"……如此如彼"说了一遍。众诸侯俱各惊异。子牙对众人曰："此怪乃千年老狐，受日精月华，偷采天地灵气，故此善能迷惑人，待吾自出营去，斩此恶怪。"子牙道罢先行，众诸侯随后，子牙同众诸侯门弟子出得辕门，见妲己绑缚在法场，果然千娇百媚，似玉如花，众军士如木雕泥塑。子牙喝退众士卒，命左右排香案，焚香炉内，取出陆压所赐葫芦，放于案上，揭去顶盖，只见一道白光上升，现出一物，有眉，有眼，有翅，有足，在白光上旋转。子牙打一躬："请宝贝转身！"那宝贝连转两三转，只见妲己头落在尘埃，血溅满地。

（〔明〕许仲琳编辑《封神演义》第五册，

上海古籍出版社《古本小说集成》影印本，第2671～2674页）

《韩湘子全传》节选

第十一回
"湘子假形传信息，石狮点化变成金"节选

窦氏见狮子跳进来，惊得坐身不定。湘子叱道："畜生住脚，不要惊动贵人！"狮子就住了脚，依然是一个守门的石狮子，没有些儿活动。窦氏道："我虽是个女流，也晓得些道理。你既要点石为金，必须用些药物。快快说来，我好着人置办。"湘子道："点石成金非容易，只要夫人着眼观。"那湘子仍用阳犀手帕盖在狮子身上，向葫芦内倾出一粒金丹，将来放在狮子口内，含水一口，向他一喷，口中念念有词，把右手一指，喝道："西山白虎正猖狂，东海青龙势莫当。两手捉来生死斗，化成一块紫金霜。畜生，不变更待何时！"猛然间天昏地暗有一个时辰。只见霞光掩映，瑞气缤纷。揭起手帕看时，变做一个金狮子。有《西江月》为证：

本是深山顽石，良工雕琢成形。峥嵘气象貌狰狞，镇守门庭寂静。今日有缘有幸，皮毛色变黄金。劝君莫笑巧妆成，世情翻掌变，总是这般情。

窦氏看了道："真是金狮子！"张千禀道："狮子外面见得是金，里面端只是石头。夫人不要信他！"窦氏叫湘子道："卓先生，这金是假的。"湘子道："夫人凿一块看，便见真假。"窦氏便叫张千："取锤凿来，看是金是石。若是金，方信这先生是神仙。"张千连忙拿锤凿，把狮子凿下一只脚

爪。打一看时，里面比外边更紫黄三分。吓得张千目瞪口呆，倒退三步。窦氏道："果有这般奇事！"张千跪禀窦氏道："这神仙变得好金狮子，夫人赏他些酒饭吃也好。"窦氏便叫厨下安排一桌斋来与卓先生吃。张千抬桌面去摆在书房里，才来请湘子。

湘子本待不去吃他的，晓得张千、李万要偷他葫芦内仙丹，不好说破他，只得随他到书房里坐下。他两个站在一壁厢。湘子道："这许多酒肴，我吃不了，两位长官不憎嫌贫道，同坐吃一杯何如？"张千道："我也吃不多。"李万道："贫穷富贵都是八字所生，先生是位神仙，我们有缘得遇，再添些酒，陪奉先生一醉。"湘子道："我也量浅，三五杯就醉了。"他两人果然又拿些酒，对着湘子，你一杯、我一盏，吃了个不亦乐乎。湘子略吃几杯，假推沉醉，故意倒在地上，鼾睡如雷。那张千就手去解他那葫芦。李万道："葫芦没了，他醒来时左右寻着我两人，少不得要还他。不如偷他些丹药，拿来点些金子用，倒是便益。"张千依了李万的话，在葫芦内倾出一丸药来，上得手时，变做一块火，张千丢也丢不及。李万不肯信，也去倾出一丸来，只见一条花蛇蟠住手掌，惊得他两个魂飞魄散，丢在地上。那蛇与火依然向葫芦口钻进去了。恰好湘子醒来，假问道："长官，你们为何在此喧闹？"张千道："师父睡了，我们不曾去回复得夫人，怕夫人见责，故在此计较。"湘子便同往谢窦氏。

（〔明〕雉衡山人编次《韩湘子全传》上册，
上海古籍出版社《古本小说集成》影印本，第286~290页）

第十五回
"显神通地上鼾眠，假道童筵前畅饮"节选

湘子道："大人信不信由你，只是贫道再问你化些好酒。"退之道："我已赏了你酒与桌面，如何又说化酒？"湘子道："不瞒大人说，我师父在山中煎熬万灵丹，缺少好酒，故此再求化些。"退之道："万灵丹我也晓得煎，不知你用多少酒？"湘子道："只这一葫芦就够了。"退之道："一葫芦有得

多少，如何够煎万灵丹？"湘子道："大人不要小看了这个葫芦，有诗为证。诗云：小小葫芦三寸高，蓬莱山下长根苗。装尽五湖四海水，不满葫芦半截腰。"

退之道："你不要多说。张千，快把酒装与他去！"张千道："师父，你的竹筒在那里，拿过这边来，把酒与你。"湘子道："竹筒上绷了你的皮，做渔鼓了，只有个葫芦在此。"张千道："有心开口抄化一场，索性拿件大家伙来，我多装几壶与你。这个小葫芦能盛得多少，也累一个布施的名头。"湘子道："我要不多，只盛满这葫芦罢。"

张千把酒装了十数缸，这葫芦只是不满，便道："又古怪了，怎的还不见满？"湘子道："再装几缸一定就满了。"他便打起渔鼓，拍着简板，唱道：

小小一葫芦，中间细，两头粗。费尽了九转工夫，堪比着那洞庭湖。你们休笑我这葫芦小，装得你海涸江枯。

张千禀退之道："小的有事禀上老爷，这道人又用那装馒头的法儿来装酒，酒都装完了，尚不曾满得他的葫芦。"退之道："道童，有来有去才是神仙，有去无来不成大道。你这般法儿只好弄一遭，如何又把我的酒也骗了去？"湘子道："大人不消忙得，但凭抬几只空缸来，我一壶壶还与大人，若少一滴，愿赔一缸，抬几个竹箩来，还大人三百六十五分馒头，若少一个，愿赔一百。何如？"

果然张千抬了空缸、竹箩放在厅前。只见湘子卷拳勒袖，轻轻的把葫芦拿来，恰像没酒的一般，望缸内只一倾，倾了一缸又一缸，满满的倾了十数缸，一滴也不少，那葫芦里头还有酒，正不知这许多酒装在葫芦内那一搭儿所在。众官见了，人人喝采，个个称强。退之只是不信，道："总来是些茅山邪法，只好哄弄呆人，岂有神仙肯贪饕酒食卖弄神通的理！"湘子听得退之这等言语，便又显起神通，从花篮里摸出三百五十六分馒头，一个也不少。众官齐声道："这般手段，真是人间少有，世上无双。"赞叹不已。

一霎间，湘子又把酒与馒头依先收在葫芦、花篮内，暗差天神天将押到蓝关山下，交付土地收贮，等待来年与退之在路上充饥御寒。当下手拍云阳板，唱一阕《上小楼》：

人道我贪花恋酒，酒内把玄关参透。花里遇神仙，酒中得道自古传留。炼丹砂九转回阳身不漏。只管悟长生，与天齐寿。

（〔明〕雉衡山人编次《韩湘子全传》上册，
上海古籍出版社《古本小说集成》影印本，第400～405页）

《禅真逸史》节选

第三十九回
"顺天时三侠称王，宴李谔诸贤逞法"节选

林澹然道："龙行云护，虎啸风生，此皆世间气物相感，侍中曾见之乎？"李谔道："下官自幼曾一见活虎，若龙乃神物，绝不可得一睹也。"林澹然道："张郎试取神虎与侍中观之。"张善相承命，袖中取出一小葫芦，长有三寸许。右手执之，左手捻诀，口中默诵咒语，喝声道："疾！"只听得呼呼风响，葫芦口内跳出一虎，大如桃核，跃在地上，乘风把头一摇，就地滚上数滚，变成一个斑斓锦毛大虎，咆哮可畏。李谔仔细看时，但见：

锦毛遍体，脊上闪一带金丝；利爪四舒，口内排两行剑戟。双睛炯炯，电光闪烁逼人寒；铁尾班班，雷震咆哮诸兽恐。须信道风中隐豹，真个是气可吞牛。南山白额人皆惧，东海黄公见必愁。

李谔看了，暗暗称奇。林澹然喝道："孽畜，还不皈依！"那锦毛虎就伏在亭子西首不动。林澹然又顾薛举道："张郎取虎，尔试取神龙，以助一笑。"薛举承命，即于张善相手中取葫芦在手，亦捻诀诵咒。又一阵风起，葫芦口内飞出一龙，大如蚯蚓。乘着风盘旋数转，变成一条大黄龙，飞舞于园内。李谔仔细再看，但见：

雷霆乘变化，风雨助驱驰。头角峥嵘，黄森森满身鲜甲；爪子峻利，赤耀耀两道虬须。来海峤千里奔腾，过禹门只须一跃。明珠藏颔下，有翻江搅海之威；喉内隐逆鳞，具旋乾转坤之势。若非大禹舟中见，定是延平泽内飞。

（〔明〕清溪道人编次《禅真逸史》下册，

上海古籍出版社《古本小说集成》影印本，第1659~1661页）

《禅真后史》节选

第三十九回
"众冤魂夜舞显灵，三异物宵征降祸"节选

……于大唐乾封元年除夜间，正于蒲团上打坐，忽见山下灯光乱明，脚步声响，白衲道人疑惑道："夜静更阑，况兼岁毕之宵，为何山僻中有人行过？"急起身往外一觑，果然骇胆，实是惊心！还幸喜这老者是个得道的高人，不为动色；若是那平常胆怯之人见了，岂不吓死！看官，你猜除夜中有人从山岩下行过，却是兀谁？原来前面一人身长丈余，脸生三眼，红须赤发，尖嘴獠牙，身上披着一领紫衫，右手执一火轮，闪烁之光照耀如同白日，左臂上挂一红色葫芦；中间一人也身长丈余，黑脸大头，短须环眼，身上穿一领皂袍，两手捧着一面皂旗，项上挂一黑色葫芦；末后一人身材虽觉矮小，面貌分外希奇，尖头阔额，碧眼黄髯，脚短手长，背高腹大，身上着一件黄衫，两手攮着一个黄囊，腰系一个黄色葫芦，从南首行来，厮赶着径往北去。白衲道人见了，大是诧异，忙赶上喝道："汝三位是什么人，半夜三更从此行过？"那三人急回头见了，忙稽首道："不知道者在此，失于回避，万罪，万罪！"白衲道人道："我瞧汝三人服色不一，面貌狰狞，兼且手中所执之物，更是奇异，谅来决非凡品。乞道其详，免人疑愕。"红髯的道："予是火神，这皂衣者水神，黄衣者瘟神。皆奉上帝玉旨降祸于人世者。"

白衲道人道："既奉天帝差遣，何以三人并行？"红髯者道："予等前至博州，即分投地境而去。"白衲道人道："请问三人所往者何地？所害者何家？所降者何祸？"红髯的道："天机深秘，焉可轻泄？"白衲道人道："静夜中，况临山僻去处，举目间止尔我四人，言之何害？"红髯者道："上帝因临淄官民合犯回禄之劫，故委吾至此行事。"白衲道人道："遭劫之家可有数乎？其时日有定期否？"红髯者道："玉旨批定日期于正月十五日辰时三刻，州前贞节坊下庞大诏家起火，至十八日未时七刻火熄，共焚毁官民屋宇九千三百七十一家。"白衲道人合掌道："善哉！百姓遭此大幼，岂不城内为之一空？其间善恶贤愚不类，亦有分别么？"红髯者道："大劫已定，一例施行，岂分善恶？"白衲道人叹息道："上天既有一定之数，修身积德何为？还有一件，尊神手中火轮、臂上葫芦，有何用处？"红髯者道："火轮乃起焰之种，葫芦藏荧惑之精，变化无穷，谁能解悟？"白衲道人又问那皂服之人。皂衣者道："予奉天帝之命，往淮河涌波作浪，覆溺来往船只。"

（〔明〕清溪道人编次《禅真后史》中册，
上海古籍出版社《古本小说集成》影印本，第915~919页）

《东度记》节选

第二十五回
"神元捐金救鸡豕，道士设法试尼僧" 节选

　　却说拓跋氏传至太武焘即位年间，嵩山有一道士姓寇，名谦之，字辅真，却是本慧更生。他早年心慕仙道，术修张鲁，服食饵药，历年无效。他在雍州市上卖药济人，尤善祝由科，与人驱病。但凡有疾病的，吃他药不效便行祝由科，画一道灵符，吞了便愈。或是人家有邪魅搅扰，便求他灵符驱逐。一日，正在街市卖符，却遇一个汉子近前道："师父，你这符可驱的白日抛砖掷瓦精怪么？"谦之道："我的灵符，专一治此。"汉子买了一张回家，贴在堂中。次日，到谦之处说道："师父，你的符不灵，精怪更甚。"谦之不信，亲自到汉子家来看，进得门方才开口，只见屋内大砖大瓦抛打出来。谦之忙念咒步罡，哪里治得？砖瓦越打得紧，几被打伤。急出来叫汉子闭门方止。谦之心里疑惧，忖道："我的符法怎么不验？"正在思想，只见一个道人在街市上化缘。谦之见那道人，打扮却也整齐，相貌却也古怪。怎见得？但见：

　　青厢白道服，蜜褐黄丝绦。沉香冠笼发，棕草履悬腰。葫芦拴竹杖，符药裹绵包。为何双足赤？好去捉精妖！

　　谦之见了这道人生得古怪，便上前稽首道："师父何处来的？要往何方

去？弟子也是在道的，望乞垂教。"道人道："观子一貌清奇，是个修真人物，为何面貌清奇中却带些惊惧颜色？且问你名姓何称？一向做的何事？"谦之答道："弟子姓寇，谦之名也。幼慕仙道，未遇真师，日以符药资生。今日正为一件异事不能驱除，所以心情见面。请问道师名号？"道人答道："吾名唤成公兴，修真年久，颇有呼风唤雨手段，驱邪缚魅神通，惊人法术也说不尽。吾观子貌，可喜为徒弟子。且问你今日有甚异事不能驱除？"谦之便把汉子家打砖掷瓦精怪说了一番。成公兴笑道："谅此小事，何足介意！"便在那绵包内取了一张符，递与汉子。汉子接了符，方才开门，那大砖一下打出来，把张符都打破。汉子飞走过来，看着两个道人，说道："越发不济，不济！砖瓦连符打破了！"成公兴听了，把竹杖变做一杆长枪，左手执着葫芦，右手执枪，赤着双足，飞走入汉子之门。那砖依旧打出，被道人把葫芦迎着，块块砖瓦都收入葫芦，只收得砖瓦打尽。道人两个打进房里，哪里有个妖怪？却原来是个奸盗贼头，见人往房上去了。公兴见了这个情景，已知其故，乃将符焚了一张，只见那屋内黑漫漫，若似个妖怪模样，被符驱逐行空走了。便向汉子道："汝妇被邪，吾已驱去，只是速把妇移他所，以防复来。吾自有法与汝驱逐其后。"汉子与邻人都知屋内妖气逐去，盛称感谢成公兴。只有谦之背说："师父法术，葫芦收砖神妙，明见奸贼，怎么指做妖氛，却又与妇人掩护？"成公兴道："我等修行人，心地要好，便就是常俗人心，也要为人掩垢隐恶。我方才若明出奸贼，不但坏了妇行，且是伤了汉子名声。汝遇这样事情，当存方便。"谦之道："师父说的固是，无奈妇不守节，奸又复来，却不虚负这一番法术，永绝其根。"成公兴道："妇不守节，自有恶报，万万不差。奸贼得来，只是要费吾一妙法术，永绝其根。"乃将葫芦内砖瓦尽倒出来，叫一声："变！"那砖瓦尽变做狼牙鹿角尖刺，叫汉子铺在房檐卧内，道："此物防妖，偏能捉怪。"汉子拜谢。

（〔明〕清溪道人著《东度记》第一册，
上海古籍出版社《古本小说集成》影印本，第457~461页）

《东游记》节选

第四十八回 "八仙东游过海" 节选

且说众仙登岸，不见采和，等待多时，杳无踪迹，众皆惊讶。铁拐曰："此必龙王作怪，还当寻之。"果老曰："吾谓酒后不必逞兴，不意果有此祸。"钟离谓洞宾曰："此事系汝创议，今采和有失，须当汝往寻之，我等先往会上，专听消息。"洞宾应声，前往海滨遍寻不得，乃高声叫曰："龙王好好送人还我，如其不然，举火烧干汝海。"有夜叉闻得，报知太子曰："有人在岸叫骂，若不还人与他，便将此海烧干。"太子听罢大怒，即出海上问曰："何人大胆，在此放肆出声？"洞宾曰："吾乃上仙吕纯阳也。因道友蓝采和没汝海中，故来寻回，可报龙王，急送还我。"太子曰："不还汝将如何？"洞宾曰："举火烧干汝海。"太子曰："休得狂言，可速回去，不然连汝擒下。"洞宾大怒，拔剑赶去。太子复入水中去了。洞宾乃把火葫芦投入海中，须臾变出千百葫芦，烧得水面皆红，海中鼎沸。龙王问曰："外面如何喧嚷？"左右禀道："前者太子夺得玉版，并擒其人，囚于幽室，今吕纯阳在外要人，太子不还，彼将葫芦烧红水面，大众惊恐，所以喧嚷。"龙王曰："既夺其宝，不当更囚其人，令即放还之。"左右送采和上岸，正遇洞宾，略言被擒之故。洞宾收了葫芦，与采和同见仙友商议去了。

（〔明〕吴元泰著《东游记》，《四游记全传》，

民国刊本影印本1941年4月版，第33~34页）

第五十回 "八仙火烧东洋" 节选

言犹未了,只见尘头蔽日,喊杀连天,龙王引兵来到,列成阵势。龙王出阵,大骂洞宾,欲报二子之仇。钟离即令洞宾、湘子居左,采和、仙姑居右,铁拐、国舅殿后,果老曰,但看我战他不胜,便可摇旗,招动四面之兵。分遣已毕,钟离自作先锋,舞剑直出阵前。龙王见了,更不打话,提枪直取钟离。钟离挥剑骤马迎敌。二人斗了五十余合,不分胜负。龙王阵上兵将,见战不下钟离,乱出助战。果老见了,摇动号旗,四面喊声大起,左有洞宾、湘子之兵杀到,右有采和、仙姑之兵杀到,后有铁拐、国舅之兵杀到,龙王正不知四面之兵多少,其兵不战而乱,自相践踏,死者无数。钟离督战愈急,龙王见势不利,落荒而走。钟离四路急追,龙王奔入海中。铁拐、洞宾放出葫芦之火,烧干海水,烟雾腾天。钟离又以拂尘蘸水洒之,仙姑又以竹罩盛水灌于葫芦之内,须臾之间,东洋火炽,竟成一片白地。龙王挈其妻子逃于南海,其他鱼龙等类,皆为煨烬。八仙收兵,奏凯,往龙王水晶宫殿驻扎去了。

(〔明〕吴元泰著《东游记》,《四游记全传》,

民国刊本影印本1941年4月版,第35页)

《南游记》节选

第一回 "玉帝起赛宝通明会" 节选

第一班上八洞神仙。汉钟离取出羽扇一把，献上御案。上帝问曰，"卿此扇是何妙处？"钟离奏曰："此扇煽火火灭，煽风风熄，煽邪邪死，变化无穷，化船过海，遮日卷月，收雾行云。"玉帝闻奏大喜。又有张果老取出锡杖一根献上，奏曰："臣此宝可挑泰山，入水水裂，顶地地开，千变万化。"又有曹国舅献上析板一只，奏曰："臣此宝一析，三界通知，敲开能呼使用，收聚伏鬼，合笼捉邪，大有神通。"又有吕洞宾献上雌雄剑二把，奏曰："臣此剑能飞万里，斩妖灭邪，自会相寻，入水水分。"又有蓝采和献上金线篮一只，奏曰："臣此篮撇去飞空，装尽世界，不论未熟菜果，采入篮中，自然成熟。人坐篮中，诸人莫见。"又有李铁拐献上葫芦，奏曰："臣此葫芦，内藏风火，要风便风，要火便火，要金便金，要银便银。内藏臣自身心体象。指东飞东，指西飞西，百般可用。"又有何仙姑献上铁丝罩一只，奏曰："臣此罩能罩日月无光，摆动可以移星换斗，坐入其中，水火不入。"又有韩湘子献上渔鼓，奏曰："臣此渔鼓打动，天昏地暗，内中可藏数万天兵，呼妖自入，跨之可入水火。"玉帝闻奏，八仙宝贝，俱有妙处，龙颜大悦。

（〔明〕余象斗著《南游记》，《四游记全传》，民国刊本影印本1941年4月版，第40～41页）

《西游记》（杨致和）节选

第二十一回"唐僧收伏沙悟净"节选

那妖听得水响，那妖来战。二人水底战起，战出水面。八戒佯作假败，望东岸而出。那妖将近岸，又被行者一棍，妖又入水。八戒道："让尔再忍一棍，可不到手？"行者道："贤弟莫恼，还要你去。"八戒再去。他见那只怪只在水中，再不上岸。行者道："八戒弟，你在此看守师父，待我去见观音菩萨求救。"八戒道："这等尔须急去急来。"行者即纵一筋斗，直到菩萨台前，将前事启诉说道："同了猪悟能，过了黄风洞，今至流沙河，被妖怪阻住，不能渡河。因此特来求救。"菩萨道："尔这猴子，又不说出保唐僧的话来。那妖被我服他善信，取名沙悟净，已曾吩咐他，保护取经人往西天。尔说出原因，他自信服。"行者道："他在水里，如何得他归顺？"菩萨闻言，在袖中取出一个红葫芦，叫惠岸交付与孙悟空，到流沙河边，叫悟净归顺唐僧后，叫他取向日骷髅，将九宫布列，把葫芦放在当中，就是法船一只，渡唐僧过河。

惠岸与悟空领了法旨，同到流沙。八戒望见惠岸来到，即同师父相接见。行者以沙悟净的原因，言明与三藏知道，三藏闻言，极力叩谢感恩。惠岸遂立河边，高叫："沙悟净！"那妖听见唤法名，慌忙出来水面，看见是惠岸，笑盈盈相迎。惠岸以唐僧师徒说与他听，遂同他拜见唐僧，谢过前罪。

唐僧取过法刀，与他削发受戒。悟净拜了师父，叙了兄弟。惠岸取出葫芦，放于水中，叫悟净取下骷髅，放于九宫，变做一只法船，渡过流沙。师徒俱已上岸，惠岸放起葫芦，驾祥云而去。骷髅化作九股阴风，寂然不见。三藏见惠岸登云，骷髅解化，乃望空中深深拜谢。未知后事如何，且看下回分解：

木吒径回东洋海，三藏上马却投西；悟净从人遵佛教，师徒同心见阿弥。

（〔明〕杨致和著《西游记》，《四游记全传》，
民国刊本影印本1941年4月版，第106~107页）

第二十八回"唐三藏师徒被妖捉"节选

原来那妖，在背上念了移山咒，遣得须弥山压住。大圣左肩承了，大圣毫不着意；又遣得峨嵋山压来，大圣右肩承了，又不为意。肩起两山，忙走。老妖见了，只吓得汗流忧愁。只有又遣泰山，劈头压住。大圣压了个七孔流红。那妖见压倒大圣，赶来捉拿三藏。沙僧挡住，大战一场。那妖展开大手，把沙僧挟在左肋下，右手拿着三藏，脚尖担着行李，口咬着白马，一阵风回到莲花洞里。金角见了大喜，说："兄弟，你不曾拿得他有手段的行者来也，怕吃他师父不成。"银角道："不必忧虑，被我遣三座大山压住，寸步也不能动，方才拿得唐僧。"金角道："这等，造化，造化。只是那行者五行山也压住不死，他若不死，还怕吃他师父不成。"银角道："我自有计。且把猪八戒拿出，吊在东梁；沙僧吊在西梁；唐僧吊在中间；白马压在槽上。叫精细鬼、伶俐虫拿着红葫芦、玉净瓶，径至山顶，把二宝底朝天口朝地，叫一声孙行者，他若应声，就装他里面，就贴上太上老君急急如律令符，封倒他，就一时三刻，化成脓了。"

且不说那小妖领宝。却说大圣被压，惊动五方揭谛功曹，忙叫动本山土神，道："你这野神，怎么把山借妖，压住大圣，他明日出来，怎肯饶你？"那土神恐惧，同揭谛遣开三山，放出大圣。行者跳将起来，掣起铁棒起来，道："这野神，你倒不怕老孙，却怕妖怪！"土神道："那妖神通广大，

他念咒语，拘我等在他洞里，轮次当值。"大圣听言，正在感慨，见那边放出霞光，急问土神："他那边什么放光？"土神道："想是那怪差小妖拿出宝来降你。"行者又问他："洞中常有甚人往来？"土神道："他爱的是烧丹炼药，喜的是全真道人。"

言未完，见二小妖将过来。行者叱退土神，摇身一变，变做全真道人。小妖一见，问："老师到此何干？"行者道："我是蓬莱山到此，寻个徒弟传道。"小妖道："传我二人也罢。"行者问："你二人往哪里去？"妖道："我是莲花洞，今日我家魔王拿得甚么唐僧，他有一个徒弟，名行者，被山压倒。我拿红葫芦、玉净瓶去装他。"行者问："怎么装得？"二妖便以银角吩咐的言语，详说与他听，行者就起意谋他的，遂来腰上拔一根毫毛，也变一葫芦道："你的只装得人，我的还装得天。"二妖听得，就肯把葫芦、净瓶来换，只叫："师父，你装与我看看，我就把两件和你对换。"行者却在此念咒，叫游神奏过玉帝，借天一装，助我拿妖。游神上奏，帝道："天怎么装得？忽见游神奏请玉帝降旨，到北天山，问真武借他皂雕旗，闭了日月，当做装了一般，助老孙收妖。"玉帝依奏，哪吒借了皂旗，在南天门外相助，游神急往大圣耳边报知道："哪吒来助功。"行者仰面，见哪吒手执皂旗，乃道："我装天了。"妖道："才便装，只管晒棉花屎。"行者念咒，将葫芦抛起，哪吒遂把皂旗一闭，霎时黑暗。小妖心慌大叫："师父，快放出天来，只怕闷死我也。"行者复念真语，哪吒收了皂旗，日色重光。小妖就把二宝即换了假葫芦。行者得了二宝，跳上云端，谢了哪吒。

（〔明〕杨致和著《西游记》，《四游记全传》
民国刊本影印本1941年4月版，第115～116页）

《飞剑记》节选

第十回
"吕纯阳杭州卖药，吕纯阳三醉岳阳"节选

却说纯阳子两次游岳阳，并无人识，乃曰："岳阳之人，宁无一人知我乎？若有知者，吾当度之。"遂再从其处游玩。又到一酒肆之中，沽酒而饮。吃了酒，乃装作一个醉汉样式，狂不狂颠不颠，背上佩一个小小葫芦，大呼于市。说道："我葫芦内有丹药，起死回生，转老返少。有人出得百金，我把着一粒卖他。"满城之中说道："世间有这样狂人，那一个问他买药。"纯阳子自巳牌时分叫起，叫到午牌时分；东门转过西门，西门转过南门，南门转过北门，北门又转到十字街头。莫说问他买药，话也没人与他答一句儿。纯阳子乃取下背上的葫芦，嘱道："葫芦，葫芦，贮药一壶。无人货卖，要你何为？"遂望空掷去。只见那葫芦奇异，离人有丈余，上也不上去，下也不下来，飘空的悬在那个所在。纯阳子若往东行，葫芦儿才随他往东；纯阳子若往西行，葫芦儿才随他往西。纯阳子站住，那葫芦也站住。众人见了，方知是个神仙，大家却争买其药。纯阳子笑道："吾吕公也。道在目前，蓬莱跬步，抚机不发，当面蹉过。"乃吟诗一首。诗曰：

朝游北海暮苍梧，袖里青蛇胆气粗。三醉岳阳人不识，朗然飞过洞庭湖。

吟毕，遂蹑着一朵祥云，飘飘而举，其葫芦亦随之去焉。

（〔明〕邓志谟著《飞剑记》，
上海古籍出版社《古本小说集成》影印本，第135～137页）

《警世阴阳梦》节选

第四十回 "道人出梦" 节选

且说那回道人。看官们,你说这回道人是那个,姓甚名谁,怎生打扮?但见:

秀眉炯目,五绺髭髯。出言吐词,一身道气。头戴一顶蓝纱翠线纯阳巾,身穿一领四厢帛边鹅黄绢道袍。腰系一条秋香色丝线吕公绦,脚踹着一双方头青云履。手里拿着一个尘尾拂子,挂着一个小小葫芦儿。不是人间说真方卖假药的游食生意,却像那上八洞的神仙法侣。

说这道人是谁?果然是吕洞宾仙师。他是个唐时进士,因有仙风道骨,钟离先生度他。因发愿,世世济人利物不曾脱凡胎的。因此周游天下,遍度众生。明知这老道人阴司将返魂了,被人起谋,要毁坏他肉身,故此来阻住他。可笑这蠢贼道,肉眼不识好人,与他争嚷。这小徒弟悟玄便低头拜道:"多谢师父救命!"这智因在地上挣扎不起,只是偷眼瞧光景,像个不相认的,心里虽是疑惑,口中叫道:"回师父,老神仙!我晓得你有法术的。我都领会了,饶我罢。救我起来,我自去,也让你们在这里方便则个。"洞宾道:"你这个贼道!还只是放刁哩。"把这小葫芦里洒出豆大一个小孩子来,到地上跳几跳,变成四五尺长一个人,且是怪相,生得怕人子。如何模样来?但见:

一搭儿赤发蓬松，直矗起两角尖耸。蓝面色间着红紫斑斑，白獠牙却似刀锯楱楱。闭眼抠嵝不见日，又耳张开好障风。腰间缠着虎皮，头上插枝杨柳。

这怪相原来是洞宾收服的柳树精，跳到地上去，把他尖嘴儿，只管咬这智因，吓得他咯兜兜地战，口里不住地叫苦道：“若是师兄在这里，这样妖怪怎敢来。”叫道：“回师父，足见你的神通广大，智因再不敢冒犯了。”又央这悟玄道：“没奈何，你去替我求告回师父。放我去便了。”回道人对智因道：“你这些打人的英雄，都在那里去了？我又不曾动手，你要起来自起来，你要去自去，那个留你？我不来管你们的闲事，求我怎的？”悟玄道：“老师父，有这样的道术，可知家师如何下落？”洞宾道：“你取一盏净水，放在桌上，待我唤醒了你师父。”那悟玄听得了这句话，便满脸堆下笑来，双手捧着净水递与洞宾。洞宾便手指望空，书符在水里，用杨枝一洒。顷刻间，这老道人面上，渐渐有些光彩，鼻孔里有些微微的气出来，喉咙里觉得有声。洞宾道：“肃静，不要喷声。”一会儿见他双眼开了细缝，双手轻轻转动。悟玄大喜道：“师父醒了也。”洞宾便在葫芦里取出菜籽一般细的一丸红药来，放在净水盏里，灌在肉身口里。这老道人即时苏醒，便能立起行动得了，精神倍常，手足轻健。已是梦里仙过一番，已成道眼，识得洞宾是个上仙，便低头拜道：“小道乃下凡愚夫，蒙大仙救度，何以报答。”拜下。满座清风拂拂，云光冉冉。这回道人把两袖一洒，口里念道：

黄鹤楼前吹笛时，白苹红蓼满江湄。衷肠欲诉无人会，只有清风明月知。

（〔明〕长安道人国清编次《警世阴阳梦》下册，
上海古籍出版社《古本小说集成》影印本，第653～659页）

《警世通言》节选

第十四卷 "一窟鬼癞道人除怪" 节选

风过处，捉将几个为怪的来。吴教授的浑家李乐娘，是秦太师府三通判位乐娘。因与通判怀身，产亡的鬼；从嫁锦儿，因通判夫人妒色，吃打了一顿，因怎地自割杀，他自是割杀的鬼；王婆是害水蛊病死的鬼；保亲陈干娘，因在白雁池边洗衣裳，落在池里死的鬼；在驼献岭上被狱子叫开墓堆，跳出来的朱小四，在日看坟，害痨病死的鬼；那个岭下开酒店的，是害伤寒死的鬼；道人一一审问明白。去腰边取出一个葫芦来，人见时，便道是葫芦，鬼见时，便是酆都狱。作起法来，那些鬼个个抱头鼠窜，捉入葫芦中。

（〔明〕冯梦龙编《警世通言》上册，
上海古籍出版社《古本小说集成》影印本，第516～517页）

第四十卷 "旌阳宫铁树镇妖" 节选

却说孽龙屡败，除杀死族类外，六子之中，已杀去四子。众蛟党恐真君诛己，心怏怏不安，尽皆变去，止有三蛟未变，三蛟者：二蛟系孽龙子，一蛟系孽龙孙，藏于新建洲渚之中。其余各变形为人，散于各郡城市镇中，逃躲灾难。

一日，有真君弟子曾亨入于城市，见二少年，状貌殊异，鞠躬长揖，向曾亨问曰："公非许君高门乎？"曾亨曰："然。"既而问少年曰："君是何人也？"少年曰："仆家居长安，累世崇善。远闻许公深有道术，诛邪斩妖，必仗神剑，愿闻此神剑，有何功用？"曾亨曰："吾师神剑，功用甚大，指天天开，指地地裂，指星辰则失度，指江河则逆流。万邪不敢当其锋，千妖莫能撄其锐。出匣时，霜寒雪凛，耀光处，鬼哭神愁。乃天赐之至宝也。"少年曰："世间之物，不知亦有何物可当贤师神剑，而不为其所伤？"曾亨戏谓之曰："吾师神剑，惟不伤冬瓜葫芦二物耳，其余他物皆不能当也。"少年闻言，遂告辞而去。曾亨亦不知少年乃是蛟精所变也。蛟精一闻冬瓜葫芦之言，尽说与党类知悉。真君一日以神剑授弟子施岑、甘战，令其遍寻蛟党诛之。蛟党以甘、施二人寻追甚紧，遂皆化为葫芦、冬瓜，泛满江中。真君登秀峰之巅，运神光一望，乃呼施岑、甘战谓曰："江中所浮者，非葫芦、冬瓜，乃蛟精余党也。汝二人可履水内斩之。"于是施岑、甘战飞步水上，举剑望葫芦乱砍。那冬瓜、葫芦乃是轻浮之物，一砍即入水中，不能得破。正懊恼之间，忽有过往大仙在虚空中观看，遂令社伯之神，变为一八哥鸟儿，在施岑、甘战头上叫曰："下剔上，下剔上。"施岑大悟，即举剑自下剔上，满江蛟党约有七百余性命，连根带蔓，悉无噍类。

（〔明〕冯梦龙编《警世通言》下册，
上海古籍出版社《古本小说集成》影印本，第1697~1700页）

《三遂平妖传》节选

第四回
"胡永儿剪草为马，胡永儿撒豆成兵"节选

当日胡员外走入堂里，寻永儿不见，房里亦寻不见，走到后花同中，也寻不见。往从柴房门前过，见柴房门开着，员外道："莫不在这里面么？"移身挺脚，入得柴房门，只见永儿在那空阔地上坐着一条小凳儿，面前放着一只水碗，手里拿着个朱红葫芦儿。员外自道："一地里没寻他处，却在此做什么？"又不敢惊动他，立住了脚且看他如何。只见那永儿把那葫芦儿拔去了塞的，打一倾，倾出二伯来颗赤豆并寸寸剪的稻草在地下，口中念念有词，哈口水一喷，喝声道："变！"都变做三尺长的人马，都是红盔，红甲，红袍，红缨，红旗，红号，赤马；在地上团团的转，摆一个阵势。员外自道："那个月的初十边，被我叮咛得紧，不敢变物事，却在这里舞弄法术。且看他怎地计结？"只见永儿又把一个白葫芦儿拔去了塞的，打一倾，倾出二伯来颗白豆并寸寸剪的稻草在地下，口中念念有词，哈口水一喷，喝声道："疾！"都变做三尺长的人马，都是白盔，白甲，白袍，白缨，白旗，白号，白马；一似银墙铁壁一般，也排一个阵势。永儿去头上拔下一条金篦儿来，喝声："疾！"手中篦儿变成一把宝剑，指着两边军马，喝声道："交战！"只见两边军马合将来，喊杀连天。惊得胡员外木呆了，道："早是我见，若是

别人见时，却是老大的事，终久被这妮子连累。要无事时，不如早下手，顾不得父子之情！"员外看了十分焦躁，走出柴房门，去厨下寻了一把刀，复转身来。

却说胡永儿执着剑，喝人马左盘右旋，合龙门交战，只见左右混战，不分胜败。良久，阵势走开，赤白人马分做两下。永儿道："收人马！"只见赤白人马，依先变成赤豆，白豆，寸草，永儿收入红白葫芦儿内了。胡员外提起刀，看着永儿先变成赤豆，白豆，寸草，永儿收入红白葫芦儿内了。胡员外提起刀，看着永儿只一刀，头随刀落，横尸在地。员外看了，心中好闷，把刀丢在一边，拖那尸首僻静处盖了，出那些房门把锁来锁了，没精没彩走出彩帛铺里来坐地。心中思忖道："罪过！我女儿措办许多家缘家计，适来一时之间，我见他做作不好，把他来坏了。也怪不得我，若顾了他时，我须有分吃官司。宁可把他来坏了，我夫妻两口儿倒得安迹。他的娘若知时，如何不气？终不成一日不见，到晚如何不问着甚么道理杀了他？"

（〔明〕罗贯中编次《三遂平妖传》，

上海古籍出版社《古本小说集成》影印本，第65～69页）

第十回
"莫坡寺瘌师入佛肚，任吴张梦授永儿法"节选

三个看时，不是别人，却正是瘌师。张屠道："被你这厮蒿恼了我们半日，你却在这里！"三个急下草厅来，却似鹰拿燕雀，捉住瘌师，却待要打，只见瘌师叫道："娘娘救我则个！"那婆婆从庄里走出来，叫道："你三个不得无礼，这是我的儿子，有事时但看我面！"下草厅来叫三个放了手，再请三个入草厅坐了。婆婆道："我适间好意办酒食相待，如何见了我孩儿却要打他？你们好没道理！"张屠道："罪过庄主办酒相待，我们实不知这瘌师是庄主孩儿，奈他不近道理。若不看庄主面时，打交他粉骨碎身。"婆婆道："我孩儿做甚么了，你们要打他？"张屠、任迁、吴三郎都把早间的事对婆婆说了一遍。婆婆道："据三位大郎说时，都是我的儿子不是。待我叫

他求告了三位则个。"瘸师走到面前,婆婆道:"三位大郎且看老拙之面,饶他则个!"三人道:"告婆婆!我们也不愿与他争了,只交他送我们出去便了。"婆婆道:"且请少坐。我想你三位都是有缘的人方到得这里。既到这里,终不成只恁地回去罢了?我们都有法术,教你们一人学一件,把去终身受用。"婆婆看着瘸师道:"你只除不出去,出去便要惹事,直交三位来到这里。你有甚法术,教他三位看。"婆婆看着三个道:"我孩儿学得些剧术,对你三位施呈则个。"三个道:"感谢婆婆!"瘸师道:"请娘娘法旨!"去腰间取出个葫芦儿来,口中念念有词,喝声道:"疾!"只见葫芦儿口里倒出一道水来,众人都道:"好!"瘸师道:"我收与哥哥们看。"渐渐收那水入葫芦里去了。又口中念念有词,喝声道:"疾!"放出一道火来,众人又道:"好!"瘸师又渐渐收那火入葫芦里去了。张屠道:"告瘸师!肯与我这个葫芦儿么?"婆婆道:"我儿!把这个水火葫芦儿与了这个大郎。"瘸师不敢逆婆婆的意,就将这水火葫芦儿与了张屠,张屠谢了。瘸师道:"我再有一件剧术交你们看。"取出一张纸来,剪出一匹马,安在地上,喝声道:"疾!"那纸马通身雪白,如绵做的一般,摇一摇,立起地上,能行快走。瘸师骑上那马,喝一声,只见曳曳地从空而起。良久,那马渐渐下地,瘸师歇下马来,依然是匹纸马。瘸师道:"那个大郎要?"吴三郎道:"我要觅这个纸马儿法术则个。"瘸师就将这纸马儿与了吴三郎,吴三郎谢了。婆婆看着瘸师道:"两个大郎皆有法术了,这个大郎如何?"瘸师道:"娘娘法旨本不敢违,但恐孩儿法力低小。"正说之间,只见一个妇人走出来。

……

三人辞别了婆婆、永儿,当时瘸师引着路约行了半里,只见一座高山,瘸师与三人同上山来。瘸师道:"大郎,你们望见京城么?"张屠、吴三郎、任迁看时。见京城在咫尺之间。三人正看间,只见瘸师猛可地把三人一推,都跌下来,撇然惊觉,却在佛殿上。张屠正疑之间,只见吴三郎、任迁也醒来。张屠问道:"你两个曾见甚么来?"吴三郎道:"瘸师教我们法术来。你的葫芦儿在也不在?"张屠摸一摸看时,有在怀里。吴三郎道:"我的纸马儿也在这里。"任迁道:"我学的是变大虫的咒语。"张屠道:"我们似梦非梦,那瘌师和婆婆并那胡永儿想都是异人,只管说他日异时可来贝州相助,不知是何意故?"三人正没做理会处,只见佛殿背后走出瘌师来,道:"你们且回去,把本事法术记得明白,明日却来寺中相等。"当时三人辞了瘌师,各自归家。

当日无话。次日吃早饭罢,三人来莫坡寺里,上佛殿来看,佛头端然不动。三人往后殿来寻婆婆和瘌师,却没寻处。张屠道:"我们回去罢!"正说之间,只听得有人叫道:"你三人不得退心,我在这里等你们多时了!"三个回头看时,只见佛殿背后走出来的,正是昨日的婆婆。三个见了,一齐躬身唱喏。婆婆道:"三位大郎何来甚晚?昨日传与你们的法术,可与我施逞一遍,异日好用。"张屠道:"我是本火既济葫芦儿。"口中念念有词,喝声道:"疾!"只见葫芦儿口内倒出一道水来。叫声:"收!"那水渐渐收入葫芦儿里去。又喝道:"疾!"只见一道火光从葫芦儿口内奔将出来。又叫声:"收!"那火渐渐收入葫芦儿里去了。张屠欢喜道:"会了!"吴三郎去怀中取出纸马儿来,放在地上,口中念念有词,喝声道:"疾!"变做一匹白马,四只蹄儿巴巴地行。吴三郎骑了半响,跳下马来,依旧是纸马。任迁去后殿掇出一条板凳来,骑在凳上,口中念念有词,喝声道:"疾!"只见那凳子变做一只大虫,咆哮而走。任迁喝声:"住!"那大虫渐渐收来,依旧是条凳子。

（〔明〕罗贯中编次《三遂平妖传》,

上海古籍出版社《古本小说集成》影印本,第210~222页）

第十一回
"弹子和尚摄善王钱,杜七圣法术刜孩儿"节选

话分两头,却说杜七圣念了咒,拿起刀来刜那孩儿的头落了,看的人越多了。杜七圣放下刀,把卧单来盖了,提起符来去那孩儿身上盘几遭,念了咒,杜七圣道:"看官!休怪我久占独角案,此舟过去想无舟。逞了这家法,卖这一伯道符!"双手揭起被单来看时,只见孩儿的头接不上。众人发

声喊道："每常揭起卧单，那孩儿便跳起来。今日接不上，决撒了!"杜七圣慌忙再把卧单来盖定，用言语瞒着那看人道："看官只道容易，管取这番接上!"再叩齿作法，念咒语，揭起卧单来看时，又接不上。杜七圣荒了，看着那看的人道："众位看官在上!道路虽然各别，养家总是一般。只因家火相逼，适间言语不到处，望看官们恕罪则个!这番交我接了头，下来吃杯酒。四海之内，皆相识也!"杜七圣伏罪道："是我不是了，这番接上了。"只顾口中念咒，揭起卧单看时，又接不上。杜七圣焦躁道："你交我孩儿接不上头，我又求告你，再三认自己的不是，要你饶恕，你却直恁地无礼!"便去后面笼儿里取出一个纸包儿来，就打开撮出一颗葫芦子，去那地上把土来掘松了，把那颗葫芦子埋在地下。口中念念有词，喷上一口水，喝声："疾!"可霎作怪!只见地下生出一条藤儿来，渐渐的长大，便生枝叶，然后开花，便见花谢，结一个小葫芦儿。一伙人见了，都喝采道："好!"杜七圣把那葫芦儿摘下来，左手提着葫芦儿，右手拿着刀，道："你先不近道理，收了我孩儿的魂魄，交我接不上头，你也休要在世上活了!"看着葫芦儿，拦腰一刀，剁下半个葫芦儿来。却说那和尚在楼上拿起面来却待要吃，只见那和尚的头从腔子上骨碌碌滚将下来，一楼上吃面的人都吃一惊;小胆的丢了面，跑下楼去了，大胆的立住了脚看。只见那和尚慌忙放下碗和箸，起身去那楼板上摸一摸，摸着了头，双手捉住两只耳朵，掇那头安在腔子上，安得端正，把手去摸一摸。和尚道："我只顾吃面，忘还了他的儿子魂魄。"伸手去揭起碟儿来。这里却好揭得起碟儿，那里杜七圣的孩儿早跳起来。

（〔明〕罗贯中编次《三遂平妖传》，
上海古籍出版社《古本小说集成》影印本，第256~262页）

《续西游记》节选

第九十八回
"算妖魔将计就计，变葫芦吓怪惊妖"节选

却说丹元长老道向三藏说："圣僧，你一个志诚长老，怎说出妖魔盗你禅杖这句话来？便是我这道院，你看我山门扁上四字，便是有妖魔也不敢近前，想俱是你列位高徒自相引惹，且动问这宝经担子，何必要禅杖扛挑？既用他做扛桃之器，便只扛挑，却每每掣将下来打妖击怪，这岂是取经之事？如今想是此物不与经文同行，到这近路，便弃了它，有何妨碍？"八戒道："老师真，我们掣禅杖，打妖魔，你如何知道？"丹元说："你们行的事，我自知道。"八戒笑道："我们所行你莫不知，这三条禅杖岂有不识？望乞老师真指明在那里，却是什么妖魔精怪偷盗了去？"丹元听了，把头一抬，笑道；"小长老，你要知禅杖在那处，是什么妖魔偷去，当问那殿傍大树上两个乌鸦去要。"行者听了老道这一句，方才举头一望，不觉的机心旋生，就地一纵，凭空直上树枝，便去捉乌鸦。那两精见行者奔来，一翅往前飞去，行者亦变只鹞鹰赶去，紧追不放。那两精乃飞入一空谷，行者也飞入。两精随变了两条小花蛇，从谷后一洞逃走，行者随也变条白练蛇跟来。三条蛇盘搅一处，在个山岭头。鼯精又想计较，行者也动机心，彼此各思变幻。却说三藏与丹元老道相对面坐着，三藏道："老师真，你方才向小徒说

要禅杖问那树上乌鸦要，怎么我大徒弟孙悟空纵跳在空，连那乌鸦两皆不见，却是何故？"丹元乃向袖中取出一个小葫芦，叫："童儿，你可去十里山岭头，若见两条花蛇在那里盘搅，便与我揭开葫芦盖儿，装了它来。"童儿依言，拿了葫芦，去到一个山岭头，果见三条蛇在那里盘搅如斗。鼯精眼快通灵，一见了童子，便复了原形，往岭上一株大树飞走，到梢头驾空去了。童儿揭开盖儿，误把行者变的白练蛇装入，忙走回报与丹元老道。老道接了葫芦在手，向三藏说："圣僧不必虑无禅杖，小道已与你捉了偷禅杖的妖魔来了。"行者在葫芦内听得，道："动劳动劳，捞了老孙来了！"丹元听了，忙揭开盖，行者钻将出来，复了原身，笑道："老师真，我老孙正要使个机心捉妖精，不知怎被你装入这件宝贝。想我当年随师来时，几番被妖魔捉弄，装入甚魔吸魂瓶内，被我老孙设法都打碎了他的。今日不是你童儿为我们捉妖精，老孙也要计算你这葫芦了。如今禅杖尚无下落，妖魔不知何处逃走，你这宝贝空用一番，童儿也该打他个失错。"三藏道："只求老师真设法寻件棍棒，与我们挑了经担去，便是高情。"丹元道："棍棒却难得有，圣僧且耐心在殿堂坐下，我道院既名荡魔，岂有不找着妖魔取了原物还你？"一面叫童儿收拾些菜点斋食，款留三藏师徒，只叫且放心住下。却说鼯精两个往大树梢头飞空逃走，到那石塔寺。这寺久荒废，仅存这座石塔，高有十余丈，下无三尺梯，惟顶上一小门，内却宽阔如屋。鼯精偷了禅杖，送在这塔上，并没个人往来登眺。正是：

蜗涎鸟迹经年有，雾笼云停锡日多。本是高山一片石，壮观梵宇作巍峨。……

蝠妖听了笑道："我闻得当年有东土取经僧路过此地，有个孙行者神通广大，变化多，能降妖捉怪，真惹不得。但你们有五技之能，怎么到此一筹莫展？"鼯精说："计便有一计在此，若三位念一种化生，助我一臂之力，倘夺得他一担经文，也不枉相逢今日。"蝠妖道："二位计将安出？"鼯精道："我计欲变作一车，止可容三担经包，与他们载往前途，得空推而逃走。倘他们追赶找寻，借三位恶咤咤的雄威，手执着锋利利的兵器，料唐僧们手无器械，怎敢打斗？"蝠妖道："此计甚好，但恐那老道与孙行者识得是我们假变,弄起神通本事,如之奈何?"黯精道:"我们执了兵器远远防备,料他赤手空拳不敢。"黯精计定。却说三藏师徒吃了老道斋供,乃向老道求借挑经器物。老道说:"童儿可与孙长老看守着担子,我与他寻妖魔找禅杖去也。"丹元与行者出了山门,正才四望,只见远远两个汉子,推着一辆大车前来。丹元看见,乃向行者道:"小长老,你看那两个汉子推辆车子前来,若是载得你经担,倒方便前行,这禅杖也不必找寻罢了。"行者道:"老师真,这车儿知道可是便路去的?就是便路。又不知可载得起?便是载得起,知道可远行?到了前途,终是没有禅杖方便。"丹元道:"小长老不要想禅杖吧,但看这车子可肯远送?"行者道:"且待他来再作计较。"只见那车子近前,丹元老道见了,冷笑起来道:"孙长老,你可识么?"行者也笑了一声道:"老师真,我小僧大胆要将计就计,弄过机变心肠儿了。"丹元道:"你的机变虽好,只是我这荡魔道院怎肯容他?也罢,前计依你,后计在我。"乃走入院内,随行者主张。行者乃叫一声:"推车的汉子,你车子可肯载担包?"黯精道:"专以载货物为业,长老有何担包装载?"行者道:"有三担经文。"黯精道:"载得载得,但不知载到何处?"行者道:"随路远载,只到东土交界也可。"黯精道:"载去载去,只要工价日食。"行者道:"有,有。"乃进入殿堂,向三藏道:"师父,禅杖没处去找,妖魔也没处可寻,今有便车推了去吧。"三藏道:"如此,却弃了禅杖,免得你们复动无名。"八戒笑道:"省了老猪力,免了肩头痛也。"丹元老道乃向三藏耳边悄语道:"圣僧,我已知此车乃妖魔之计,你孙徒弟要将计就计,但计一识破,必然打斗起来,我有此葫芦,你可袖在身边,如妖魔难斗,可将此宝汲服他,我自有童儿来取。"三藏接了藏在衣袖。只见行者忙把马垛柜子背上,叫师父押着前行,他把六个经担都载在车上,一齐辞谢丹元老道,出门上路前行。那老道向行者耳边如此如此,行者道;"放心放心。"师徒们走了三十余里路,那黯精歇住车道:"师父们,你腹中可饿?"行者道:"我尚肚饱。"八戒说:"我便有些想斋饭了。"那黯精忙在车子上解下几个馍馍来,八戒便抢两个来吃,被行者一手夺住道:"呆子,也不管个生冷荤素,我看这一馍乃荤物包的,莫要乱吃。"八戒听得是荤的,乃剥开一个,果然腥气难闻。魕精见行者识破他计，暗夸孙行者果是神通，只得又推了三十余里，却来到一条岔路。妖精就把车子转推往岔路飞走，行者忙双手扯住道："我们东行大道。你如何不走，却推入这小路旁途？"魕精那里答应，推着直走，八戒、沙僧叫声："师父，且扯着马驮的柜子，这推车子的从逆路推去，多管是妖魔夺担包也。"三藏道："徒弟，只恐他走熟了的路，我们随他的是。"行者道："师父你不知，老孙久已知道了，八戒、沙僧快来扯住。"八戒，沙僧方才来扯，只见那岔路内荒僻无人，忽然三个凶恶汉子手执着大刀阔斧，大叫道："押经的和尚，快把经文留下，放你残生去吧。"八戒见了道："我说没有禅杖，将什么挡他的刀斧，这分明孙猴精叫的推车汉。"行者道："呆子，不要怨我，这妖精们纵然凶恶，也要替我们推几程路方才饶他。"乃一手揪住一个推车的汉子道："你老老实实供出，是甚么妖魔？偷了我们的禅杖藏在何处？如今又假变推车来诈骗经担！"行者一面说，一面抡起拳头就打，魕精也不慌不忙，向车子上抽下两条车棍来，随变作枪，直来刺行者，那蝠妖变的凶汉也舞起刀斧来。行者见了，忙走到三藏前道："师父，丹元老道与你的宝贝快把与我。"三藏道："徒弟，你如何得知？"行者道："出山门悄语便是此事。"三藏乃于袖中取出一个葫芦递与行者，八戒见了道："没了禅杖，看那刀斧厉害，没的挡抵，这会取出个葫芦儿来，不知卖的谁家药？"行者接了葫芦，方才要揭盖，那魕精眼快，见了葫芦，丢了车子，一阵风走了前途去了。行者揭开葫芦，那三个蝠妖被葫芦吸入，行者忙盖了，摇几摇道："这宝贝到好耍子，且骗了老道的带在路上捉妖精。"正才要拴在腰间，童儿早已站在面前笑道："小长老，这宝贝骗去不的，我老师父叫我来取也。"行者吃了一惊道："葫芦已还了师父。"童儿乃向三藏取讨，三藏道："悟空，莫要存此欺心，丹元好意借与我们捉妖，救了战斗，保了经文，快还与他。"行者道："一个小葫芦能值几何？我有两匹布不曾做衣穿，与你童儿换了吧。"童儿道："小长老，你若不还我葫芦，我师父曾说来，若是孙行者不还葫芦，叫我念起咒来，便火烧身体，你休懊悔！"行者道："你念你念，我老孙也有咒儿灭火。"童儿乃念动咒语，果然葫芦在行者腰间如火烧的腰痛不可忍，行者要使个机心，三藏道："徒弟只因你好使机心,十万八千里越走越远,越过妖魔,如今又要使什么机心。"
行者不言。乃向地下取起一楛树叶执在手中,念念有咒,顷刻变了一个小葫
芦。但见:

> 两节圆圆大小分,坎离上下合乾坤。中藏三品灵丹药,此宝尝随不二门。

三藏见了道:"悟空,丹元老道葫芦乃是久修炼就,荡魔装怪之宝,他
已着童儿取去,你却又变个假的何用?"行者道;"师父,此正徒弟机变心
肠,有处用也。"乃向三藏耳边悄语两句话。却是何话,且听下回分解。

(〔明〕佚名著《续西游记》第四册,

上海古籍出版社《古本小说集成》影印本,第1733~1748页)

第九十九回
"灭机心复还平等,借宝象乘载真经"<small>节选</small>

比丘僧同灵虚子走入庙门,只见一个老和尚坐在那殿门,远远见他两
个,忙迎出来道:"二位师父,似远方到此,请殿上一茶。"比丘两个走入
殿中,不见圣像,乃向长老稽首,便把灵山下来的话说出。那老和尚问道:
"二位师父既是灵山下来的,可知东土有几个取经僧人,曾到得灵山取得
经么?"比丘僧答道:"老师,你如何知道东土取经僧人?"老和尚说:"我
这地方远近那个不知?只因当年宝象国出了几个妖魔,被取经僧人扫荡了,
至今老老少少无不感念,但遇着人家有甚邪魔怪异,便说等得那取经圣
僧来。日久说来,便有几分灵异,或是把圣僧书写名字的贴在门上,邪魔
多有避去。如今我这庙堂内,往年安静,不知近年来哪里来了几个妖魔,
要求祭祀,白日见形,都是些恶咤咤像貌,地方有祭祀,他便不去作威福。
我僧众被他吵闹,每日念取经圣僧,便是书名画符也灭他不得,只等圣僧
取经回还,往我近处地方路过,请他降妖捉怪。"比丘僧问道:"如今妖魔
在何处?我这同来道友,也善捉妖降怪。"老和尚道:"爷爷呀,那妖怪念
着取经圣僧也不怕,这道友老爷怎能避他?幸善这两日不知何处去了,若
是在庙中,我老和尚半字也不敢提他。"灵虚子道:"书名念的却是那个

圣僧？"老和尚道；"闻知当年神通广大叫做孙大圣，乃取经圣僧的大徒弟。"灵虚子道："是便是了，只是如今他不似当年，只因取了真经，缴了降妖捉怪的兵器，息了杀生害命的恶心，便是遇着妖魔，只凭着一个机变，如今连机变也将次不使，若是路过此地，只怕不暇与你灭妖。"老和尚道："老爷，你既善除妖，就求你做个方便，若除了妖，也免得吵闹我这庙堂，与地方作些功果。"灵虚子道："妖魔来时，我当与你扫除，只是借你一间静室安住。"老和尚乃引着比丘两个到殿后僧房住下，不题。却说骊精丢弃车子，两个往前计议道："三番两次算计孙行者不成，三个蝠妖又被老道葫芦捞去，如之奈何？"大骊精说："四计不成，还有五技。我们且变了车子主人，取讨唐僧车子。他没了车子，终是经担难去。"小骊精依言，一个变作老汉，一个变作后生，飞走上前，赶上唐僧，一手扯着马垛，道："何处长老？你贩货物，如何推我车子？推来快还了我，免送到官，不然扯了他马垛子去，料这匹马也值的这车子。"三藏道："老人家，你问那推车子的去要，如何扯我的马垛？"老汉道："不去寻他，只问你要。"三藏忙叫道："徒弟们，慢些走，这老人家乃是车主来讨了。"行者听得，乃走回看着老汉道："老人家，这车子如何是你的？"老汉道："这地方没人家有，惟我家打造的。物各有主，你是何方和尚？贩买贩卖，希图生利，却偷我车子？"一面说，一面去扯车子。行者把慧眼一照，笑道："这妖魔恶心未改。"乃把假葫芦腰间取出。那骊精一见飞星走了。走到一个山坡下，计较道："算计不过这毛脸和尚，怎么葫芦在他身边？访的已装了三个蝠妖，被个道童捞去，这却又是那里来的？"正说间，只见童儿取了行者真葫芦，走到山坡来。两个骊精见了忙计较。一个变了丹元老道，一个隐着身。童儿一时眼错，乃走近前道："老师父，何以在此？"骊精道："我见你久不回来，特到此迎你。你去讨葫芦，如何被孙行者骗去？"童儿道："不曾骗去，见吸了三个恶咤咤妖魔来了。"骊精道："葫芦盖儿要牢拴紧了。"童儿乃取出来道："拴的紧。"骊精接过手来，把盖子一揭，那三个蝠妖顿时走出，一阵风走去，童儿见师父揭盖走了妖魔，忙来拴盖，被骊精变转面皮，就要抢夺葫芦。童儿忙念动咒语，葫芦如火，骊精疼痛难当，丢下地来，童儿拾起开了盖，把个假老道一吸入葫芦，这隐身的小齇精也一阵风逃去。童儿只得装了大齇精到道院，把葫芦交与师父。丹元笑道："这妖精变的我好，且叫他在葫芦内过几春。"却说小齇精走到前途，却好遇着三个蝠妖慌慌张张赶路，见了齇精问道："大齇如何不来？"小齇说："他诱哄童儿，揭盖走了你们，他却被葫芦吸去。"这叫做：

使却机心愚稚子，谁知自陷入葫芦。万事劝人休计较，从来好事不如无。

三个蝠妖听了道："多亏你大齇做了我们替头，终是可恨唐僧的徒弟使这机变心肠。如今说不得，叫做一不做，二不休，料他离了郡国，必到五蕴庙前过。我弟兄三个久在庙中作威作福，要求地方祭祀，如今且回庙，再设个计策，夺了车子还你，抢他的经文柜担，叫他师徒空向灵山求宝藏，何能东土济群生！"小齇精听得说："三位作何计策？"蝠妖说："我兄弟原有五个，我三个在庙间，还有两个在东路五庄观做道童，如今我三个变做三只宝象，你便可变做个象象的，在庙堂大泽中，只待唐僧没了车子，那时必借我等驮经，乘隙拐他的担子，有何不可？"齇精大喜，乃随着三个蝠妖走回五蕴庙。正要作威福，只见殿后祥光万道，瑞气千条，妖魔见了吃惊道："我只因两日外游，被孙行者捉弄，不知这殿后何事发这毫光？"乃隐着身来看，原来是两个僧道在内打坐。齇精见了，乃问蝠妖说："观这两个僧道，必是久修有道行的正人，虽然我们邪不敢犯他，但不知他可有些神通本事？或是外貌有些毫光灵异，中心没甚神通，待我们捉弄他一番，便好设计夺唐僧的车子。"蝠妖道："将何法捉弄他？"齇精说："僧道家非贪即嗔，我同你四个变个酒色财气四种邪气，捉弄他乱了心性，这毫光消灭，那僧屋也难安。"蝠妖道："酒无用处。财易动贪，色必起淫，我们变这两宗试他，料他必入我们之计。"妖精说罢，乃变了两个美妇，手捧着两贯钱钞，走近后殿敲门道："老师父开门。"只听得殿内那僧道叫一声："妖魔休得错用心机，堕落轮回六道。"齇精见殿门不开，僧道在内说破了他计，乃退出庙门，专等取经的唐僧来到。却说行者假葫芦吓走了齇精，三藏道："悟空，你这机心虽妙，但恐妖魔知道是假，少不得再来要车子，却将何计算他？"行者道："师父，只走正路，莫要多疑，你看那前面树林中，殿宇巍峨，必然是座庵观寺院。"八戒道："近前去看，若是座寺院，我们且住下，问东土路程尚有多少？"行者道："何必问，我老孙已知不远。只是这车子，妖心未忘，恐夺将去，我们又要寻担子挑。"三藏道："悟空，计骗了来的车子，我心亦未安。"行者道："师父，便是我徒弟也不安于心，只因妖魔三番五次计算我们，不得不将计就计。如今借车子之力，已走了数百里程途，若妖魔明明的来取，我老孙何苦留他的？"师徒正说，只见五蕴庙在前，三藏远远看山门一匾，上有三个"五蕴庙"大字，乃向行者道："悟空，这庙堂齐整宽大，正好安住一日。"行者道："八戒、沙僧，快把车子推起。"却不防鼯精与蝠妖变了几个汉子，走近前来，一手扯住道："那里来的贩货物僧人，岂不知我这庙宇街道不许推车碾坏，趁早卸下。"三藏听得，忙叫道："八戒、沙僧，且停着莫推，这众人说得是。"行者笑道："师父，这分明是取讨车子的又来了。"八戒道："你那宝贝儿在那里？何不取出来吓他。"行者忙向腰中取出假葫芦，鼯精见了笑道："长老非医非道，葫芦药卖谁家？这物非你手中拿，想要吸妖怪，我们不怕他。"

行者见葫芦被妖魔说破，无计退他，乃叫八戒卸下车子。这汉子便你推我扯，把车子推到个空地。三藏忙叫八戒扯住玉龙马垛，也卸下柜担，叫徒弟们看了。他却整了褊衫，走入山门。

（〔明〕佚名著《续西游记》第四册，
上海古籍出版社《古本小说集成》影印本，第1753~1763页）

《聊斋志异》节选

卷一 "画皮" 节选

明日，使弟二郎奔告道士。道士怒曰："我固怜之，鬼子乃敢尔！"即从生弟来。女子已失所在。既而仰首四望，曰："幸遁未远。"问："南院谁家？"二郎曰："小生所舍也。"道士曰："现在君所。"二郎愕然，以为未有。道士问曰："曾否有不识者一人来？"答曰："仆早赴青帝庙，良不知。当归问之。"去，少顷而返，曰："果有之。晨间，一妪来，欲佣为仆家操作，室人止之，尚在也。"道士曰："即是物矣。"遂与俱往。仗木剑，立庭心，呼曰："孽魅！偿我拂子来！"妪在室，惶遽无色，出门欲遁。道士逐击之。妪仆，人皮划然而脱；化为厉鬼，卧嗥如猪。道士以木剑枭其首；身变作浓烟，匝地作堆。道士出一葫芦，拔其塞，置烟中，飂飂然如口吸气，瞬息烟尽。道士塞口入囊。共视人皮，眉目手足，无不备具。道士卷之，如卷画轴声，亦囊之，乃别欲去。

（〔清〕蒲松龄著，张友鹤辑校《聊斋志异会校会注会评本》上册，

中华书局1962年7月版，第121~122页）

《锋剑春秋》节选

第四十三回
"战南极海潮倚众，放毛奔风火施威"节选

却说王禅、王敖、白猿三人，上前助阵，早有二十三家真人，一拥上前，团团围住。各举兵器，杀将上来。真是寡不敌众，杀得王禅等筋疲力乏，汗透遍体，招架不住，闯出重围，往下败走。各洞真人齐催坐骑，如前一色，仍将三人等困住。王禅说声"不好，我看这个光景，有些受敌，诚恐闯不出去。"王敖答道："彼众我寡，似此被困，岂可以待毙，不如拚命罢了。"说毕，抡开钩天如意，往前硬闯。白猿展动通天尺，王禅挥起纯乾剑，三人舍死忘生，杀得各洞真人，纷纷招架不迭。就中恼着火龙真人，忙把葫芦盖揭开，滚滚红光，喷出九条火龙，张牙舞爪，直望王禅等飞奔而来。王禅一见，口中念念有词，将剑一摆，忽见波涛滚滚，火龙一见水，亦不能施威。水磨真人大怒，即时打开撒水幡一展，洪水全无。王禅一见大惊，又见火龙飞奔前来，不能抵挡，即刻跳下梅花鹿，借土遁而逃。

（〔清〕无名氏撰《锋剑春秋》下册，
上海古籍出版社《古本小说集成》影印本，第760~761页）

第四十九回
"众仙斗法败无当，五老施法困南极"节选

却说绿眉仙同着东方朔镇守正东上那座杏黄旗，见海潮老祖扑至跟前，绿眉仙不敢怠慢，催开白鹿，举杖大喝："海潮老祖休得走我的汛地，贫道在此久候多时。"海潮圣人闻言，大怒道："来者那洞妖仙，敢前来拦我的去路！"绿眉仙冷笑道："我乃海外真修绿眉仙，是我奉南极老祖的调遣，镇守此处。你知我的利害，早早往别处出去，两家免伤和气。"海潮圣人笑道："你这无名的野道，怎敢擅发狂言。你休走，看我取你性命。"两手杖剑，照头就砍，绿眉仙催鹿，用杖急架相还。他二人剑来杖去，各逞英雄，经战二十余回合，胜败难分。海潮老祖大怒，顺手在怀中取出宝贝，名惟拘仙锁，祭在空中，便大喝一声："看吾宝贝伤你！"绿眉仙仰首观看，一见明晃晃一把拘仙锁，比门扇还大，竟奔绿眉仙顶门打下来。再晃两晃，喝一声疾，□□□□□。东方朔看见，腰间取出消宝葫芦，把盖揭开，连晃两晃，喝一声疾，只见葫芦里冲出一道白光，飞起空中，竟奔拘仙锁，连绕三绕，此宝就落下尘埃，不能变化。海潮圣人大怒，道："好东方朔，用什么邪法，破我的宝贝。"绿眉仙看见东方朔吼，伏剑冲杀上来，东方朔迈如棱，往来抵敌。那绿眉仙看见东方朔破了法宝，心中大喜，即将杏黄旗连展三展，把那打仙杖在旗上又晃三晃，从半空中飞舞滚将下来。海潮圣人一见，吃了大惊，圈回脚力，往下败走。

（〔清〕无名氏撰《锋剑春秋》下册，

上海古籍出版社《古本小说集成》影印本，第888~889页）

《女仙外史》节选

第十一回
"小猴变虎邪道侵真，两丝化龙灵雨济旱" 节选

　　道士大忿，心下想道："不用法宝，结果他不得。"腰间解下个小合盘葫芦来，托在掌中，道："你既有神通，可知道葫芦内是何物？猜着了算我输！"月君注神一看，道："是个小猴儿。"只应声"真个是"，已将葫芦一倾，跳出个枣大的小猴儿，霍地变成一只斑斓猛虎，竟向月君扑来。月君把手一指，那虎退了数步。吐出剑炁，在虎身上一拂，鲜血冒起，分为两截。

（〔清〕吕熊著《女仙外史》第一册，
上海古籍出版社《古本小说集成》影印本，第250~251页）

第七十二回
"妖道邪僧五技穷，仙姥神尼七宝胜" 节选

　　军师勒马歇息，查点将佐，郭开山、宋义、曾彪皆受重伤，军士受伤者二千余名。亏他个个善于躲闪，不致打着要害。死者止三十一人，马毙者八十余匹，伤者六百有奇。忽而一个葫芦从空坠下，中间跳出两个妇人，乃

是公孙仙师与范飞娘，向着军师道："马被打倒，只得借着壶中天走了。这妖术利害，须请鲍、曼二师米，方可合力破他。"军师应道："我早已具疏奏请，若按程行时，还未能到。"公孙大娘道："这容易，我们径去请来便是。"军师致谢了。随又跳入葫芦，登时不见。

（〔清〕吕熊著《女仙外史》第四册，

上海古籍出版社《古本小说集成》影印本，第1698~1699页）

《池北偶谈》节选

卷二十三"谈异四·静宁州道士"

陕西静宁州一道士，卖药于市，手持小葫芦，修广仅寸许，倾之，得土数升，皆成金丹，以予病者，立已。求者日众，不能给，以麈尾一挥，人人袂间各得三粒。一日以小瓢贮丹，任人自取，极力多攫，止得三粒。数百人悉得药，而瓢仍不空。后不知所之。

（〔清〕王士禛撰，勒斯仁点校《池北偶谈》，《清代史料笔记丛刊》，

中华书局1982年1月版，第567页）

《说岳全传》节选

第七十六回
"普风师宝珠打宋将，诸葛锦火箭破驼龙"节选

再说普风借金光逃回营中，将丹药敷了伤痕，一时便不疼痛。进帐来见兀术道："僧家今日与南蛮交战，被他破了宝珠，故此败回。"兀术道："似此屡屡失利，何日方能抢得宋室江山！"普风道："太子放心！看今晚僧家必将这些南蛮杀一个尽绝，方泄我今日之恨。"兀术道："这些小南蛮，十分凶恶，国师怎能杀得他个干净？"普风道："僧家当日投师披剃，吾师曾赐我一件法宝：有五千四百零八条驼龙，能大能小，收在葫芦内，专一吃人精髓。今晚待僧家作起法来，将宋营数十员将官，连那二十万人马，吃他一个干干净净，以报今日之仇。"兀术听了大喜，吩咐小番摆设筵宴，与国师预庆大功。小番领令，遂即搬上酒肴，兀术与普风对酌，直至天晚。

普风辞了兀术，回到自己营中，摆下香案，桌上供着一个葫芦。普风口中念动真言，将葫芦上盖揭去，道："请宝贝出来。"只听得葫芦内哄的一声响亮，犹如蚊虫一般，飞将出来，起在空中。霎时间，每条变成数丈长，栲栳大小身躯，眼射金光，口似血盆，牙如利刃。这五千四百零八条驼龙，在空中张牙舞爪，直往宋营中冲来。

……

看看天色已晚，那金国国师普风又将葫芦盖揭开，放出驼龙。亲自坐马，手执葫芦，随后来到宋营。到得沟边，那些驼龙闻着血腥之气，都落在沟渠中来吃血，你压我，我压你。诸葛锦见了，吩咐放起号炮。那三千伏兵听得炮响，一齐施放火箭鸟枪，登时烧着芦苇，火光冲天。埋在地下的火炮一齐发作，乒乒乓乓，打得烟飞灰乱。普风慌忙作法，想要收转驼龙，那晓得经了污秽血腥，飞腾不起，将五千四百零八条驼龙，尽皆烧死于沟渠之内。普风在黑暗之中被乱箭射中了三四箭，逃回本营来，拔出箭头，用药敷好，思想："这场大败，又伤了驼龙，何颜去见兀术！不如且回山去，再炼法宝，来报此仇。"主意定了，也不去通知兀术，连夜回山去了。

（〔清〕钱彩编次《说岳全传》第四册，
上海古籍出版社《古本小说集成》影印本，第1750～1756页）

《绿野仙踪》节选

第十回
"冷于冰食秽吞丹药，火龙氏传法赐雷珠"节选

……真人从身边取出小葫芦一个，又木剑一口，付与于冰道："此葫芦亦吾锻炼而成，虽出于火，却能藏至阴之气物。你可到明年八月，去湖南安仁县城外柳家社，乃妖鬼张崇等作祟之地。"遂说与如何收法。又道："你若得此，总不能未动先知，而数千里内外事，差伊等探听，亦可明如指掌。木剑一口，长不过八九寸，若迎风一晃，可长三尺四五。此剑乃符咒喷噀，能大能小，非干将莫邪之类所能比拟其神化也。授你为异日拘神遣将逐邪之用。"

（〔清〕李百川著《绿野仙踪》第一册，
上海古籍出版社《古本小说集成》影印本，第215页）

第十一回
"伏仙剑柳社收厉鬼，试雷珠佛殿诛妖狐"节选

雷火珠过处，数十堆磷火全无。于冰将手一招，此宝即回；再看二鬼，已惊倒在地下。于冰大喝道："些小游魂，何敢扰乱乡村，伤残民命！"二

鬼扒起，连连叩头道："小鬼等原不敢肆行光天化日之下，只因出母胎时，年月日时都犯着一个癸字，实赋天地之恶气而生，今魂魄无依，潜聚在这柳树瞳游戏。仰恳法师，谅情垂怜！"于冰道："本该击散魂魄，使尔等化为乌有。但念在再四苦求，姑与自新之路，此后要听吾收管，不拘千里百里事件，差你两个打听，俱要据实回复。功程完满，我自送你们托生富贵人家。"二鬼又连连叩头道："小鬼等素常皆会御风而行，一夜可往来千里。既承法师开恩收录，谁敢不尽心竭力，图一个再转人身！"于冰听罢，着二鬼报名，以便差委。二鬼自陈：一叫张崇，一叫吴渊。于冰道："张崇可改名超尘，吴渊可改名逐电。"随向腰间解下火龙真人与的葫芦儿，用手行起，默诵真言，喝声："入！"但见二鬼化为二股黑气，飞入葫芦内来。于冰将口儿塞住，系在腰间，又将木剑用法收为一尺长短，带于身边，仍悄悄地回到原处睡觉。

（〔清〕李百川著《绿野仙踪》第一册，
上海古籍出版社《古本小说集成》影印本，第227~229页）

第十四回
"救难友知州遭戏谑，医刑伤城璧走天涯"节选

……入洞坐下，细想道："祖师教我周行天下，广积阴功，我该从那个地方周行？"猛想起当年到山西，遇一连城璧，虽系侠客，却存心光明磊落，我爱其人；承他情送我衣服、盘费，心意极其诚切。屈指整十个年头，我在这玉屋洞修炼，家间妻子未尝不思及，然随起随灭，毫无萦结，惟于他，倒不能释然。我如今要遵师命下山，却心无定向，何不先到范村一行？但他这十数年，生死迁移，均未敢定；自柳家社收伏二鬼，从未一用，我何不差他先去打探一番？他若在家，便去与他一会，就近游游山西五台，完我昔年志愿，再周行天下未晚。想罢，将葫芦取出，拔去塞儿，叫道："超尘、逐电何在？"只见葫芦内起一股黑烟，烟尽处二鬼站在面前。于冰道："我自收伏你们以来，十年未尝一用，究不知你们办事何如。今各与你们符篆二

道，仗此可白昼往来人世，不畏惧太阳。此刻速去山西代州范村，查访连城璧生死存亡。我再说与你们：他即改名易姓之张仲彦也。看他在家没有，禀我知道。"二鬼领命，御风而去。至第五日午间，二鬼回来，禀覆道："小鬼等奉命先到代州范村，查知连城璧即张仲彦，问他家中溜井灶诸神，于今岁六月初，去陕西宁夏县看望他哥哥连国玺。小鬼等便去宁夏，问彼处土谷诸神，言三月间，连国玺因盗案事发，被地方官拿送山东泰安州，不知作何归结。小鬼等又到泰安，始查知他弟兄二人前后事迹。"遂详详细细向于冰说了一遍。又道："连城璧等巡抚审后，仍令解回泰安，前日已从省城起身，今日大要还在路上行走。"于冰将二鬼收入葫芦内，叹息道："连城璧虽出身强盗，他肯隐居范村，尚不失为改过知机之人。只可惜被他哥哥连累，今拼命救兄，也还是义不容辞的事，并非去做强盗可比。我若不救，城璧休矣！"于是将猿不邪叫至面前，并吩咐道："我此刻即下山，或三五年十数年回，我也不能自定。洞内有紫阳真人《宝箓天章》一书，非同儿戏。吾虽用符咒封锁在丹房，诚恐山精野怪，或明夺暗取，你无力对敌，今授你吸风吹火之法，妖魔逢之，立成灰烬。你再用本身三昧真火一炼，久暂皆可随心应用。再授你指挥定身法，并借物替身法，你有此三法，保身降魔有余，也是你在我跟前投托一场，以酬你十年采办食物，昼夜勤劳。你若仗吾法混行人间，吾惟以雷火追你性命！"猿不邪大喜道："弟子蒙师尊大恩收录，不以畜类鄙薄，已属过望；今又蒙赏赐仙法，何敢片刻出离洞府，自取灭亡！"于冰一一传授口诀，并以手书符指法，不邪顿首拜受。于冰又道："嗣后若差二鬼回洞，你切莫视为怪物，擅用神火，他们经当不起。"不邪道："弟子从未与二鬼识面，须一见方好。"于冰从葫芦内叫出二鬼，二鬼显形。不邪见其形貌凶恶，亦稍有畏缩之心。于冰道："尔等从今识认，日后亦好往来。"说罢，收了二鬼，走出洞来。

（〔清〕李百川著《绿野仙踪》第一册，
上海古籍出版社《古本小说集成》影印本，第295~300页）

第一百回
"八景宫师徒参教主，鸣鹤洞歌舞宴群仙"节选

东华道："我适在半空，见此洞台榭参差，山亦金碧掩映，洞外禽兽珍奇，草木殊异，不愧为瑶池玉女所居之地，冷于冰宜永志王母隆施；若对面山上再得琼楼玉宇，相为照映更佳。"说着，从袖内取出杂色玉，大小数十块，包在一锦袱内，向对面山上掷去；金光过处，化作三间五色玉楼，安设在层崖峭壁之上，辉煌炫耀，日光一夺。众仙皆极口誉扬，于冰叩谢。南极笑向东华道："你这老儿，明知我一点物事未曾带来，故意在普惠前作弄我；你既送他玉楼三座，我怎好白吃他的饮食？我想玉楼中，必须有鸾鹤出入方好。"说罢，用手向空中连招几下，顷刻飞来青鸾、彩凤二只，玄鹤一对，盘桓飞舞在玉楼上下。于冰亦叩谢。东华道："我们移席到玉楼一饮，何如？"众仙道："正欲游览，瞻仰圣作。"铁拐先生道："我无一物赠普惠真人，这搬移桌椅之劳，我代了罢。"随将腰间葫芦儿解下，拔去塞儿，里面出一股青烟，青烟内跳出二三百个小铁拐先生，将桌椅连杯盘抬起，飞上玉楼，照就摆设停妥，众仙大笑。铁拐先生将葫芦儿一摇，三百小铁拐仍化青烟，入葫芦内。众仙又笑。

（〔清〕李百川著《绿野仙踪》第五册，
上海古籍出版社《古本小说集成》影印本，第2436～2437页）

《异说后唐传三集薛丁山征西樊梨花全传》节选

第三十三回
"樊梨花登坛点将，谢应登破烈焰阵" 节选

再言梨花自代人马跨下将台，拿了黄龙旗，出了营打进中央。只见阵中烈火焰焰，四面通红。梨花难进阵中，心中想起师父与我金钱，何不祷告，请得仙人，好进阵中。口中念动："金钱一个，祖仙传下，特请仙人消灭烈火，焚香拜告。"念毕，忽然一朵红云，落下来了一位仙人，手执宝剑，头戴漂巾，白面五绺长须，布衣道服，来见梨花。樊梨花看见，连忙稽首说道："大仙留名。"答道："小仙乃蓬莱山散仙谢应登，此来助你破阵。"梨花道："既蒙大仙下降，快请入阵，消灭烈焰，速擒妖道。"大仙听了，解下背上葫芦，揭开水晶盖，放出雪白一敕亮光，变成四条白龙，张牙舞爪，你看满天乌云，落下倾盆大雨，将烈火淹灭了。朱顶仙看见他破了法，大怒，冲将出来……

（〔清〕如莲居士编《异说后唐传三集薛丁山征西樊梨花全传》，

上海古籍出版社《古本小说集成》影印本，第240页）

《薛家将·薛刚反唐》节选

第八十二回
"唐魏公命将救将，谢映登以法破法"节选

李定闻知，上马出营。李定一见白文龙，心内明白，遂拍马挺枪来战。战了片时，谅不是他三人的敌手，回马就走。文龙高喊道："不可追他，他有邪法！"雄坝不听，只是追赶，被李定放出那六个纸人，随风变成六个金刚大汉，来拿雄坝。雄坝把方槊打去，这六个大汉反把方槊夺去。雄坝慌忙就走，六个大汉大踏步赶来。只见树下一个道人，手提宝剑，高叫："雄将军，不必惊慌，贫道乃青峰山谢映登在此！"雄坝听了，便叫："老师，方槊被他夺去了！"映登道："不妨。"见六个大汉追赶切近，忙在袖中取出葫芦，倾出六粒红豆，就地一滚，变成了六个火球，就将六个纸人烧了。李定大怒道："你这野道，焉敢破俺的宝贝！"把枪刺来。谢映登用手一指，用定身法定住了，人马皆不能动。三将随即上前捉住。谢映登道："李将军，贫道是谢映登。目今武则天气数将尽，庐陵王该兴，你速归降，日后富贵长久，不可自误。"李定听了，遂叫声："老师，弟子愿降。"

（〔清〕如莲居士著《薛家将》下册，《中国古典将侠小说精品集》，

中国文史出版社2003年2月版，第805页)

第八十三回
"群臣大战破周兵，罗昌投军暗助唐" 节选

　　且说武三思败走下来，忽见一队人马远远而来，乃是大将何昌奉武则天命令，特来相助，武三思大喜，合兵一处。次日，何昌领兵至山下讨战。薛刚冲下山来，两马相交，战了数合，何昌回马便走，薛刚领兵赶来。何昌回身把肩上葫芦盖揭开，口念咒语，见一道红光直冲云汉，飞出一条金鱼，在空中一滚，变成一条火龙，角中眼中爪里鳞内尽放出火来，烧得唐兵大败而走，俱往山上跑去。何昌得胜，收了火鱼回营。三思道："孤在营前观看，将军之法，天下少有。当初何人传授此法？"何昌道："昔日遇一道人，名曰真玄祖师，传授此法。"三思遂摆酒贺功。

　　……

　　一日，武三思令何昌出马，父子二人同去。何昌带了葫芦在前，罗昌在后，领兵到山下讨战。小军报上山来，庐陵王一闻何昌讨战，早有三分惧怕，徐美祖道："不妨，今日管叫一战成功！"就令薛刚下山。薛刚一马冲下山来，并不答话，径与何昌交战。战了三十余合，何昌回马便走，薛刚拍马追赶。何昌急把葫芦盖揭开，念动咒语，鱼在葫芦内往上一跳，沾着犬血，在内乱跳一阵死了，一声响亮，葫芦粉碎。何昌大惊失色。后面罗昌叫声："老贼！你道我是何人，吾乃大唐越国公罗成曾孙罗昌是也，不过入你贼穴，破尔火鱼，取尔首级，你当我是何人！"

　　何昌闻言大怒，举刀便砍。罗昌架开刀，照前心把枪刺来，正刺何昌于马下。薛刚上前取了首级，杀散周兵，打得胜鼓，一同上山。

　　（〔清〕如莲居士著《薛家将》下册，《中国古典将侠小说精品集》，

中国文史出版社2003年2月版，第806~808页）

《后红楼梦》节选

第一回
"毗陵驿宝玉返蓝田，潇湘馆绛珠还合浦"节选

　　且说贾政率同众人追去，不上半里，就雪地之中将宝玉同僧道一齐捉住，即叫人驮了宝玉，捆了僧道，带回舟中。贾政这一喜非同小可，当下立将宝玉衣裳换过，问他说话，宝玉仍不能言语。贾政知道他着了迷药，一面令人扶他上炕将息，一面叫将尿粪秽物淋浇僧道二人。又宰犬一只，将犬血淋了，再将僧道带进舱中。二人蛮野异常，如何肯跪，苦被犬血秽物淋过不能隐身。贾政便喝令众人按倒，各处四十大板。僧道叫苦连天，情愿供认。贾政喝令实供，始据和尚供出德虚道人如何出入府中，得知备细；屡次商通隐身偷玉，欲卖银一万两不能到手；因又商同泄恨，假以讲经度佛为名，与宝玉约定，就于出闱之日一同逃走；如何用迷药迷住，使他不能言语，骗出禁城；及到途中，宝玉受苦不过，屡欲逃回，却被他用言禁吓。说到此，便截然住口。贾政喝道："你既将宝玉拐出，究竟要拐到哪里去？不用极刑如何肯招。"立命将和尚道士夹起。二人受刑不过，情愿供招，及至放下，依然不说。贾政喝令收紧，用小棍敲打脚块。两人只得说出，要拐上苏州去卖与班里教戏。贾政还不信，喝叫再夹。两人哭叫道："实在真情，夹死更无别话了。"贾政当将两人放松，搜他随身物件，巧巧的那块通灵玉，即

在和尚兜肚中检将出来，依然带着金黑线络子。又在两人身上搜出许多东西来，逐一指问，不能隐瞒。一个金紫色葫芦，口贴玻璃，说是引诱人魂魄入去，幻出百般梦境。一个铜匣子收放迷药。两三本假度牒。又一个小小木匣，倾将出来，共有十几个小木人。一本小册，都是男的女的生魂。贾政翻开一看，开明生魄姓名，下注年庚。看到后面，内有荣国府闺秀一名林黛玉，荣国府使女一名柳晴雯。贾政大惊，喝道："你将这许多生魂摄来，罪该寸磔！"两个叩头道："不妨，但将木人身上两个小针轻轻拔下，各人即便回生。"贾政即将黛玉、晴雯的小针拔了，余者也就一总拔去。这黛玉、晴雯便即从当境神引导到贾氏宗祠，聚了魂魄，跟了老太太，送她各自回生，后文另表。

（〔清〕无名氏《后红楼梦》上册，

上海古籍出版社《古本小说集成》影印本第7~10页）

《续红楼梦》节选

第一卷
"绛珠宫黛玉悟天机，太虚境警幻谈因果" 节选

　　黛玉闻言，便将正副册子逐一的留神看了一遍。内中也有一看便知的，也有参详而知的，也有不大明白的。遂将册子合上，欠身笑道："许多册子，一时也不能深究其奥。只是宝姐姐的薄命，弟子到底不能无疑，仍望仙姑明白指示。"警幻笑道："未来的天机，我也不敢泄漏。你与宝玉，不但有人世良缘，兼有天台宿分。也罢，你既疑惑你宝姐姐，我给你个小小的玩意儿，你拿了去，到三更人静之时，独坐中庭，焚香一看便知分晓。"说着，因向伺候的女童们道："把我那个葫芦儿取来。"女童应声而去。不多时，拿了一个小小的葫芦儿出来，递于黛玉。黛玉接来一看，只见上面雕刻的山水树木、人物花卉、虫鸟禽鱼极其精妙，嘴儿上嵌着个玻璃显微镜，就如街市上卖的西湖景儿一般。看毕，便递于金钏儿收好。立起身来，笑道："天也晚了，仙姑请歇息罢，明日再来领教。"警幻道："有劳贤妹玉趾先施，恕愚姊今日不能回拜了。"于是，二人携手送出宫门而别。

　　这里，黛玉率领众仙女，仍从旧路而回。前面两对宫灯引路，后面金钏儿一手擎着葫芦儿，一手提着个小明角灯儿相随。走不多时，回至绛珠宫内。只见晴雯打起帘子来，笑道："小蓉大奶奶和瑞珠儿来了好半日了。"秦

氏也就迎了出来，道："姑娘见过警幻仙姑了么？"黛玉笑答道："见过了。教大奶奶候的工夫久了，我们到东套间里坐去，点起灯来好说话儿。"

……

黛玉也自好笑，便悄悄的起来，穿好了衣服，将警幻给的那个葫芦拿了，又一手秉烛走出外间，将葫芦、蜡台放在小炕桌儿上，炉内焚起香来，慢慢的盘膝坐在榻上，将葫芦轻轻地拿起，觑着眼在玻璃镜内一看，不知葫芦里面到底是什么故事，且听下回分解。

（〔清〕秦子忱著《续红楼梦》上册，

上海古籍出版社《古本小说集成》影印本，第22~35页）

第二卷
"讯鸳鸯凤姐受虚惊，救妙玉香菱认亲父"节选

话说林黛玉候夜深人静之时，独坐绣榻，剔亮灯烛、焚起一炉好香来，意秉虔诚，拿起葫芦，秋波凝睇，觑向玻璃小镜中一看。但见里面十分宽敞，隐隐有楼台殿阁之形，越看越真，宛如大观园的景况；又仔细看去，却又像自己住的潇湘馆。又见宝玉在那里捶胸跺脚，嚎啕大恸，耳内倒像仿佛听见他哭道："林妹妹，这是我父母所为，并不是我负心。你在九泉之下不要恨我。"黛玉看着，不觉一阵心酸，眼中流下泪来，忙用手帕拭揩，心中暗忖：这个小小葫芦，如何这般奇妙，真是仙家之物，所谓壶中日月、袖里乾坤了。想罢，复又将葫芦放在眼上看时，却又不见大观园了。又像昨日拜警幻时所见的太虚幻境的光景，忽见宝玉从迎面远远而来，渐近渐真，一直到了自己的面前，大嚷道："妹妹原来在这里，教我好想啊！"黛玉唬了一跳，忙放下葫芦，望迎面一看，宫门关得好好的，微闻外边帘栊一响而已。黛玉怔了半响，又拿起葫芦来看时，只见宝玉还在面前，并非从前的打扮。头戴僧帽，身穿僧衣，向着他笑道："妹妹，我可真当了和尚了！"言还未尽，只见一个癞头和尚、一个跛足道人一齐上前，挽了宝玉就走，渐走渐远，渐渐的不见了。看的黛玉似醉如痴，正欲放下葫芦时，耳内隐隐似闻哭

泣之声。又定神看时，却又似荣国府的光景。只见三个人哭作一团，一个好像王夫人，一个好像宝钗，一个好像袭人。黛玉看着也自伤心。忽见四面黑云布起，将葫芦内罩得漆黑，一无所有了。

黛玉放下葫芦，痴痴呆呆的坐着，思想适才葫芦内看的那些光景，心中七上八下的，一时也参解不透。又恐怕惊醒了众人，少不得又要盘问，只得携了蜡台，拿了葫芦，悄悄的仍旧回至套间里。只见金钏儿仍是鼾然沉睡，便轻轻的收了葫芦，吹了灯，解衣就寝。意欲在枕上寻思，谁知吃了仙丹、仙酒，精神满足，头一着枕便栩然睡去了。

（〔清〕秦子忱著《续红楼梦》上册，

上海古籍出版社《古本小说集成》影印本，第37～40页）

第五卷
"庆生辰元妃开寿宴，得家报黛玉慰芳心"节选

再说林黛玉自从凤姐等去后，每日与香菱讲究诗词，倒也快乐。这一日偶坐闲谈，提起旧事。香菱向黛玉道："前儿我父亲归山，十分忙迫，我替你们问了宝二爷、柳二爷的下落，我父亲只说得'青埂峰'三个字便不见了。但不知青埂峰是什么地方。姑娘何不在《一统地舆志》上查一查，到底是那一省，属那一州县所管呢？"黛玉听了，沉吟了一会道："是了，我记得那年丢了通灵玉时，求妙姑扶乩，上面有'青埂峰'三字，又有什么'入我门来一笑逢'的话。想来那和尚、道士必非凡人，既然度了他们两人去出家，自必他们两个夙有仙根，方能有此奇遇。我想这个青埂峰也不过是个山名，也同太虚幻境一般。《地舆志》上那里查得出来呢？前儿是尤三姐姐他的痴情不断，故有此问。我如今把那些尘世的俗缘也都看淡了，倒不如咱们姊妹们在一处长长的聚守，无拘无束、自在逍遥的倒觉得爽快。"香菱笑道："你说的倒好，只怕临时又由不得你了。前儿我父亲去时，给我留下了一个小小的锦匣儿，上写'仙家妙用，敬谨开看'八个字。今儿趁晴雯、金钏儿都不在家，我们打开悄悄的看看，不知里面到底是些什么？"黛玉笑道：

"难为你那一日拿回匣儿来，这些日子我总没瞧见，你到底藏在那里了？"香菱道："姑娘不留心，就在书橱子上，和你那个葫芦在一处放着呢。"黛玉道："你就取来咱们看看，顺便将葫芦也带了来，我也教你瞧个稀罕的玩意儿，那也是警幻仙姑送我的。"香菱遂走至橱边，伸手将锦匣儿并葫芦取了下来，递与黛玉。黛玉接来，看了匣面上的八个字，便仍递与香菱，笑道："这是甄老伯给你的，我如何敢拆封呢？你且打开看了，如果我也看得，那时再看也不迟。"香菱笑道："姑娘总是这样多心。"说着，便打开锦匣一看，原来是两种名香，各五十支。一名返魂香，一名寻梦香，俱有七寸长短，各有金字引单，上写：

返魂香出自天竺国，焚之能返亡人之魂，与生者相会。寻梦香出自西番，焚之能送生人之梦，与亡人相会。一是汉武帝所制，一是楚襄王所制。意秉虔诚，无不神效，切忌孕娠。

香菱看毕，笑道："原来是两种名香。姑娘你瞧瞧，这张引单上写的倒也有趣。"黛玉接来看了一遍，笑道："这是甄老伯疼你的意思，教你焚起返魂香来，就可以回家去看看你们大爷，再教薛大哥焚起寻梦香来，就可以到这里看看你；李夫人见了汉武帝，楚襄王也就会了神女了，果然有趣。"香菱笑道："你怎么跟着琏二奶奶学的，说起这样话来，可不要招出我的话来，你又该着了急啐人家了。"黛玉道："随你怎样编排着说去，我的心早已定了，一尘不染，各人干各人的正路是真的。"香菱笑道："既是这样，前儿尤三姑娘人家打听人家的柳二爷，你为什么听见又那个样儿了？"黛玉正然手里摩弄葫芦，听了便笑着啐了他一口，道："你不信了罢，你只瞧瞧这个葫芦里头是什么，你就知道了。"香菱接来一看，道："好个西湖景儿，里头是什么故事？"说着，便将玻璃小镜对在眼上看了好一会，忽然放下葫芦，骂道："好个没脸的娼妇！"黛玉听了，吓得怔了，问道："你骂那个呢？"香菱道："我们那个死鬼奶奶。"黛玉忙道："你瞧见什么故事了？"香菱道："里头很好的一院房子，只见我们死鬼奶奶和一个少年的相公在一处坐着，两个人只用一个酒杯，一替一口儿喝酒，那个样儿真真的难看，我也不好往下说了。"黛玉不信，拿起葫芦来，在小镜中仔细一望，仍是漆黑的一无所有。知是天机奇妙，便问道："你看见的那个少年到底是谁呢？"香菱道："那个人的模样儿也像在那里见过的似的，只是说不出是谁来呢。"黛玉说的顺了嘴，便道："你看像宝玉不像？"香菱不觉大笑起来，道："这可不是我来，你自家可把吃醋的话都顺嘴儿说出来了。"黛玉自觉把话说冒失了，红了脸笑着就要撕香菱的嘴。二人正然嘻笑，只听外面有走的脚步响，就知是晴雯、金钏儿回来了，连忙将锦匣并葫芦依旧收起。

（〔清〕秦子忱著《续红楼梦》上册，

上海古籍出版社《古本小说集成》影印本，第191~199页）

第十五卷
"绛珠宫宝黛缔良缘，丹霄殿僧道陈因果" 节选

……凤姐嘴快，不等贾夫人开口，他便一五一十的将夏金桂的原委告诉了众人一遍。众人听了，无不掩口而笑。贾夫人又向迎春笑道："二姑娘，我听见说你女婿很不成个脾性儿，到底是怎么一个乖张法儿呢？"迎春叹道："姑妈，一言难尽。总是侄女儿的命该如此，也没有什么怨天尤人的了。"贾夫人听了，不禁点头叹息了一会。正要回头和黛玉说话，只听黛玉悄悄的向香菱笑道："你可记得我那个葫芦儿么？"香菱也笑道："真是仙家之宝，妙极了。"贾夫人听了，忙问道："姑娘，你们说的什么是仙家之宝？"黛玉见贾夫人问他，就知和众人说完了话，要和他说话的意思，忙站起来答道："当日警幻仙姑给了一个小葫芦儿，菱姑娘说是仙家之宝。太太要看，请到里间屋里看看去。"贾夫人也会了意，便也立起身来，笑道："二位仙姑和姑娘们，我暂且失陪，到你妹妹房里看看去。"说着，便向东套间里去了，黛玉随即跟了进去。

（〔清〕秦子忱著《续红楼梦》中册，

上海古籍出版社《古本小说集成》影印本，第646~648页）

《槐西杂志》节选

卷四节选

　　胡厚庵先生言，有书生昵一狐女，初遇时，以二寸许壶卢授生，使佩于衣带，而自入其中。欲与晤，则拔其楔，便出嬿婉，去则仍入而楔之。一日行市中，壶卢为偷儿剪去。从此遂绝，意恒怅怅。偶散步郊外，以消郁结，闻丛翳中有相呼者，其声狐女也。就往与语，匿不肯出，曰："妾已变形，不能复与君见矣。"怪诘其故。泣诉曰："采补炼形，狐之常理。近不知何处一道士，又搜索我辈，供其采补，捕得禁以神咒，即僵如木偶，一听其所为。或有道力稍坚，吸之不吐者，则蒸以为脯。血肉既啖，精气亦为所收。妾入壶卢盖避此难，不意仍为所物色，攘之以归。妾畏罹汤镬，已献其丹，幸留残喘。然失丹以后，遂复兽形，从此炼形又须二三百年，始能变化。天荒地老，后会无期；感念旧恩，故呼君一诀。努力自爱，毋更相思也。"生愤圭曰："何不诉于神？"曰："诉者多矣。神以为悖入悖出，自作之愆；杀人人杀，相酬之道，置不为理也。乃知百计巧取，适以自戕，自今以往，当专心吐纳，不复更操此术矣。"此事在乾隆丁巳、戊午间，厚庵先生曾亲见此生。后数年，闻山东雷击一道士，或即此道士淫杀过度，又伏天诛欤？螳螂捕蝉，黄雀在后，挟弹者又在其后，此之谓矣。

（〔清〕纪昀著《阅微草堂笔记》卷十四，
上海古籍出版社《续修四库全书》第1269册，第235~236页）

《续红楼梦新编》节选

第四回
"贾雨村尘廛卖卜，甄士隐边海建功"节选

周琼领兵迎敌，却被赛乌获用了妖术，又放出许多恶兽，一时不能抵敌，败了一阵，折勾一二千人。忙传令据险安营，小心防护，恐贼劫寨，另想别法破了妖术，即可制胜。及诸偏将正商议间，忽令旗来报："营门口有一道人，背着宝剑一口，葫芦一个，口称甄士隐，要见总帅。"原来周总制与贾雨村在朝相好，尝听见说，急流津有烧了茅庵，隐去一位真人，叫作甄士隐。平素甚是景仰，一闻现在营外，连忙率众，倒履接将出来。见了时，周帅先打躬，备述平日渴慕，今幸得见，大慰平生。

甄士隐一见周总制如此谦逊，礼贤下士，心中亦甚欢喜，还礼稽首，遂同周帅步入营来。周帅细看来人，苍髯皓首，鹤发童颜，飘飘然大有神仙气概。举手让其上坐，甄士隐再三不肯，才在帐中分宾坐了。茶过一巡，周总制便问："老先生何处云游得到此处？学生一见仙颜，便觉尘襟尽豁。"甄士隐说："贫道踪迹向无定所，与老大人本有前缘。因闻赛乌获善用妖术，贫道不才，颇能破之。用敢毛遂自荐，亦是天数。想老大人应自不我遐弃。"周总制听了，满心欢喜，连连谢道："学生何德何能，得邀老先生此番帮助，便可指日奏功。学生当据实上达，老先生定蒙不次之遇，此不独学生

营中之幸，实我皇上洪福之征也。"甄士隐听了一笑，也不多言。营中筵宴，甄士隐随便吃些，亦不见其奇异。

次早，天尚未明，甄士隐即请周总制升帐派兵。令众饱餐。到了天色微明，即擂鼓摇旗，带领人马杀奔海寇营来。黄信听见鼓声，仗着赛乌获，亦将兵马排开拥出。当下两兵尚未打仗，赛乌获即行起妖术，一阵飞沙走石，狼烟烈火喷过阵来。甄士隐一见，遂拔出松纹宝剑，指定烟火沙石，念念有词，喷了一口法水。顷刻间，沙石俱净，烟火全消。赛乌获心中大怒，便把聚兽铜牌敲了数下，忽听得一声响亮，牌中奔出许多奇形怪兽；俱向周帅兵马咆哮蜂拥而来。甄士隐忙将背上葫芦托在掌中，拔去顶盖。说急更快，葫芦中飞出一群火鸦，皆向众恶兽飞来，啄其眼睛，又被火焰烧着毛尾，响了一声，如雷一般，火鸦不知去向。许多恶兽俱各寂然。赛乌获见破了法，知有能人。才要驾席云逃命，甄士隐早将宝剑祭起，分作两段。周帅兵士一拥上前，海寇落荒而去。当将赛乌获枭了首级，军中遍找甄道人，已不知何处去了。正鸣金收军，只见甄士隐擒了寇首黄信，来到军前。

（〔清〕海圃主人撰，于世明点校《续红楼梦新编》，

北京大学出版社1990年2月版，第43～44页）

第六回
"敷文真人奉命监场，潇湘仙子临坛感旧"节选

却说这科，贾兰携着考具，随众搜检进场，领卷归号。过了二更天气，静养一会，待题纸下来，好做文字。恍惚间，像当年同叔宝玉走出场来，宝玉一时不见，自己各处找寻。似寻到一处，山峦苍秀，有文昌阁。走进阁内，忽见宝玉未戴冠帻，头挽道髻，冠着玉簪，身穿仙氅，脚登云履，站在一张桌子中间，堆着多少文书，听其发付。他见自己进来，不发一言，将个紫金葫芦中间插朵兰花，递在手内。自己才要上前拉着说话，听得号军送了题纸到号，忽然惊觉，恰是一梦。接着题目，只顾构思做文，这个梦却不及细详是何征兆。

……

　　贾兰遂将头场宫举人事说了，大家甚诧异。又把王文起这件事原原委委述了一遍，无不毛发竦然，皆有惧意。及说到敷文真人，贾兰又说："这不是宝叔叔的封号吗？或者宝叔叔成了仙果，亦未可定。在这会场中，孙儿梦见宝叔在文昌阁内，收发一切文书，给了孙儿一个插朵兰花的紫金葫芦。再三详解不出是什么缘故来。"王夫人听说，眼圈儿红了，就淌下几点泪，亦不做声。贾兰便不再说了。次日，即到坐粮厅衙门来，替贾政请安。贾政听他三场得意，甚是喜欢。住了一日，仍叫他家来，到东府及各亲友走走候晓。贾兰在贾政前，绝不敢提起敷文真人这件事。当日回到家里，见了王夫人，说贾政身体很好，衙门中亦无别事。即到李纨房，见他母亲。过了一天，才到东府及各亲友处皆走候了。

……

　　惜春是个忠厚人，被他们逼的不好意思了，遂说道："学是学过，只怕未必很灵。"李纨见他肯了，急忙找了庙中一间净室，焚起好香，设了乩坛。惜春便画符请仙。不多时，惜春、史湘云驾着乩，忽在灰上动起来，大家跪着，求上仙留号。乩忽动着，写道："拐仙。"仍是妙玉当日求的。贾兰遂过来行了礼，虔诚问自己这科功名得失。只见这乩左旋右折，画成一个葫芦，中间又画一朵兰花。众人大以为奇，贾兰这一惊吃得不小，正与场中那个梦一点不错。因又祷告道："这葫芦儿弟子亦曾梦过，实在愚昧，求大仙明示一言。"那乩忽如飞，写了一句道："葫芦中间却是兰。"即转了一处，乩又写道："天机不可泄。吾仙有事，要去了。"惜春忙烧送符，乩便不动。探春遂向炉中重添了香，又叫惜春画个抓符，看看请的何神。惜春遂另写一样符来，灯下点着。这符便化作旋风起去。

（〔清〕海圃主人撰，于世明点校《续红楼梦新编》，

北京大学出版社1990年2月版，第61~65页）

《九云记》节选

第十六回
"沈裒烟舍剑诉真情，吉乎飞出兵说奇计"节选

一盏茶时，但见那道士生得古怪，凹眼凹鼻，鼻孔朝天，唇褰齿露，一面胡须，五短身材，头戴一顶束发抹眉巾，身穿一领沿边皂布长袖直裰，腰系杂色短须吕公绦，足着一双云头点翠青布履，背上悬松纹古定剑，傍系两口双葫芦，昂然步上营前来。平秀突起身，迎坐施礼。

……

且平秀突见欧道士妖法，沙石飞走，黑雾狂风，得了一阵厮杀，明兵四散，不胜大喜，道："仙师法术，这般神明，得此全胜。明天亟施神法，教他明兵无有遗类。"道士道："只为总兵出力，以显神功。贫道薄解天文地理，奇门屯甲之法，又有恶兽猛虎之前驱，外且火龙火虎，焚阵烧兵之法，俱在这葫芦之中。总兵，何患明兵之不遗片甲？"平秀突喜之不胜，重整杯盘，尽醉而罢。晚景不题。

次日，两阵里花腔鼍鼓，杂彩绣旗摇处，明兵阵门开了。杨元帅出马，雁翎般摆开，左边李尚好，右边是廖钢，威风凛凛，浩气堂堂。廖钢出马阵前，高声叫道："今日定要决一输赢。走的不是好汉！"倭阵中，平秀突出马阵前，左手下洛正，右手下吉乎飞，雄赳赳相对；背后欧道士，背负松纹古

剑，又挂着葫芦，坐在马上。元帅知是妖人之道士，问一声："谁人立斩此贼？"

……

元帅大队一齐追奔，又到十余里，见是一个山坡谷口，倭兵又退在一望之地，结成阵势，后军中闪出皂直裰一个道士，挺身出马，取下背上葫芦来，把剑去击那一个，敲得三下，只见顷刻卷起一阵黄沙来，罩的天昏地暗，日色无光。喊声起处，豺狼虎豹，怪兽毒虫，就这黄沙内卷将出来。又有无数神兵，从半空中乱滚下来。明阵众军大惊，急躲走避谷中不迭。倭阵金鼓动地，以助兵势。李尚好领兵到谷中看时，谷内倒是天地晴明。明阵中那里知倭阵诡计，直驱大队，为猛兽神兵所迫，尽入那谷中奔避。

（〔清〕无名子著，江琪校点《九云记》，

江苏古籍出版社1994年4月版，第141~145页）

第十九回
"平秀突卷兵渡海，杨元帅奏凯还朝" 节选

欧道士不知杨元帅预下法防，拿起松纹古剑扣了葫芦，口中念词，叫声"急急如律令"，但见葫芦中乱出无数的火龙、火虎、火箭、火枪，又有豺狼毒兽，戴着火焰，热腾腾踊跃来，反为杨元帅正气正法扫荡，触撞无路发作，只在自渠阵头堕落来。虽不奔突，撞之者烧焚死了。

（〔清〕无名子著，江琪校点《九云记》，

江苏古籍出版社1994年4月版，第166页）

《大汉三合明珠宝剑全传》节选

第三十一回
"背师言野道下山，遵旨命鸾英开擂" 节选

屈忠成大喜："请问道长，必有过人法术，超众武艺，请领指教！"道人说："言之不尽，贫道练有撒豆成兵之法、移山倒海之能、呼风唤雨之术，上阵擒将如探囊取物。主公若不相信，贫道试之一观。"奸相闻言欢喜："请指教。"

妖道将葫芦一揭，把神豆洒出，遮云掩日，阴风霭霭，满地虎豹豺狼，数千兵将，号炮齐轰。众奸欢喜无限："请收罢，蒙道长光临，请授参谋军师之职。"

（〔清〕佚名《大汉三合明珠宝剑全传》，

上海古籍出版社《古本小说集成》影印本，第264~265页）

第三十四回
"现原形龟精被戮，忿出丑王勇助奸" 节选

王姑见他妖术弄起，快将葫芦一揭，走出一只火麒麟，周围遮绕，火焰腾腾，把阴兵烧成灰烬。妖道又将金盒一揭，铁嘴乌鸦数百，抢人眼睛，众

兵被吓。王姑用八卦仙衣乾坤网抛起，尽把乌鸦网尽。吩咐黄巾力士，带回普陀山发落。妖道大叹一声，难顾羞颜，现出原形，大龟毒气一喷，乌天暗地。王姑不慌不忙，用净水一洒；手拿千年桃木剑一口，将灵龟斩落。要逃逃不得，要遁遁不能。可怜修炼有年，一旦尽为乌有。挥为两段，龟头擦起，坠落西方。王姑收还宝剑，于是督兵杀上，五路人马一齐杀出。贼兵大败，死者无数。

（〔清〕佚名《大汉三合明珠宝剑全传》，

上海古籍出版社《古本小说集成》影印本，第302页）

《荡寇志》节选

第八十九回
"陈丽卿力斩铁背狼，祝永清智败艾叶豹"节选

青云山的兵呐喊摇旗杀来，猿臂寨的兵只顾奔走。忽然阵里拥出一彪步兵，都穿着虎皮衣服，手执钢叉，背着葫芦，一字摆开。只见那葫芦里都冒出黄烟来，霎时迷得对面阵里不见一人。狄雷恐是妖法，叫："且慢追！"勒住兵马，聚在一处。只见黄烟散尽，却是一片空地，并没一个人影。狄雷、石秀都吃一惊，正要发探马，忽听得连珠炮响，四面喊声大振，猿臂寨人马已抄两边杀来，贼兵乱窜，狄雷那里收得住。左边是祝永清，右边是祝万年，带领虎衣壮士，旋风也似卷来。狄雷、石秀大败逃回。

（〔清〕俞万春著，戴鸿森校点《荡寇志》（上），

人民文学出版社1983年6月版，第299页）

《赵太祖三下南唐被困寿州城》节选

第二十二回
"破迷符高王请罪，斗法术余鸿败奔"节选

……再说上日高王爷被擒回，王姑母子杀败唐兵，有败残的入报知唐主，问及军师。有余鸿对曰："料高怀德被拿回，真魂未复，乃一呆废人耳。宋太祖定然恼恨他背主忘君，必然执杀，一来大宋了决一员上将，二来罪及妻孥子媳。若除了刘金锭一人，由他兵雄将勇不足惧也。"不意次日饭后，有军兵入报，言宋女将刘金锭讨战，坐名要国师出马。唐主闻报一惊，问余鸿，也是不能测，我想来难道高怀德被擒回，被这贱丫头识破此符不成？想来实是怒气不息，切齿大恨，只得辞过唐主，踏上吊睛黄虎，持过茶条杖，带兵一万，冲出城来，与刘金锭对阵混杀一场，未分胜负。余鸿想来此丫头法术精妙，不如先下手为强，将脚力连退了数步，取出一个小小葫芦，念咒有词。一刻间葫芦口飞出一颗小星乌，飞上云端，忽化成满天烈火，如浮云千百段一般，向宋阵上乘狂风烧来。

（〔清〕好古主人撰《赵太祖三下南唐被困寿州城》上册，
上海古籍出版社《古本小说集成》影印本，第301～302页）

《绣云阁》节选

第二十六回
"讨毒龙西方请佛，诛水怪东海兴兵"节选

……毒龙潜身无地，甫出海岸，被复礼子以伏龙宝杵当头击下。毒龙措手不及，转投法海。紫霞急驾祥光，与群真随后追来。仍以撤水旗绕之，殊知法海乃源头活水，众水从此化生，撤水仙旗绕之不竭。紫霞顾谓群真曰："撤水仙旗不能治及法海，毒龙潜伏在内，如何讨之？"凌虚曰："吾葫芦内炼就三万六千入水神针，倾在海心，毒龙必出。"紫霞喜曰："有是宝器，火速倾之。"

（〔清〕魏文中编辑《绣云阁》上册，
上海古籍出版社《古本小说集成》影印本，第410～411页）

第七十七回
"战野牛苦无收伏，发慈悲幸遣菩萨"节选

三服见彼逃出阵外，也不追赶，率领道兄道妹，同回洞内，各各贺功。惟金光道姑愁眉不展。三服偶然睹及，乃询之曰："金光道妹得胜野妖，反见忧容，不以为喜者，何也？"金光道姑曰："吾向在金光洞时，曾闻杏子

山有四野牛，道法高妙。凡远近妖部，不敢侮之。且历此间十里许，伏龙山内，有一鸷兽，名曰贪狼，修炼数千年，道法更妙。吾之愁然不乐者，恐野牛败去，搬来是怪，吾等难以敌之耳。"三服曰："道妹何必忧心？待彼来时，见机而作，能战则战；不能战焉，各驾风车而逃，有胡不可？"金光道姑曰："道兄之言虽是，但愿贪狼老兽不来方好。"三服曰："闲言休讲，宜各归洞中，安息身躯，整顿精神以待。"

野牛等素恃其力，未尝败孰下风。今得三服诸人挫折一番，心甚不服。第三野牛曰："吾观者些道士俱非人类，尽属妖部修成，兼得仙官传以正道，乃能力战。不然，吾等弟兄自居此山，谁能甚过！所以千百里外，山妖水怪，无不拱手。今日之败，岂可抛却乎！"第一野牛曰："吾兄弟木棒重不可当，环而相攻，未能伤及道士，可知道士法力胜吾辈多矣。如再与斗，终为所败。不如由彼居此，将杏子山岭各辖一半，以免争战。"第二野牛曰："兄何畏也！伏龙山贪狼将军曾与弟兄同饮，何不前去搬弄，来战道士耶？"第三野牛曰："如能搬得彼至，彼有一装妖葫芦，临战时抛在空际，真言念动，葫芦将身向下举气一呼，妖自吸入其中。是宝有于贪狼，所以无妖不畏。"言犹未已，第一野牛曰："果尔，速去搬弄。然贪狼所喜者佳酿，三弟可入村郭，盗酒归来。四弟乘风向伏龙山去，善为辞说以请之。"三四野牛得兄命令，各司其事。无何，第三野牛果然将酒盗归。第一野牛喜曰："酒已盗回，贪狼将军如何许久未至？"因而常常在外，伫立盼望。

……

贪狼收了红霞，归得牛氏洞内，向彼言曰："道士法力，真果高妙，吾铲不能伤之。待到诘朝，吾将葫芦抛至空际，把这些小道一概收入，再作理会。"牛氏兄弟拜舞不止，曰："如得将军将此道士收尽，吾兄弟等德戴终身。"贪狼曰："者事甚易，尔兄弟放心。"

……

次日黎明，三服出洞视之，红霞已遍布是山矣，速速传齐道兄道妹，以待交战。布置刚妥，牛氏兄弟各举木棒，打至洞前。乐道、弃海接着第一野牛，椒蜻二子接着第二野牛，狐惑接着第三野牛，西山道人、金光道姑接着第四野牛，四面对敌。三服统率道妹翠华、翠盖等，以待贪狼。贪狼持铲前来，大战三服。此日之铲，如飘风骤雨，三服支持不住，且战且走。贪狼弗舍，愈追愈急。三服无奈，与诸女风车高驾，战于云外。贪狼恨极，怒气上升，解下葫芦，向空抛去。只见葫芦遍体烈火缠绕，雄伟非常。贪狼手向葫芦指了一指，葫芦却也作怪，突然冲入霄汉，将身倒竖，以口向下，吐出五彩云霞。云霞吐余，其口化为洞，中约有一丈之阔。翠华、翠盖、凤春、紫花娘见事不好，欲从云霞之下而逃。刚近云霞，早被葫芦一吸，诸女道士尽吸入焉。是时，乐道等被野牛乘势追杀，各不相顾，四窜逃生。

贪狼见此葫芦吸得数人入内，急收阵势，将葫芦招转，紧紧闭着，归谓牛氏兄弟曰："今日一战，道士丧胆。葫芦内吸尽女道，即留男道二三，羽党已除，谅难敌尔兄弟矣。吾将归矣。"牛氏兄弟曰："如道士又搬高人来战，将军还宜助之。"贪狼曰："这是自然。"当辞野牛，乘霞竟去。

三服败逃归洞，不见道兄道妹。正慌乱间，忽有金光道姑独自外至。三服曰："尔已归来，余下道兄妹等不知逃于何处？"金光道姑曰："诸道兄被野牛追散，渺无形影。至翠华四人，恐为贪狼葫芦吸之矣。"三服曰："如果吸入葫芦，何以救之？"金光道姑曰："吾有道妹，居伏龙山右，颇与贪狼善，吾去哀祈，请将翠华等释之。道兄以为何若？"三服曰："尔道妹何名？"金光曰："名霞光道姑耳。"三服曰："既有此人，可速求之。"金光道姑即辞三服，望伏龙山右迤逦而来。不料遇贪狼，举铲追逐，道姑奔走无地，风车催动，直奔西方。

且说牟尼文佛坐在莲花台上，讲论法语后，默会片刻，忙命净尘衲子速到南海，以传大士。净尘得命，离却极乐。祥光起处，顷至南海，竟入菩萨宫中。大士曰："衲子来此，有何佛旨相宣？"衲子曰："特宣菩萨即去西方，文佛有命。"大士于是别了南海，至文佛殿内。顶礼已毕，立于一旁曰："文佛宣诏，有何驱使？"文佛曰："道祖命得三缄人间阐道，所收女徒男弟，虽然出身妖部，颇将三缄传授，苦苦炼之。因在碧玉山前，被九头狮精拆散，迄今数载，无师统率。喜其道心坚固，时冀道成。而今寻得杏子山，团聚炼道，兼访师踪。殊遇野牛精搬及贪狼，与之大战。贪狼老怪道修多年，炼一葫芦，能吸妖物。三缄弟子翠华等均被吸入，难以出之。况此葫芦又系借生南方，贪狼炼以离火，而成宝物，有道者吸入其内，仅能住得十日，十日外即化乌有。三缄弟子为彼所吸，已五日矣。特命尔躬前去救援，以为阐道之一助。"大士曰："文佛有命，敢不听从！"稽首辞行，驾着彩云，向伏龙山而去。及至，云头按下，化一樵子，呼得山神，化为牧童，与己化身一同度入壑中，寻访贪狼之穴。

（〔清〕魏文中编辑《绣云阁》中册，

上海古籍出版社《古本小说集成》影印本，第1207~1216页）

第七十八回
"显佛法贪狼俯首，归旧洞诸道重圆" 节选

贪狼吼声大震曰："何地樵人，胆敢伐吾洞府之木？"大士如未闻也，只向牧童言曰："这个石穴，倒也光华。吾将穴外樵儿概行砍却，俾尔倦候，入而卧之。"牧童笑曰："如是甚好。"贪狼曰："尔不畏死乎？"举起铁铲，向大士头上打来。大士以手指之，铲折两段。贪狼骇甚，暗思："吾铲所伤妖部，难以枚举，胡为彼手一指而即折耶？此非樵者，必是道士复仇于吾！"急将葫芦携出洞来，抛入空际。只见遍体生火，旋转不停。俄而倒竖半天，吐毕云霞，张口而吸。大士思曰："翠华诸人吸入葫芦，今已六日。如不急救，十日必化其尸矣。吾且乘吸入内，先救三缄门徒，然后收此贪狼，亦未为晚。"计定，遂乘葫芦之吸，竟入其中。贪狼大喜于心，复将葫芦向牧童指去，均已吸入。贪狼于是回至洞所，放出四妖。四妖如梦初醒，不知去食樵牧，如何反入后洞。请之贪狼，贪狼道厥由来。四妖忿恨不已，欲出吞噬。贪狼告以为葫芦所吸，四妖欣喜，自不必言。

大士入得葫芦，见翠华四人以袖蒙头，似死非死，遂于其内大放佛光。响亮一声，四人惊起。望见前面，光明照耀，随光而走。约行数十里，横隔一海，宽广异常。海岸之间，莲花座上，大士合掌，低眉趺坐。翠华等喜出望外，趋至座下，跪求大士释解此围。大士曰："尔辈为谁？均被贪狼所收。"

四人齐声曰："吾等皆三缄仙官弟子。自师徒失散，零落无归，才寻杏子峰头，约集修真，兼访师尊行止。山有野牛作厉，道兄道弟，一战败之。不知野牛搬及何妖，将吾姊妹四人收入此宝。望大士仁慈特发，拯吾姊妹于水火之中。如获生还，恩铭肺腑。"大士曰："尔师徒会合，自有其时。时未至焉，不可相强。吾今释尔出此火坑，仍到碧玉山，同心炼道可也。"四人闻言，叩首拜谢。大士即命当方化为童儿，将翠华四人导出葫芦，竟向碧玉山去。

四人已去，大士化道金光而出，仍执樵斧，伐木于贪狼穴前。贪狼闻声出视，见是前日樵子，暗暗惊曰："是樵子也，已为葫芦所吸矣，何复在此采薪乎？"思犹未已，又见前日牧童驱犊而来曰："贪狼贪狼，伯踞一方。长为妖属，亦甚不良。急宜猛省，换尔毒肠。修尔大道，脱尔皮囊。如依此语，成道有方。不信是说，终必灭亡。"贪狼闻之，心甚不服，逞步而至，以擒牧童。大士见贪狼良言弗听，反肆其虐，遂持樵斧，劈面砍来。贪狼吐出云霞，天红半面。大士毫光展放，云霞一切掩去无存。贪狼吼声如雷，来战大士。大士将斧抛在空中化为金龙，妖娇莫测。贪狼亦以葫芦抛去，遍身火溢，与金龙斗于云端。斗未片时，金龙已为葫芦卷下。贪狼大喜曰："尔宝安敢吾宝！"言甫出口，金龙倏然跃起，直坠贪狼头上。贪狼躲闪不及，为爪抓着，弗能脱身。善财真人当将贪狼押回南海，以俟发落。

……

风车刚坠，适值乐道见而呼曰："尔凤春、紫花娘乎？"二人答曰："然。"乐道喜极，忙邀入洞，与众道兄相见。三服曰："道妹等与贪狼战败时，逃于何地？"凤春曰："吾姊妹均被贪狼葫芦所吸，几与道兄辈不能再晤焉。"三服曰："既然如是，又何得以生还？"凤春曰："吾等吸入葫芦，身如火热，难以居止，各牵裙带，缓向北行。恰好北面生凉，不受热恼。然其内或时光有一线，或时黑如墨漆，变幻靡定。吾等得此生凉之地，蒙头盖面，相依而卧。卧了数日，欲出无由，彼此心中以为必死于是矣。不意一日，倏放光明，向光而逃。四面如铁壁铜墙，无法得出。事正难处，偶遇双鬟童儿，导出牢笼，见一大海，汪洋浩瀚。岸上大士现身，言曰：'尔等误为贪狼葫芦所吸，吾不救尔，过了十日，必化血水而亡。今发慈悲，导尔出路。尔师三缄所教，各宜体贴，不可违背。俟道成日，自有脱骨换胎之法。然尔等归去，不必强居杏子，仍在碧玉炼修大道，以候尔师焉。'言毕，命善财真人导出海岛，同栖碧玉。兹因道兄辈音信不闻，特与紫花娘来山一望，幸而无有损伤。何弗同到碧玉安住，以此散者，复以此聚乎？"三服等聆言大喜，风车各驾，顷到碧玉。翠华、翠盖见道兄道妹一无所失，喜从天降。遂命守洞小妖治酒设筵，以庆团圆之乐。

（〔清〕魏文中编辑《绣云阁》中册，
上海古籍出版社《古本小说集成》影印本，第1220 -1228页）

《玉蟾记》节选

第二回 "通元子安排果报" 节选

俺记得汉高祖十三年，在济北谷城下再会张良，寂处深山，红尘远隔，真是洞中方七日，世上几千年。今奉玉旨，配定姻缘，不免再下山去指点一回。就在山前拾起十二块石子，变成十二个玉蟾蜍，留与他们作聘礼。俺想此去必有杀机，先将随身法宝带了：一名金葫芦，内藏十万八千铁锥金甲兵，在阵上放将出来，凭他三头六臂，一锥即死；一名摄魂瓶，念起咒语来，虽有韩信之谋、霸王之勇，一摄真魂即入瓶内；一名捆妖索，阵中凡遇妖法，将此索撒去，霎时间妖将捆来。这三件法宝，后来都有用处。初次助阵，用的是金葫芦、摄魂瓶。二次助阵，用的是捆妖索。

（〔清〕通元子撰《玉蟾记》，

上海古籍出版社《古本小说集成》影印本，第16～17页）

第十回 "两奸贼攘功肆虐" 节选

话言未了，通元子用羽扇一挥，两只巨舰接起船头，倭王与先锋自己对面杀将起来。百花娘娘见了，口念真言，将船头分开。正要厮杀，通元子又将羽扇一挥，那两只船头拨转朝东，倒戈相杀。通元子略施小技，倭王已就如此颠倒错乱。百花娘娘越发着急，念起咒语，船头转西，擂鼓大进。放出二囊法宝，被通元子羽扇两挥，雾气火光都已消散。通元子不慌不忙，取了金葫芦，放出十万八千铁锥金甲兵，锥得那番兵个个被伤，人人叫苦。又取出摄魂瓶，揭开瓶口，用手一招，把倭王、先锋的真魂一齐摄入，两人肉身如山崩地裂跌倒船舱。吓得百花娘娘面如死灰，随即飞船抢回尸首。

（〔清〕通元子撰《玉蟾记》，

上海古籍出版社《古本小说集成》影印本，第79~80页）

《金台全传》节选

第六十回
"讨叛逆平阳奏凯，封王爵衣锦团圆" 节选

　　讲到王则听信妖狐，次日出城交战。宋营中徐天福杀出来，叛营中小狐妖当前斗了三十合，胡永儿本事不高，带转马头败走。徐将军追赶不饶，胡永儿就显神通，取一个小小葫芦，摇了几摇，口中念动真言，就把葫芦一倒，倒出许多黄豆出来。顷刻之间，数万兵马如潮涌而来，多是散发蓬头，赤身露体，非常咆哮。或用叉，或用斧，或拿棍子，或拿大刀，蜂拥而来，竟把徐天福来围住。平阳元帅闻报，登时上马提刀。兵书上面载明：若遇妖兵，可将此镜祭在空中，朗念："的流流流，阴阳彻透，天灵地灵，妖兵成豆。"金元帅照诀而行，宝镜登时丢在半空，就将咒诀念了三遍。但见光华蔽日，瑞气遮天，霹雳交加，飞电闪灼，许多天兵天将到来，赶得妖兵影踪全无。

（〔清〕佚名《金台全传》，

上海古籍出版社《古本小说集成》影印本，第499～500页）

《续镜花缘》节选

第二十二回
"束公主水淹鹤鸣，花元帅兵退白璧" 节选

　　且说那边鹤鸣关上的元帅花如玉，被淑士国公主用葫芦中的邪法把洪水淹没兵马，屯扎不住营寨，与军师枝兰音商议，退守鹤鸣关，分拨精壮军士，日夜严防。关上多加灰瓶、石炮，并攒箭手等，以御攻城之兵。特派大将苗秀鸿、红赛珠、水碧莲、云飞凤分守四门，梭巡严密。城外淑士国的军马分布四面，日夜攻击。公主束莲芳急欲报那驸马之仇，见军士攻了三日，仍然未破，心生一计。传令军士准备木筏应用，造得愈多愈妙。军士奉令置办，不上五日，已造成七八十排木筏，禀知公主。这日晚上，公主在营中用过夜膳，到了二更时分，带领八名宫娥，五百名步兵，趁着星光，悄悄而行。到了鹤鸣关的吊桥旁边，扣定丝缰，口中念念有词，便向怀中取出那个小小葫芦，拔去塞头，对着护城河内倾倒。登时水势滔滔，宛如潮涨的一般涌将起来，公主那边滴水全无。遂带了宫娥、步兵，慢慢的策马回营，传令军士，把造成的木筏运至鹤鸣关前，以备乘筏攻关。

（〔清〕华琴珊著《续镜花缘》，

上海古籍出版社《古本小说集成》影印本，第208～209页）

《济公全传》节选

第六十四回
"李平为友请济公，马静捉奸毗卢寺" 节选

书中交代：马静的妻子何氏，可并不会喷黑气，这其中有一段隐情。原本何氏娘子，乃是知三从，晓四德，明七贞，懂九烈，根本人家之女。她娘家兄弟叫律令鬼何清，乃是玉山县三十六友之内的侠义英雄，当初马静与何清乃是结义的弟兄，先交朋友，从后结的亲。这天何清来探望马静，两个人坐在书房谈话，何清说："姐丈，咱们三十六友之内有一个人出了家，当了老道，你知道不知道？"马静说："谁出了家？"何清说："黑沙岭的郭爷，夜行鬼小昆仑郭顺，他出了家。那一天我碰见他，瞧他带着道冠，穿着道袍，我说：'你疯了。'他说：'怎么疯了？'我说：'你为何穿老道的衣服？'他说：'我看破了红尘，人在世上，如同大梦一场。'他出了家，他师父是一位高道，乃是天台山上清宫的，复姓东方，双名太悦，人称老仙翁，外号昆仑子。有一宗宝贝，名曰'五行奥妙大葫芦'，这葫芦能装三山五岳，勿论什么精灵，在里面一时三刻，化为脓血，将来老道一死，葫芦就是他的。他师父给他三道符，一道能捉妖净宅，一道避魑魅魍魉，一道能保身，避狼虎豺豹。我把他那道捉妖的符偷来，你瞧瞧。"马静一看，何清说："我不知道他灵不灵？"马静说："咱们试试。"

（〔清〕郭小亭著，卢海山、李海波点校《济公全传》，
中州古籍出版社2009年1月版，第389~390页）

第一百二十三回
"请济公捉妖白水湖，小月屯罗汉施妙法"节选

书中交代：这宗东西，名叫百骨人魔，原本是有一个妖道炼成的，能使他招魂。凡事无根不生，皆因慈云观有一个老道，叫赤发灵官邵华风，他要拘五百阴魂，练一座阴魂阵。他打发五个老道出来，招五百魂。这五个老道，一个叫前殿真人长乐天，一个叫后殿真人李乐山，还有左殿真人郑华川，右殿真人李华山，还有一个七星道人刘元素，每人出来招一百阴魂。刘元素就在这小月屯正西，有一座三皇庙，他占了这座庙，在乱葬岗子，找了一百块死人骨头炼在一处，用符咒一催，把这百骨人魔练成了。每天初鼓以后，老道在庙中院内，设摆香案，预备一个葫芦，给百骨人魔一面招魂取命牌，叫他出来，到小月屯招一个魂回去，老道把魂拘来，收在葫芦之内，打算是一百天，就把魂招够了，小月屯就得死一百个人。没想到今天被济公把魔给拿住。

（〔清〕郭小亭著，卢海山、李海波点校《济公全传》，

中州古籍出版社2009年1月版，第738~739页）

第一百四十四回
"老仙翁一怒捉悟禅，二义士夜探天台山"节选

话说悟禅正在气吹董太清，忽听山坡一声"无量佛"，信口作歌，来了一位老道，头戴旧布道巾，身穿破衲头，白绫高腰袜子，直搭护膝，厚底云履；面如古月，鹤发童颜，一部银髯，真是发如三冬雪，须赛九秋霜，在手中提着花篮，背后背着乾坤奥妙大葫芦。来者老道非别，乃是天台山上清宫东方太悦老仙翁昆仑子。董太清一看，赶紧跪倒，口称："祖师爷在上，弟子给祖师爷叩头。"孙道全也跪下了，悟禅也吓得不敢吹了，雷鸣、陈亮不知这个老道的来历。这位老道在天台山上，道德深远。这座天台山，有四十五里地高，他的庙站在上面，叫接云岭。这座山上，豺狼虎豹、毒蛇怪

蟒极多，凡夫俗子也到不了。孙道全、董太清都认识，故此赶紧行礼。老仙翁一看，说："你两个人为何如此争斗？从实说来！这个妖精是谁？"孙道全说："回禀祖师爷，这个小和尚是我师兄，我拜济颠和尚为师，我要跟济颠学习点能为法术。"老仙翁一听，说："好，我山人正要找济颠呢。"老仙翁为什么要找济公作对呢？这内中有一段缘故。

……

今天老仙翁早晨起来，在山上采药，看见山下一股妖气，直冲斗牛之间，故此这才下山来看看。一问孙道全，他提说拜济公为师，故此老仙翁说："我正要找济颠僧。"又问："你两个人为何争斗？"孙道全说："奉济公之命，搭救王安士。"怎么董太清、张太素害人拘魂，从头至尾，细述一遍。董太清说："祖师爷，你看孙道全他无故使人把我的庙烧了，方才那个蓝脸把我师兄杀了。"老仙翁说："董太清，你这孽障，无故不守本分，贪财害人，张太素死有余辜。你把摄魂瓶拿出来，不准你再动手，山人今天便宜你。"董太清不敢不拿出来，立刻把摄魂瓶拿出来。老仙翁说："孙道全，你拿摄魂瓶去救王安士，这个小妖精是你的小师兄呀，我把他带上山去吊起来。你给你师父济颠送信，叫他前来见我。他一天不来，我把他吊一天，他两天不来，我把他徒弟吊两天，哪时他来，我把这妖精放下。"孙道全也不敢多说，悟禅就吓的不敢跑。怎么不敢跑呢？知道老仙翁身后背着那乾坤奥妙大葫芦，无论甚么妖精装到里面，一时三刻化为脓血。老仙翁立刻把悟禅搁到花篮之内，老道竟自上山去了。

（〔清〕郭小亭著，卢海山、李海波点校《济公全传》，

中州古籍出版社2009年1月版，第864~866页）

第一百五十四回
"老仙翁法斗济公，请葫芦惊走妖狐"节选

……老仙翁说："仙姑不用着急，待我今天要颠僧的命。"立刻由那屋里，把乾坤奥妙大葫芦拿出来。老妖狐知道这葫芦的利害，无论什么妖精

收到里面，一时三刻化为脓血，老妖狐他虽有八千年道行，他也当不了，急忙一跺脚，架起妖风，竟自逃走。

老仙翁把葫芦在手中一擎，说："颠僧，你可认识我这葫芦？"和尚说："我怎么不认识？这必是酒铺里的幌子，给你偷来的。我常在酒铺里喝酒，听说你要赊酒，酒铺不赊给你，你一恨，把人家幌子偷来。"老仙翁说："你胡说！你可知道我这葫芦的来历？"和尚说："我不是说酒铺的幌子吗？"老仙翁道："告诉你：

蔓是甲年栽，花是甲月开。甲日结葫芦，还得甲时摘。

里面按五行，外面按三才。吸得精灵物，霎时化灰尘。

我这葫芦经过四个甲子。无论什么精灵装在里面，一时三刻化为脓血。你别看我葫芦小，能装三山五岳，万国九州。"和尚说："还有些什么个奥妙呢？"老仙翁说："我要把你装在里头，六个时辰，就把你化为脓血。"和尚说："咱们两个人，也没有这么大冤仇呀，你何必要我的命呢？你把我要装到里面，我要难受，我说'道爷你饶了我罢。'我一嚷，你可把我放出来。"老仙翁说："可以，只要你知我的利害，服了我，我就饶你。"和尚说："随你装罢。"老仙翁立刻把葫芦盖一拔，口中念念有词，只见出来一道霞光，金光缭绕，瑞气千条，霞光一片，看着把和尚一裹，展眼之际，就见和尚给霞光绕的瞧不真了。老仙翁把霞光一收，葫芦盖一盖，老仙翁叫道："颠僧！"就听和尚在葫芦里答应："哎！"老仙翁说："颠僧，你觉着怎么样？"就听葫芦里说："这倒很好，我有个地方住着倒不错。"老仙翁说："颠僧，你不央求我，少时就把你化了！"

……

老仙翁刚要往外放济颠，只见和尚又打外面"梯拖梯拖"进来了。众人一瞧，也都愣了。老仙翁"呵"了一声，说："颠僧，我将你装在葫芦之内，你怎么会跑出来了？"和尚说："我在里边闷的很，故此挤了出来。"老仙翁一瞧，葫芦盖盖着，怎么会挤出来呢？葫芦还觉着很沉重，老仙翁掀开盖往外一倒，"叭哒"倒出来，原来是和尚那一顶破僧帽。老仙翁说："原来是这一顶破僧帽！"和尚说："你别瞧不起这顶破僧帽，你还经不住我这顶帽子一打呢！"老仙翁一想："我仰观知天文，俯察知地理，我怕他这僧帽？"想罢，说："和尚，你这帽子有多大来历？"和尚说："倒没有什么来历，有点利害。"老仙翁说："我却不信，你把帽子的利害，拿出来我瞧瞧。"和尚说："可以。"立刻把帽子往上一撩，口念六字真言，老道一瞧，这帽子起在半悬空，霞光万道，瑞气千条，金光缭绕，犹如一座泰山，照老道压下来。老仙翁一看，暗说："不好！"心中一动："这个和尚必有点来历，也须是故意戏耍我。"

（〔清〕郭小亭著，卢海山、李海波点校《济公全传》，
中州古籍出版社2009年1月版，第924～927页）

第一百九十回
"悟禅僧施法救四雄，赤发道法宝捉和尚"节选

这句话尚未说完，只见甲马兵库火着起来了。原来邵华风这庙里有两座库，一名甲马兵库，乃是老道炼成的纸人、纸马、纸刀枪，用符咒炼成的，静等造反的时节，老道用咒一催，能够天昏地暗，日色无光，十万纸人马能够杀人。还有一座阴兵库，是他派人收来的不该死的阴魂。前者七星道人刘元素，在小月屯害了好几十个人，还有前殿真人常乐天，后殿真人李乐山同左殿真人郑华川、右殿真人李华山，这五个老道收来的五百阴魂，收在一个火葫芦之内，有符贴着。要用时节，就把葫芦口一拔，咒语一催，能够天昏地暗，阴风惨惨，鬼哭神号，是一座阴魂阵。他这两个库，是对面有一个老道叫赤发真人陆猛看守。

（〔清〕郭小亭著，卢海山、李海波点校《济公全传》，
中州古籍出版社2009年1月版，第1142页）

第一百九十四回
"激筒兵扬威破邪术，济长老涉险捉贼人"节选

邵华风一见了得，连声喊嚷，立刻一摆宝剑，赶奔上前，说："好济颠，我山人跟你远日无冤，近日无仇，你无故跟我作对。今天祖师爷将你拿住，碎尸万段，方出胸中恶气！"和尚说："好孽畜！你就是赤发灵官邵华风么？"老道说："正是你家祖师爷！"和尚说："我正要拿你，你既是出家人，就应当奉公守分，跳出三界外，不在五行中，一尘不染，万虑皆空，扫地不伤蝼蚁命，爱惜飞蛾纱罩灯，老道应当戒去贪、嗔、痴、爱、恶。你无故妖言惑众，杀害生灵，招聚绿林江洋大盗，发卖熏香蒙汗药，贻害四方，使人各处拍花，败坏良家妇女，拆散一家骨肉分离，上招天怒，下招人怨。天作孽，犹可违；自作孽，不可活。我和尚并不愿多管闲事，无奈你实属罪大恶极，我和尚诛恶即是善念。今天该当你恶贯满盈，你还执迷不悟，还欲抗衡？"老道一听，气得三尸神暴跳，五灵豪气腾空，摆宝剑照定和尚劈头就剁。和尚闪身躲开，走了三五个照面，和尚身体伶便，老道砍不着，真急了，身子往旁一闪，说；"好颠憎，气死我也！待山人用宝贝取你！"和尚说："你把你的宝贝掏出来，我瞧瞧。"老道由身背后拿出一个葫芦，里面是五百阴魂，都是不该死的人，前者众老道炼百骨神魔害的人收来的。今天老道真急了，口中念念有词，把葫芦盖一拔，放出五百阴兵，立刻天昏地暗，日色无光，鬼哭神嚎，直奔官兵队。和尚赶紧吩咐拿激筒打，众官兵立刻用激筒一打，这污秽之水，专破邪术，展眼之际，阴兵四散，化为灰飞。赤发灵官邵华风一见和尚破了他的阴兵阵，老道大吃一惊，立刻又要念咒。和尚又吩咐官兵用激筒打老道，官兵激筒照老道一打，众老道浑身上下是脏水，念咒也不灵了。大众说："祖师爷，可了不得了！"邵华风说："快跟我走！"众人拨头就往庙里跑。和尚说："追！"官兵队直追到慈云观山门以外。

（〔清〕郭小亭著，卢海山、李海波点校《济公全传》，
中州古籍出版社2009年1月版，第1166~1167页）

第二百十五回
"捉妖怪法宝成奇功，辨曲直济公救徒弟"节选

  济公同老仙翁在屋中盘膝打坐，闭目养神，直候至天交二鼓，听外面风响，和尚说："来了。"老仙翁说："不用圣僧拿他，小小的妖魔，何用你老人家分神，待我将他捉住。"和尚说："也好。"老仙翁立刻把乾坤奥妙大葫芦在手中一托，就听外面一声喊嚷："吾神来也！""呵"了一声，说："屋中哪里来的生人气，好大胆量，竟敢搅扰吾神的卧室！"老仙翁同和尚并不答言。只见由外面这妖精迈步进来，是一个文生公子打扮，头戴粉绫缎色文生公子巾，双飘绣带，上绣八宝云罗伞盖花缸金鱼；身穿粉绫缎色文生氅，绣三蓝花朵，腰系丝绦，白绫高腰袜子，厚底竹履鞋；面似银盆，不亚如美玉，长得眉清目秀。老仙翁一看，说："好一个大胆的妖魔，竟敢搅乱人间，待山人拿你！"立刻把乾坤奥妙大葫芦嘴一拔，放出五彩的光华。这妖精打算要逃命，就地一转，焉想到这乾坤奥妙大葫芦，勿论多大道行的妖精休想逃走。当时光华一卷，竟将妖精卷在葫芦之内。老仙翁口中念念有词，把葫芦往外一倒，将妖精倒出来。妖精已现露了原形，被老仙翁用咒语治住不能动转，原来是一条大黑鳅鱼。这条鱼有三千多年的道行，只因前者张文魁上任的时节，坐着船过西湖，本来姑娘长得貌美，在船舱里支着窗户坐着，黑鳅鱼精看见她，变了一位文生公子，前来缠绕姑娘，自己不知正务参修。今天被老仙翁将他拿住，立刻叫人来看，外面早有家人回禀了张文魁，众人来到后面一看，原来是一条大鳅鱼。老仙翁说："你这孽畜搅闹人间，实属可恨。"说着话手起剑落，竟将黑鱼斩为两段。和尚见老仙翁把鳅鱼杀了，和尚口念："阿弥陀佛，善哉，善哉！"罗汉爷有未到先知，今天老仙翁把这鱼一杀，下文书这才有八怪闹临安要给黑鱼报仇，这是后话不提。老仙翁把这鱼杀了，张文魁给老仙翁行礼，说："多蒙仙长大发慈悲，把妖精除了，这一来我小妹也就好了。"张文魁立刻吩咐叫家人摆酒，同和尚、老道开怀畅饮。

（〔清〕郭小亭著，卢海山、李海波点校《济公全传》，
中州古籍出版社2009年1月版，第1292～1293页）

第二百三十三回
"钦赐字诏旨加封，会群魔初到金山"节选

正说着话，只听后面一声"无量佛"，众人回头一看，来了两位老道，头里这位老道，面如三秋古月，须发皆白，背后背定乾坤奥妙大葫芦，来者正是天台山上清宫东方太悦老仙翁，后面跟定乃是神童子褚道缘。书中交代：济公由三教寺出来，褚道缘不放心，随后驾起趁脚风追赶下来。走到石佛镇，正碰见东方太悦老仙翁。老仙翁由前者跟济公分手，本处知县邀请绅董富户共成善事，重修石佛院，工程浩大，好容易修齐了。老仙翁见褚道缘忙忙张张，赶紧问道："褚道缘，你上那去？"褚道缘连忙给老仙翁行礼，说："我追我师父济公上金山寺，只因我小师兄悟禅惹的祸，前者火烧了圣教堂，现在八魔在金山寺要摆魔火金光阵炼我师父，我要追了去给解和。"老仙翁一听，说："既然如是，你我一同去给解和。"褚道缘说："甚好。"立刻老仙翁带上乾坤奥妙大葫芦，同诸道缘驾起趁脚风，往下追赶来了。追到瓜州，雇了一只船，赶到金山寺，方下了船，只见济公正同八魔讲话。老仙翁口念"无量佛"，说："众位魔师请了。"

八魔一看，认识老仙翁，跟着紫霞真人李涵龄查过山。八魔抬头一看，说："道友，你来此何干？"老仙翁说："我听说你等跟济公为仇，我特来给你等讲和。众位不可，济公他这点来历也不容易，十世的比丘，才能转罗汉。众位要摆魔火金光阵伤害他，看在我的面上，众位不必。"卧云居士灵霄说："道友，你别管，我等原与济颠远日无冤，近日无仇，只因他火烧我徒弟韩祺，戏耍邓连芳，这都算小节。绝不该主使他徒弟火烧了我们圣教堂，大闹万花山。我等非得结果他的性命不可。"老仙翁说："众侠依我说，冤家宜解不宜结。"八魔说："道友，你趁此快走，不要跟我等在此摇唇鼓舌，再要多说，可别说我等翻脸无情。"老仙翁一听，勃然大怒，说："你们这几个人休要不知事务！"六合童子悚海说："你这老道管事，这叫一头沉莫死，他应当烧死我等门徒，应当火烧圣教堂，应当欺负我们？你要不叫我们摆魔火阵也行，叫济颠给我们跪倒叩头，认罪服输，我等就饶他。"济公说：

"你满嘴胡说，你给我叩头也不能饶你。"老仙翁说："你等这些孽障，有多大能为，也敢这样无礼？待山人拿法宝取你，全把你们装起来，叫你等知道我的利害。"说着，老仙翁伸手拉乾坤奥妙大葫芦。老仙翁这葫芦有天地人三昧真火，经过四个甲子，勿论什么妖魔鬼怪，魑魅魍魉，山精海怪，装到里面，一时三刻化为脓血。今天老仙翁把葫芦盖一拔，掌中一托，口中念念有词，要捉拿八魔。

（〔清〕郭小亭著，卢海山、李海波点校《济公全传》，
中州古籍出版社2009年1月版，第1401~1403页）

第二百三十四回
"因讲和仙翁斗八魔，六合童子炸碎葫芦"节选

话说老仙翁把乾坤奥妙大葫芦打开，口中念念有词，说声："吾奉太上老君，急急如律令敕！""刷啦啦"由葫芦里出来五彩光华，扑奔六合童子悚海。只见六合童子悚海，被光华卷来卷去，被老仙翁卷进葫芦之内。老仙翁立刻先把葫芦盖一盖，卧云居士灵霄等一见说："好老道，你敢伤我等兄弟！"众人各拉混元魔火幡，跟老仙翁拼命。老仙翁实指望要把八魔全皆拿住，焉想到六合童子悚海成心要伤损老仙翁的宝贝，六合童子悚海他能大能小，要小他能变似苍蝇，要大能有几丈大。他到了葫芦之内，一施展法术，往大了一长，就听葫芦内"咕噜噜"一响，"叭嚓"的一响，把葫芦炸了三四瓣。老仙翁吓得亡魂皆冒，捡起半片瓢，拨头就跑，吓得褚道缘跟着就跑，幸喜八魔没追赶。老仙翁离了金山寺，心痛自己的宝贝，不由得放声痛哭。褚道缘看着老仙翁可怜，又怕济公被八魔所害，不由得也哭起来了。

正哭着，只听对面一声："无量佛，善哉，善哉！道友何必如此？"褚道缘抬头一看，见对面来了两位老道，面如紫玉，浓眉大眼，花白胡须，头上紫缎色道巾，身穿紫缎色道袍，腰系杏黄丝绦，白袜云鞋，背背宝剑，手拿萤刷。后面跟定这位老道，头戴青锻色九梁道巾，身穿蓝缎色道袍，腰系黄丝绦，白袜云鞋，面如三秋古月，发如三冬雪，须赛九秋霜，一部银髯飘

满了前胸,手拿蝇刷。真是仙风飘洒,好似太白李金星降世。头前这乃是白云仙长徐长静,后头跟着野鹤真人吕洞明。这两位老道,原本是由焦山来,要逛逛金山寺。走在这里,正遇见老仙翁,手拿着破瓢,同褚道缘就地而坐,放声大哭。徐长静、吕洞明二人赶奔上前,说:"仙翁何至如此?"老仙翁叹了一声,说:"二位道友有所不知,只因济公长老的徒弟火烧万花山,惹下众外道天魔在金山寺要摆魔火金光阵火炼济颠。我与济公素有旧识,再说济公乃是一位得道高僧,我去给解劝,八魔跟我翻了脸。我用乾坤奥妙大葫芦要装八魔,不想六合童子悚海把我的葫芦炸了。"徐长静一听,说:"可惜,可惜!这葫芦乃蓬莱子给你留下的宝贝,不想今天被八魔给毁坏了,着实可恼!"老仙翁说:"二位道友既来了,可以帮我去报仇,捉拿八魔行不行?"徐长静一听,连连摇头说:"你我三人焉是八魔的对手?你在这里哭也是枉然,宝贝已然是伤了,你二人何不去请人捉拿八魔?"仙翁说:"请谁去?"徐长静说:"我指你二人两条明路,一位去到万松山云霞观去,找紫霞其人李涵龄借斩魔剑;一位去到九松山松泉寺,找长眉罗汉灵空长老借降魔杵。非这两种宝贝拿不了八魔。头一则也可以搭救济公长老,听说济公乃是一位正人,普度群迷,到处济困扶危,遭这样大难,你我也不能不救。再说也可以报葫芦之仇。"

(〔清〕郭小亭著,卢海山、李海波点校《济公全传》,
中州古籍出版社2009年1月版,第1404~1406页)

叁

民间文学中的葫芦故事选编

葫芦生人类

孟姜女

古时候，有一户人家姓孟，邻居姓姜，两家相处一直很好。可是，有一年春天，孟家在墙根下栽了一棵葫芦秧，葫芦秧越长越长，爬到了姜家那边，结了一个又大又圆的葫芦，谁见了谁喜欢。葫芦长成了，孟家想把葫芦摘下来，姜家不让，说葫芦长在这边就是他家的。两家各不相让。最后找人说和，评理，定下了一家一半，当面分开。于是，便有人将葫芦打开，却见里面坐着一个水灵灵的小姑娘。两家一见，喜欢得不得了。孟家要女儿，姜家也要，一时争执不下。在场的人给出个主意：那就做你们两家的女儿吧！你姓孟，他姓姜，就叫孟姜女，多好听的名字呀！这就是"孟姜女"的由来。

讲述人：王平，男，62岁，白厂门镇韩屯村人

流传地区：白厂门镇一带

搜集整理：李墨，21岁，初中文化，白厂门镇人

（张树人主编，黑山县民间文学三套集成领导小组编

《中国民间文学集成·辽宁分卷·黑山资料本》第二卷，第8页）

"司马"姓的来历

从前，有两户人家，一家姓司，一家姓马，两家是近邻，只隔一个墙头。

有一年，两家的墙头上长出一棵葫芦苗。

司家去给葫芦苗浇水，马家也去浇。

马家去给葫芦苗上肥，司家也去上。

苗长大了，开罢花，结了一个大葫芦。

葫芦成熟了，司家去摘大葫芦，马家也去摘。两家争起来，谁也不让谁。没办没，只好去县衙打官司。

县官说："这葫芦，你们两家一家一半。"说完，就叫衙役把葫芦锯开。

衙役拿过葫芦刚要锯，忽然，葫芦"砰"的一下裂开了，从里面走出一个小孩来。

偏巧，两家又都没孩子，这回争得更厉害啦。

司家说小孩是他的，马家说小孩是他的。

说着说着，两家都动手去拉那小孩。

县官想了想，说："你俩别争啦！小孩归你两家养。"

司家和马家同时说："那让他姓谁家的姓？"

县官说："就让他姓'司马'吧！"

讲述者：李玉兰，女，41岁，汉族，白浮乡李楼农民，无文化

搜集者：李侠，女，17岁，汉族，白浮乡中学学生

（山东省成武县三套集成办公室

《中国民间文学集成·成武民间故事卷》，第93~94页）

孟姜女名字由来

传说，在很久很久以前，有家姓孟的两口子，他们没儿没女。邻居姓姜，两口子七十有余，也无儿无女。

春天到了,老孟家就在靠近老姜家的栅边下种了一种大粒葫芦籽。春风吹拂着,和煦的阳光照耀着,葫芦渐渐地长高了,葫芦藤慢慢地向四周伸展。有一天,葫芦藤爬进了姜家的院子。

该到摘葫芦的时候了,孟家的老爹走进了园子,一眼便看见了夹在栅栏中间的一个大葫芦,同时姜家也望见了,两家同时跑去抢住那个大葫芦。孟家的老婆说:"这葫芦是我们种下的,不许你们抢。"姜家的老婆也不示弱:"这葫芦是挂在我们家栅栏上的,不准你们动它一根毫毛……"

就这样老争吵也不是个办法。几十年的友谊,也不屑为了一个葫芦而闹得脸红脖子粗的,谁让它偏偏长在两家的中间呢?孟老爹想到这里,便说:"咱们两家子这么办呢,一家一半。"

这个办法很好,大家都同意了。当用力切开的时候,里面却是一个白胖胖的小姑娘。因为葫芦是孟家种下的,所以姓孟,但是葫芦是夹在两家中间长的,所以又有姜家一份,便起个名叫孟姜女了。

口述:整理者父亲

整理:钱素英,榆树中学学生

（魏宪军主编,大洼县民间文学三套集成领导小组编
《中国民间文学集成·辽宁分卷·大洼资料本》,第19页）

孟姜女　节选

从前,一个村里住着这么两家人,一家姓孟,一家姓姜,只是一墙之隔。两户人家相处得十分要好。

那年,老孟家种了一棵葫芦,不想这葫芦秧长大了,一爬爬过了墙头,在老姜家那边结了个大葫芦。这个大葫芦长得可稀罕人了,两家合计,等葫芦开瓢时,两家一家一半。

好容易葫芦成了,两家人珍珍贵贵地摘了下来。可是,拿锯一开,只见红光一闪,从里面跳出个白胖白胖的小丫头。这丫头长得那个俊劲就别提了,细眉俊眼,就像上方的天仙。本来两家要分的是瓢,现在却是个姑娘,

总不能分成两半,一家半拉。就给孩子起了个名字叫孟姜女。

……

讲述人:于本荣,68岁,唐家房乡农民

搜集整理:吴宝明,40岁,唐家房乡广播站工作人员

流传地区:唐家房乡

（韩波主编,旧堡区民间文学三套集成编辑委员会编

《中国民间文学集成·辽宁分卷·鞍山市旧堡区资料本》,第65页）

陈古烂年的老话

混沌世界,无天无地,无日无夜,宇宙间一片黑暗。突然一阵狂风,把黑气吹散了,现出一朵白云。白云里面有一个卵,卵白似天形,卵黄似地形。卵生下无极,无极生下太极,太极生下两仪,两仪包含阴阳。这阴阳就像两个人,他俩自己取名字,阴问阳:"你姓什么?"阳说:"不是姓张就是姓李嘛。"之后,阴就自称李姑娘,阳就自称张古老。二人制天地定乾坤,张古老制天,李姑娘制地,他们限定时间一起把天地乾坤制完。张古老很用功,李姑娘却懒懒洋洋睡着了。张古老把天地制得平平坦坦的,快要圆功时,土地菩萨着急了,有天无地怎么行?他忙把李姑娘叫醒。李姑娘一看心慌意乱,忙用拐杖乱刨乱戳,这地制得很不周整,高低不平。等李姑娘把地制起,张古老还没搞归一,顾得东,顾不得西,也慌了,忙赶工,图方便,甩水补缺,这西边的天是用水补起来的。张古老和李姑娘把天地制成后,看到地上人未发、草也未生,就成配为婚。可惜多年没有生育,急得李姑娘每天求神拜天。这事感动了上帝,派太白星君赐了她八颗仙丹,叫她分作八次吃完。李姑娘求子心切,把八颗仙丹做一次吃了。一日三、三日九,身怀有孕,一胎生下八个崽崽,七男一女。大哥叫齐力,二哥叫蛮力,三哥叫铁汉,四哥叫铜汉,五哥叫压克,六哥叫长脚,七哥叫伏羲,八妹叫衣布。七男中齐力、铁汉最凶狠。

有一次李姑娘害病,齐力、铁汉问母亲爱吃什么。母亲说:"什么肉都

吃了，也不开胃，我只想吃点雷公肉汤。"齐力、铁汉就煮了一些小米倒在院坝里，几弟兄用脚乱踩着玩，惹雷公冒火下来打他们。雷公火气大，惹得的？一声霹雳炸开，雷公举大斧砍下来，不但没有伤害到几弟兄，反被齐力、铁汉活擒了。当时几兄弟要把他杀了煮汤，母亲一看雷公歪瘦得很，尽是皮皮，就吩嘱几弟兄多养几天，等肥了再杀了吃。几弟兄孝心好，听话，就把雷公关在笼子里。第二天几弟兄要外出有事，派老七伏羲和妹妹衣布守屋，离家时对两姊妹说："这雷公才擒到手，生得很，不要送他东西吃，免得走脱了。"雷公关在笼子里没有办法，对伏羲姊妹说："我什么都不吃，请你们递我一碗水喝，我渴得很。"两姊妹看他也着孽，就给他送一碗水。雷公得了水，一声霹雳把铁笼炸开，架翅膀飞到天上去了。

雷公到了天上，忙把在下界受难的事禀明玉帝，玉帝听了大怒："那还得了！下界有这样恶的人，总有一天会欺到我头上来，我要发齐天水要把他们都淹死去！"说完，把碗里的水倒了一半，叫千里眼、顺风耳去看下界的水势如何。雷公感激伏羲姊妹的救命大恩，暗中请白颈老鸹送去葫芦瓜种给他们。白颈老鸹把瓜种送到火坑边，寅时落卵时生，一天之间就发芽、开花、结果。两姊妹觉得有味道，就把葫芦抠了个孔，坐在里面办家家。

再说，千里眼和顺风耳转回来加盐添醋地对玉帝说："雨太小了，下面灰尘都没湿透。"玉帝索性把剩下的半碗水全都倒下去。这一下不得了，齐天大水把天下的人都淹死了。水涨进了南天门，伏羲姊妹坐的葫芦随波浪在天门上碰来碰去，咚咚地响。玉帝问是什么响，千里眼、顺风耳回答："水涨齐南天门了，凡间人都死完了，一个葫芦在南天门外撞来撞去的，没有事。"玉帝降旨收水，葫芦落在昆仑山上。伏羲姊妹从孔孔一看：嗨呀！天下没人了？太白金星早晓得伏羲姊妹良心好，就叫土地老儿做媒，要伏羲姊妹成亲，伏羲姊妹不肯，说："亲姊妹怎么好做夫妻？"土地老讲尽了好话，说："晓得，晓得。这是太白星君的旨意，要你两个做人种，二回莫准亲姊妹结夫妻就是了。"哥哥答应下来，妹妹不宽心。土地老说："好，碰个天缘。你们两个把一副磨子，从昆仑山上滚下去，若到下面合到一起了就成亲,好没?"妹妹想,从山上滚下去怎么合得到一起呢?就答应了。姊妹俩把磨子从山顶滚下去,刚刚好重在一起了,妹妹的一扇在下面,哥哥的一扇在上面。土地老要他们成亲,妹妹反悔了,土地老又说:"你俩沿着昆仑山转,若两人碰到了就成亲,好没?"妹妹又想,一个前,一个后,怎么能相碰呢?就答应了。妹妹在前面跑,哥哥后面追,一个前,一个后,跑了三天三夜,沿山转了三圈,还是追不上、碰不着。土地老对哥哥说:"蠢宝!你往后跑自然相碰了。"哥哥便调头往后跑,到一株马桑树下相碰了。妹妹脸气白了闭上眼睛不开口,哥哥羞脸红了,半天讲不出一句话,只好在马桑树下面成亲。

成了亲,妹妹怀孕,生了一个肉血团团。伏羲妹妹见生的不是人,就想把他摔舍掉。正好这天晚上,太白星君给两姊妹托梦,要他们把肉血团团砍成细颗颗撒到各处地方,落到什么地方就姓什么,说完就叫金贵仙人送了一把宝刀。第二天,伏羲姊妹就把血团团砍成细颗颗撒到各处,各处马上升起了烟火,这就是一百二十姓人。

玉帝见下界又有了人烟,马上放了十个太阳一起出,一起落,把人都烧死去。刚几天,就晒死了二十姓人,只有百家姓了。这时,太白星君暗中叫来一个大力士名字叫后羿的去射太阳。后羿带了一把弓箭,扎了一个台,开弓射太阳了。射时有个口诀,口诀是:

一射东方日一双,封为东方木德神。

二射南方日一对,封为南方火德神。

三射西方日两个,封为西方金德星。

四射北方日一双,封为北方水德神。

保留中方日一对,封为阳阴两星君,

日出阳来夜出阴,照耀凡间享太平。

讲述者:谢绍中,男,61岁,汉族,初中文化,农民龙山县八面公社,云山大队人

搜集整理者:田永瑞,男,土家族,文化馆干部;刘黎光,男,汉族,州文化局干部

流传地区：龙山县八面公社一带

搜集时间：1963年4月

（刘黎光主编，湘西土家族苗族自治州民间文学集成委员会编《中国民间故事集成·湖南卷·湘西土家族苗族自治州分卷》上卷，第4~7页）

落天女的子孙

七颗果子

很古很古的时候，天地生了一个姑娘落到凡间，后人都叫她作"落天女"。

落天女降到凡间时，田野一片焦黄，没有吃的，她只好上坡挖野菜。一个白胡子乃贡（即老人），见她孤苦伶仃，面黄肌瘦，就拿出七颗鲜红鲜红的果子，说："姑娘，我看你饿得实在可怜，给你七颗果子。记住，你一天只能吃一颗，不要吃多了。"说完轻飘飘地飞走了。

落天女捧起七颗鲜嫩的果子，饥饿一阵阵往上涌，不觉忘了老公公的话，一口气把七个果子都吃进肚。就这样，她怀孕了，经过十月怀胎，一次生下七个儿子。坐月时落天女没有人服侍，只好自己下床找来一只小鸡杀吃。这七个儿子是怪物，在行得很，趁娘忙不赢就自己爬下床到火塘玩，搞得全身漆黑。鸡煮熟了，落天女同她的七个儿子吃完鸡，就照鸡的样子给儿子每人取了一个名字：老大叫冠公、老二叫黑公、老三叫皇光、老四叫长爪、老五叫鸡肚、老六叫戈生、老七叫戈瑟。

怪得很，自从吃了鸡，七个儿子都长得像鸡一样，全身乌黑，能架起翅膀飞上天，玉皇大帝让他们当了雷公。

因为七兄弟生在干旱的年代，懂得粮食来得不容易，只要一见地上有人糟蹋饭，有人虐待父母，他们就恨得咬牙切齿，飞下凡间来惩罚他们：轻的，来到屋里神龛上闪电打雷表示警告；严重的，就用神火把良心丑的人烧死或劈死。

戈生和戈瑟

戈生和戈瑟脾气都很暴躁，有一回，不知为什么吵起架来了。大热天，戈生搬出七个太阳要把戈瑟晒死。七个太阳一出来，把树木晒死了，把岩石晒熔了。戈瑟呢？身上穿起棉衣，盖起棉被在屋里舒舒服服地困眼皮。冷天，戈生从天上降下几尺厚的大雪，把千年的大树压断了，房屋也压倒了。戈瑟却打起赤膊，手拿扇子，站在高山上扇凉风。戈生见整不死戈瑟，就飞下凡间来准备动斧头劈。

这事被戈瑟知道了，他搬来十多根铁柱子架成屋，又到山坡上砍一些杜仲剥下皮盖在上面。戈生架起黑云急急忙忙来到人间，扯一个火闪响一声炸雷，直奔向戈瑟那间房屋。铁架一点也没有动摇，杜仲盖的屋顶又光又滑，戈生一时立不住脚，积身滚下地来。躲在一边的戈瑟马上冲出去把戈生捆了，锁进铁屋里。他把儿子伏羲、女儿伏妹叫来看守，交待不许送戈生火和水，两夫妻就上坡去了。

伏羲兄妹

戈生被关在铁屋里又恨又怕，看见只留下两个四五岁的孩子看屋，便对他们说："伏羲伏妹，我口干得很，给我口水喝吧！"伏羲伏妹说："我阿爸阿娘讲了，不许给你水！"戈生又轻轻地哀求说："我喉咙干得快冒烟了，实在受不了啦！"伏羲伏妹看他可怜，就递去一碗水。

歇了会儿，戈生又说："伏羲伏妹，吃了你们送的水，我好舒服，请你们给我一点儿火吧！"伏羲伏妹又说："阿爸阿娘讲了，不许给你火。"戈生冷得打抖，上牙直打下牙，说："伏羲伏妹，快给我一点火吧，我要冷死了。"伏羲伏妹看他可怜，就又夹个火子送过去。戈生得了火，接着对伏羲伏妹说："你们两个是好孩子，我给你们一颗瓜种，快拿出去种吧！"

伏羲伏妹把瓜种种下地，刚回到屋，戈生就问："你们去看看，瓜种发芽了没有？"伏羲伏妹走去一看，那瓜种果真出嫩芽了。回转身戈生又问："瓜藤长长了吗？"伏羲伏妹走去一看，瓜藤真的长得好长了。戈生说："快去看开花结果了没有。"兄妹俩走过去，那藤上果真开了很多花，结出一个小小的葫芦瓜。等他们回来时，戈生催促说："葫芦瓜该长大了，可以摘了。"他们又走过去，真的有一个金黄金黄的足有柜子那么大的葫芦瓜躺在地里。伏羲伏妹高兴地摘下了大葫芦瓜，两个人抬不动，只好推着滚回家。到了铁屋前，戈生用刀子挖了个洞，把瓜子、瓜瓢抠干净，叫伏羲伏妹钻进去。真怪，恰好坐得两个人！戈生马上一个闪电，一声炸雷，冲出铁屋。这时大风呼呼响，乌云滚滚，雷电隆隆，瓢泼大雨从天上浇下来，一直下了七天七夜。戈瑟两夫妻知道大事不好，想赶回去也来不及了。

兄妹成亲

伏羲伏妹坐在葫芦瓜里随洪水漂，不晓得漂了好久，葫芦瓜才泊在岸边。他们钻出来，满眼都是光秃秃的山，一个村庄、一个人影也看不到。他们伤心极了，以后怎么办呢？正在这时，半人半鬼的比碌介山走来，对他们兄妹说："世上只有你们兄妹两人了，你们俩成亲吧！好生后代。"

"我们是同娘兄妹，怎么能成亲呢？"

比碌介山说："你们把一盘磨子分成两扇，伏羲扛一扇上东山，伏妹背一扇上西山。你们兄妹同时往下推，要是它们合在一起就成亲，行不行呢？"伏羲伏妹不相信会有这样巧的事，就同意了。磨子滚下坡时一个滚到一边去了，比碌介山和他的伙伴们暗中把磨子重起来放在山脚，伏羲伏妹下山来不晓得蹊跷，看见了重合的磨子说："人不同磨子，我们不能成亲。"

"你们不相信，还可以用一节竹筒劈成两半，一个在南山一个在北山同时往下摔，合在一起就成亲，行不行呢？"

伏羲伏妹又不相信会有那么巧的事，就同意了。他们同时把半边竹筒摔下山，竹筒各自飞到一边去了。比碌介山又弄手脚，兄妹两人从山上下来，一眼看见了合在一起的那节竹子，又说："我们是兄妹不同竹子！不能成亲。"

"那么你们兄妹俩就一前一后绕那座山转，如果面对面遇上了就成亲，好不好？"

伏羲伏妹同意了，就放心地绕着小山转起来。一次、二次、三次……十多次了，依然只是互相看着背影。伏羲累得放大气，伏妹累得汗水长流。这时，从路边跑来一只乌龟对伏羲说："伏羲呀伏羲，你走懵了，应该打转身跑呀。"伏羲听了乌龟的话，一下子就与伏妹碰面了。伏妹又羞又恨，抓住乌龟洒了它一身尿！

常言说"事不过三"，三次都印证了，他们怎么也推辞不得，伏羲羞得满面绯红，伏妹急得快要哭了。成亲时，比碌介山们不管怎么闹，怎么逗，伏妹也不笑。从此，苗家的女孩子不准乱笑，哪家姑娘高声大笑，父母就会骂她是"疯子"，不懂规矩，没有教养。

伏羲伏妹是我们苗家人民的祖先，尊称他们为"玛傩奶傩"（即傩公傩娘）。为纪念他们，每年都要举行一种十分隆重的祭祀仪式：堂屋中央设上一个神龛供上玛傩奶傩两尊神像。主人家要杀猪、宰羊，亲戚朋友都欢聚在一起，吹唢呐，放鞭炮，好热闹的。只有乌龟吃亏，冤里冤枉地臭一身尿臊。

讲述者：石二姐，女，92岁，苗族，文盲，农民，吉首市矮寨镇

　　　　石三富，男，66岁，苗族，小学，农民，吉首市矮寨镇

搜集整理者：张清秀，女，现年25岁，苗族，矮寨农民

流传地区：矮寨坡头一带

搜集时间：1986年6月25日

（刘黎光主编，湘西土家族苗族自治州民间文学集成委员会《中国民间故事集成·湖南卷·湘西土家族苗族自治州分卷》上卷，第30~34页）

伏羲兄妹造人

上古时候，伏羲兄妹在山上玩耍，一只鸟儿衔来了一颗种子，放在他们身边。他们把种子埋在土里，不久就冒出一根小苗苗，转眼又结出了一个很大的瓜。

这时，忽然下起大雨来了，大雨一直下了七七四十九天，淹没了大地。

伏羲兄妹将瓜划成两半，一人一半，他们坐在里面像坐船一样。等洪水退了以后，地面上的人都淹死完了。于是，伏羲兄妹就用黄泥巴做了许多人。哥哥造男人，妹妹造女人。到了晚上，泥巴人吃了露水都活了，成双成对的，十分快活。后来，泥巴用完了，他们就跑上山去偷，被管山的仙人发现了。仙人问："你们偷走我的泥巴，何时还我？"伏羲说："等两天那些人死了，敲锣打鼓给你送上山来。"

从此以后，人死后都要打锣打鼓送上山去，据说就是在还那管山仙人的泥巴。

讲述者：吴别洞，男，50岁，农民，小学
采录者：邓文康，男，32岁，乡文化专干，初中
采录时间、地点：1986年8月于简阳县壮溪乡

附：异文一

很古的时候，有两兄妹住在一个山脚下，哥哥叫伏羲。一天，有一只喜鹊给他们衔来一颗葫芦种子，叫着说："快种葫芦！"兄妹俩就把它种在地里了。不久，葫芦种子发了芽，开了花，结了葫芦。那个葫芦很快长到斗篷那么大了。

就在这时候，地上的狗儿子顺着万丈高的马桑树跑上天庭，打翻了玉帝爷案上的水瓶，天下发起洪水来了。这洪水越发越大，兄妹俩就把葫芦挖空躲了进去。水涨好高，葫芦就浮好高。后来水消了，他们从葫芦里爬出来一看，到处都没人影子了，只剩他们兄妹两个了。哥哥要和妹妹成亲，妹妹不答应，说："要成亲嘛，我们抬副石磨，一人在这边山梁子，一人在那边山梁子，把石磨滚下坡，如果两扇石磨合拢了，我们就成亲，没有合拢，我们就不成亲。"后来，他们从山梁子上把石磨滚下去，果然两扇石磨合拢了。妹妹还是不答应，说："我们两人围到这个磨子跑，你把我撵到了就成亲，撵不上我们就不成亲。"于是，他们就围着石磨开始撵。哥哥始终撵不上妹妹。这时旁边一只乌龟对伏羲说："你反起跑，保证能撵上你的妹妹。"于是，哥哥就掉过头来反起跑，刚掉过头来，一下就把妹妹撵到了。妹妹很恼

火，就踩了乌龟一脚，把乌龟壳踏烂了。哥哥想，要不是乌龟方圆一句，我还是撵不上妹妹的。于是，就屙了泡尿在乌龟身上，乌龟就活转来了。从那以后，乌龟壳就成了块块，还有一股尿骚臭。

兄妹俩成了夫妻。不久，妹妹生下了一个肉坨坨。他们感到奇怪，就把它砍成肉泥，遍山遍野地撒起。第二天起来一看，撒在山上的变成了飞禽走兽，撒在水里的变成了水蛇鱼虾，撒在坪坝上的变成男男女女的人了。这些人，靠在樟树上就姓张，靠在李树上就姓李，人们的姓就是这么来的。就这样，人类一代一代地繁衍起来了。

讲述者：李远成，男，52岁，农民，不识字

采录者：李廷勤，男，18岁，三台县师范，学生

采录时间、地点：1986年6月1日于三台县红星乡

（中国民间文学集成全国编辑委员会、中国民间文学集成四川卷编辑

委员会编《中国民间故事集成·四川卷》上册，第49~50页）

葫芦蛋

也说不上是哪年哪月，黑鱼泡东沿的平阳堡屯出了个怪事儿，前街打鱼的王五六正午在门前收葫芦时，摘到一个独头葫芦，只听"喀嚓"一响，葫芦里蹦出个胖小子。王五六半辈子没开怀，眼见五十出头还得了个后，那个乐劲儿呀就甭提了，麻溜儿给胖小子起了个小名儿叫"葫芦蛋"。

谁知，三年过去了，葫芦蛋还是那么大，高不过尺，粗不过碗。这下可把王五六老两口愁坏了。一天傍黑，王五六对葫芦蛋说："俺老两口实指望养你得济，可你老是这么点儿，能干点儿啥呢？"葫芦蛋听完，"噌"的一下跳到王五六的膝盖上，晃着那个葫芦头的脑袋说："爹，您老先别犯愁，我长得小是小，可也能帮你干活儿，明天，我就跟你下泡子捕鱼。"王五六摸了摸葫芦蛋说："孩子，别说傻话了，你还没个葫芦大，能捕哪份鱼呀。"

第二天，葫芦蛋真的蹦蹦跳跳跟着王五六下泡子了。王五六刚把小船划到泡子中间，就看见站在船头的葫芦蛋一个猛子扎到水里，还没等王

五六弄清咋回事呢，葫芦蛋两手抠着鱼鳃，骑着一尺多长的黑鱼游了过来。到了船边，葫芦蛋来个鹞子翻身，"啪"的一声把黑鱼甩到船舱，葫芦蛋就势又一个猛子扎到水里，不到一顿饭的工夫，船舱里装满了一水水儿尺把长的大黑鱼。王五六打了大半辈子鱼，头一回遇到这样好鱟头，爷儿两个到鱼市上卖了个大价钱。

从打葫芦蛋下泡子以后，老王家日子越过越有，不到一年工夫，就置了一条枣木渔船。这只船的船头雕着龙凤呈祥，船尾画着鱼跃龙门，整个船让河水一晃，显出枣红色，在蓝天绿水里一漂，嘿！好看得没治了。

这条枣木船可叫人上眼了。沟子西沿的渔霸佟大千不知在哪儿讨着了风。这个佟大千待人狠毒，阴险狡猾，就是一个铜大钱也要挤出二两水来，泡子沿一带的百姓都管他叫"铜大钱"。铜大钱听说王五六有条枣木船，眼红得直淌哈喇子，一连几宿没睡好觉，琢磨着怎么把枣木船逗过来，可一时又拿不出什么鬼点子来。大管家小九九早就猜透了铜大钱的心事。他在铜大钱的耳边嘀咕了几句，一下子就把铜大钱那副黑鱼脸说笑了。这时，铜大钱的家丁就传信来了，说今天是佟老爷的六十大寿，佟老爷要宴请高客，让葫芦蛋去帮忙。葫芦蛋知道铜大钱没安好心，又不能不去，爷儿俩只好划着船来到泡子西沿儿。这时候，铜大钱已经在岸上摆好酒宴，看热闹的百姓也围了不少。葫芦蛋爷俩的船刚一靠岸，铜大钱二尺钩子眼睛就搭住了那条枣木船，心里话：呀！真是好船，真是好船！葫芦蛋刚跳上岸，就听小九九扯着公鸭嗓喊道："葫芦蛋子，佟老爷寿星高照，今日赏光，看上了你的才能，让你替少爷们分分财产。"葫芦蛋说："俺们打鱼的喜欢直来直去，有话快说吧。"小九九连声说："好！好！这泡子边儿上停放着老爷十九条船，老爷要分给三个少爷。这大少爷嘛，要分得一半儿。这二少爷嘛，要分得四份儿里的一份儿。这三少爷嘛，要分得五份儿里的一份儿。可有个条件，不许把船弄两半儿分。分好了，老爷赏给你们五两碎银，分不出来，嘿嘿，你那条枣木船就要归老爷了。"周围的乡亲一听，都嚷开了："这不存心要霸占老王家的船吗！"葫芦蛋看着水里停着的十九条船，眨了眨眼说："好吧，我可以分，分的时候再把我家的枣木添上。"铜大钱和小九九一听蹦高儿地乐："没等分呢，这条枣木船就归我佟家了，真是天上掉下来的好事呀。"乡亲们和土五六心里可结了疙瘩，心想，这枣木船就这么白白送给人家了？葫芦蛋跳回自己的枣木船，说声："爹！放心吧。"就把枣木船划到了那十九条船的边儿上，然后大声说："现在开始分船，十九条船加一条是二十条船。佟大千的大儿子分一半儿，是十条。"几个家丁忙划走十条船。"佟大千的二儿子分四份儿的一份儿，是五条船。"几个家丁划走五条船。"佟大千的三儿子分五份儿的一份儿，是四条船。"几个家丁又划走四条船。葫芦蛋接着说："十条加五条再加四条共十九条船，剩下的船是我自己的。"这下子，铜大钱、小九九和岸上的人都惊呆了，谁也没料到十九条船能分得这么好。铜大钱气得"呼呼"直喘粗气，只好乖乖地拿出五两碎银。小九九一看失了面子，眼珠儿一转，又生出一条诡计，他扯着脖子喊道："葫芦蛋，先别走，把你的枣木船和那十九条船一字排开，我逢单必要，连要四次，如果要中你的枣木船，那就得乖乖归老爷。"葫芦蛋皱了皱眉头，一边答应着，一边把枣木船划到了第十六个位置上。小九九第一次要去一、三、五、七、九、十一、十三、十五、十七、十九号船，第二次要去二、六、十、十四、十八号船（一号船拿走了，二号船就是头一个单数了），第三次要去四、十二、二十号船，第四次要去八号船，最后还剩下那条枣木船。只见葫芦蛋向岸上的人们招了招手，爷儿俩撑着船儿飞似的划回泡子东沿儿。铜大钱一看枣木船没弄到手，还赔了五两碎银，眼珠子好悬没气冒了。

讲述者：张会民，男，70岁，汉族，镇赉县，黑鱼泡乡，农民，不识字

采录者：张庆杰，男，34岁，镇赉县镇赉镇，干部，大专毕业

采录时间：1988年

采录地点：镇赉县黑鱼泡乡三家子村

（中国民间文学集成全国编辑委员会、中国民间文学集成吉林卷编辑委员会编《中国民间故事集成·吉林卷》，第472~474页）

葫芦法宝类

蝎子精

从前，有个大丘庄，庄上有个丘拴柱，七岁丧父，十岁丧母，父母给他留下了三亩老坟地，因他不会种地，他的叔父婶母看他无依无靠，就把他收留了。拴柱长到十七岁时，叔父给他拿了些本钱，为他办一些绒线、梳子、钢针等碎小的杂货，还有一个拨浪鼓，让他到很远的齐宝镇做生意。

拴柱辞别叔父婶母，离别家乡，一直向东南，过了大沙河，来到齐宝镇。他住在王家店里，每天外出做买卖，早出晚归，天天如此。这样他在齐宝镇做生意四年，赚的钱也多了，看到像他这么大的年龄的人，都成了家，不由得想起了自己的婚姻大事。这天夜里，他翻来覆去地睡不着。最后决定回家乡看一看。

次日清晨，他收拾好行李，就一直向西北上了路。正走间，前面是一个岔道，一时不知从何而走。正在犹豫，忽然看见路西有两位老先生在下棋，拴柱走上前深施一礼道："二位老伯，请问到大丘庄走哪条道？"老人抬起头来说道："年轻人，你还是走远道吧，若走近道，大沙河北边关阳寺里闹妖精，好久都没人敢过。"拴柱听罢笑道："我外出四年，从来没见过妖精，今天我倒要见识见识。"说罢，朝着老人指的近道方向而去。过了大沙河，来到了关阳寺门口，抬头望去，只见一棵大的垂杨柳，树干有两搂多粗，枝叶茂盛，凉气袭人。树下有一块大石碑，坐上乘凉正合适。六月天气，十分闷热，丘拴柱觉得这儿乘凉再好不过了，就把行李放在石碑上，打点儿坐在上边休息一会再行。

坐有片刻，听到下边"砰"的一声响，拴柱提起行李一看，见从石碑上伸出指头那么大一个黑尖，把行李扎了一个大窟窿。拴柱当时吃了一惊，顺手从包裹里拿出剪子，一手提行李，等黑尖伸出二寸长时，伸手把黑尖剪断，听到"轰隆隆"一声巨响，接着从石碑里"扑扑扑"冒出一缕红烟，一股白水，把石碑化成白灰。拴柱看罢吓得浑身出冷汗，背起行李拔腿就跑，跑有三四里路时，已上气不接下气，又因天气炎热，他想找个乘凉的地方，抬头见前面有一棵小树，就走上前把行李放下，瘫倒在树下，心里想着刚才发生的一切，又想起了二位老人的话：难道真的有妖精吗？好厉害呀！幸亏刚才我坐在行李上，要不就送了命。正在他胡思乱想中，忽听附近有女人的哭啼声，他先是一惊，抬头看去，在离此不远的地方有个刚埋不久的坟，旁边坐着一位年纪约二十上下的美貌女子，身穿重孝，啼哭不止。拴柱心想：现在正是杏黄六月，又是午时，这前不靠村，后不着店，人烟稀少，热着了怎么办？不由得上前劝道："大嫂，是你什么人死了，这样悲伤，不要哭了，赶快回家吧，以免伤着身体。"这个女子抬起头哭诉说："大哥，你尽管走你的路，不要管我。这是我的丈夫死了，我是个独命人，从小丧父，长大丧母，无依无靠。我过门三个月又死了丈夫，现在我是无处可奔，只有一死了。"说着说着哭得更痛了。拴柱听罢，不由一阵心酸，他叹口气说道："唉，天下竟有这么多苦命人，我也和你一样，七岁丧父，十岁丧母。"女子抬头问道："你家里还有什么人？"拴柱苦笑了一下："我是庙前的旗杆——光棍一条。"女子流着泪乞求道："大哥若不嫌弃，我就跟着你回去，我们都是苦命人。"拴桂一听这话倒有点不好意思，但见她实在太可怜，就满口答应了。女子站起身来，脱去孝服，跟着拴柱一路夫妻相称，双双直奔大丘庄。

回到村里，全村男女相传着消息说："拴柱外出四年，在外成了家，带回来的那个女子貌似天仙，拴柱可真有福气啊！"人们都为他高兴，有的忙为他打扫院子，修理房子，叔父婶母给他送来了米面。看到这些，拴柱很受感动。回来后就耕种那三亩老坟地，忙天在家种地，农闲时出外卖绒线，日子过得很美满。

第二年三月的一天，从庄西头进来一位算卦先生，花白胡须，身背一个黄包裹，手拿一副竹卦板，口念卦歌：

"卦板一打响连声，各位父老听心中，都来掐、都来算，东山来了灵先生。"

他打着卦板，念着卦歌，往前走着，来到大街正中央。大丘庄的男女老少忽地一下子围住了算卦先生，都争着问："给我算一卦吧，先生？"这位先生答道："我不是来算命的，我是来打听一个人。你们这庄去年从齐宝镇是不是回来一个人，带着一个年轻女子，你们哪位知道呀？"人们都在议论着："是拴柱吧？"一位有见识的老头召集大家说："都不要多说话，拴柱这孩子命够苦的，出外四年成了亲很不容易，说不定这老头是来要人的。"先生见没人回答，接着说道："如果你们不相信我，不对我说实话，百天以内你们村得有大灾大难。每逢初一、十五，从东南过来一块红云彩，走到这庄上边就散了，你们有人见过没有？"人群中有人说："有，我见两回了。"正在人们议论时，拴柱哼着二黄小调，从地里回来了，也挤到人群里问道："出什么事啦？"这时，先生接住往下说："对你们实说了吧，那人带回的是一只大蝎子精，现在正在养伤，等伤养好了，你们村的人都活不成。"丘拴柱暗暗叫苦，他想起了在关阳寺的情形，用剪子剪的定是蝎子精，莫非她是那个蝎子精变的。这时见人们都看着他，他就问先生："你怎么证明她是妖精呢？那个女人是我带回来的？""那好，我给你出一道符，你把它贴到门上，她就会露出原形，趴在窗户上看她是人还是妖。"先生说着把符递给拴柱，他按照先生的吩咐战兢兢回到家里，见她正躺在床上，便把符轻轻贴在门上，从窗户向里一看吓得魂不附体，出门就跪在先生面前："你快快救我吧先生，正是一只大黑蝎子。"先生手捻胡须，站起身来说道："不要怕，快快起来，我就是来捉拿它的。"他顺手拿出三道符，又拿了一个圆葫芦，跟着拴桂来到门前，等他贴完三道符，只见蝎子精化作一缕红烟刚想逃走,先生手疾眼快,忙拿出葫芦,对准红烟,葫芦里放出一道白光,只见红烟慢慢地全被收到了葫芦里。先生说道:"妖精已经拿住,以后它再也不能出来了。"说罢,背起黄包裹向东南而去。

讲述者:常首山

搜集整理:常桂云

（扶沟县民间文学集成编纂委员会编

《中国民间故事集成·河南扶沟县卷》,第161~165页）

纪小堂拿五鬼

从前有个读书人,叫纪小堂,因考试未中竟变得疯疯癫癫的。一天,外面来了一位老道,纪小堂一见就说:"我师父来了。"老道说:"我是你师父吗?"纪小堂说:"就是我师父。"老道说:"你既然认我为师,就跟我去吧。"纪小堂高兴地回到屋里向老母、妻子、儿女告别了。他从屋里出来以后发现老道不见啦,只有一条黑板凳,他说:"这板凳就是我师父。"说完骑上板凳,板凳就从地上飞起了,一直向西南飞去。当飞到一座大山中间,板凳从天上落下来,纪小堂从板凳上下来一看,见南北有一条小道,不知往哪边走好。他想骑上板凳再飞,回头一看板凳不见了。正在犯愁时,来一个挑挑的,纪小堂向前便问:"这里有人家吗?"那人说:"北面有唱大戏的。"纪小堂向北走去,到那里一看,哪有唱戏的?气得他坐在路旁一块石板上。突然石板下沉了,纪小堂什么也不知道了。等他醒过来,发现自己掉在一个深洞里。他往旁边一瞧,见里边有一条小河,河上有一小桥,他上桥向下一望,见一少女在桥下河边洗衣服,只听那少女说:"你不是纪小堂吗?你一定渴了,到我家去吧。"纪小堂就跟少女到了她家,少女递给他一个小水壶,他接过水壶就喝,可水壶里的水咋喝都不见少。到晚上少女端上一盘菜,等纪小堂吃完,少女把盘子扔了,接着又给纪小堂拿来被褥,让他住下。

一天,少女要出门,让纪小堂看家,但不许他开北门。少女走后,纪小堂在想：她为啥不许我开北门呢？我非开北门看看不可。他打开北门见笔直的一条大道，就走出去了。走不远就见一棵大树下有两位老人在下棋，其中就有他师父。他忙向前给师父磕头。他师父说："那少女是条蛇精，她出门去找她姐姐去了，今晚就要把你吃掉，那蛇精已吃了九十九个人了，吃到一百个就谁也治不了她啦。"纪小堂一听，慌忙恳求师父救他。他师父说：救你不难，但我腿上有个大脓疖子，你能用嘴把脓吃了吗？"纪小堂二话没说，上前把师父腿上疖子里的脓吃净了，吃完了还巴达巴达嘴，觉得很甜。他师父给他一包针告诉他说："等那少女回来时，你抓住她，把针别在她的身上。"纪小堂记住了师父的话，拜别了师父就回去了。到了晚上，那少女果然领她姐姐来了，刚一进门就被纪小堂一把抓住，把针别在她们的身上，只见二女痛得就地直打滚，一会儿，变成了两条大蛇。

　　纪小堂杀死蛇精后，又回到他师父那里，跟师父学艺。三年后，师父对他说："你该下山啦，临走我送你三件宝贝。"说着拿出一个圆垫子，一个小葫芦，还有一个黑盘子。接着又在他手心上写了"手雷"二字，告诉他说："你坐上圆垫子就能飞，这葫芦能装鬼，你遇见鬼一甩手就是一个雷，能把鬼击死，如果击不死，再将黑盘子扔出去，鬼就死了。你下山后，切记不要仗艺欺人，要为民除害，多做好事。"纪小堂一一答应，告别师父坐上圆垫子飞向天空。飞了很长时间，圆垫子忽然落在一个屯子里，纪小堂收起垫子向一户人家走去，走到门口就听院内哭声一片。他进去一问才知道，原来屯里有座庙，庙内有五个鬼，非常凶恶，他们叫屯里人给他们每天送一个小孩吃，如若不送，就将全屯人吃掉。今天正是这家送小孩子的日子，所以全家才哭成一团。纪小堂说："原来这么回事儿，你们不要哭了，我有办法把鬼捉住。"这家人忙都跪下磕头说："我们真是遇见活神仙了，你这位先生能把鬼捉住，我们全屯人一定给你修神庙塑神像，天天给你烧香磕头。"纪小堂将他们扶起来说："不用这样，你们准备一小锅豆油，用三块砖头，把锅支起来，再用棉花做捻子，放在庙门两旁，我自有妙用。"人们都一一照办。晚上纪小堂来到庙门外，点着了棉花捻子。五个鬼闻着豆油香味，忙都跑出来，以为有人给送小孩子来了。纪小堂将鬼引了出来，一甩手，只听一声响,雷直奔五鬼击去,可是五鬼被雷击后未怎么的。纪小堂又将黑盘子扔了出去,只听一声巨响,击中五个鬼。当时五鬼倒在地上,变成一寸多高了。纪小堂把五个鬼装入葫芦里,然后他就躺在神案上睡着了。那家人看天亮了,不见那位先生回来,想是被鬼吃了,就召集屯里人去庙里看看。人们往堂里一看,那位先生在睡觉呢! 人们将纪小堂推醒说:"可把我们吓坏了,以为你被鬼吃了呢。""鬼没吃了我,反被我抓住了。"纪小堂说罢从葫芦里倒出来五个小鬼,人们一见吓得直往后退。纪小堂说:"不用怕,他们叫我镇住了,再也不能害人了。"全屯人都跪在地下磕头。等他们抬起头来时,纪小堂早不见了。

讲述人:贾维廷

流传地区:黑山东部

(张树人主编,黑山县民间文学三套集成领导小组
《中国民间文学集成·辽宁分卷·黑山资料本》第二卷,第174~176页)

哥俩取宝

从前,有一户姓关的人家,家里只有哥俩过日子。他们的阿玛和讷讷在世时,关老大和马家沾亲。阿玛和讷讷去世以后,马家姑娘见关家祖辈留下了一些财产,关老大长得标杆溜直的,这门亲没吹,很快成了亲。关老二是个又瞎又瘫的无用的人。刚过门儿时,关马氏还侍候这个没用的小叔子。后来,马氏生了孩子,成天照顾自己的孩子,就嫌弃起小叔子来,一天三顿饭送到小叔子面前,还得替他洗洗刷刷、缝缝补补的,实在觉得小叔子是个累赘。有一天,马氏把关老大叫到屋外说:"快把他二叔送走吧,我可侍候得够够的了。"

关老大说:"可是往哪儿送呀? 就是有地方送,咱们也得和他分家。"

马氏一听说分家,家产就得拿出一半,不合算。他若是死了,祖上留下这些财产不就都成自己的啦。对,把老二弄死。马氏把牙一咬说:"干脆,把老二掐死。"

关老大摇摇头,他下不得手。

"那你侍候他。"马氏说到做到，从这以后，她不给小叔子洗刷不说，一天三顿饭也不让关老二吃。

关老大下地干了一天的活，还得侍候弟弟吃饭、洗刷。日子长了，也觉得弟弟是个累赘。马氏就对关老大说："掐死他你下不了手，你不会套上车，就说送他到姥姥家去串门，扔进大山沟里喂狼。"

第二天，关老大套上牛车，就对弟弟说："老二，咱们好多年没到姥姥家串门啦，今个我送你去串个门。"关老二一听，打心眼儿里喜欢。哥哥把弟弟抱上车，老牛车"吱呀吱呀"地就离开了家。

关老大赶着牛车走啊走啊，走了大半天，也没找到个合适的地方。关老二觉得奇怪，就问："哥，姥姥家怎么还没到？"前边是个大山崖。关老大把车停在山崖上说："到了。"他把弟弟抱下车，放在大山崖上边，眼睛一闭，伸脚一蹬。可怜的弟弟顺山崖"叽里咕噜"地滚到山崖下。关老大赶着牛车就回家了。马氏一见小叔子不在车上，乐得两眼成了一道缝。

再说那个又瞎又瘫的关老二。他滚到山崖下，摔昏过去了。等苏醒过来，天也快黑了。他爬呀爬呀，爬进了一个山洞。刚刚躲藏起来，就听见不知是什么野兽"呼哧呼哧"地进了洞，吓得关老二大气都不敢喘。

是什么野兽呢？是老虎、狗熊、狼和狐狸。这四个家伙进了洞，尖嘴狐狸一边抽搭鼻子一边说："我说各位大哥，咱这洞里有生人味。"老虎听了哈哈笑着说："我今儿个吃了一个瘸子，怎能没有生人味？我今天吃得真饱。"狐狸听了老虎的话，接着细声细气地说："我今个在山下偷了两只鸡吃，我一点儿也没费劲就逮着了。嘻嘻，原来是两只瞎眼鸡。我今天也吃得肚儿圆。"狗熊说："我今个吃了一头猪，咱的肚子也是鼓鼓的。"老狼也说："我今个吃了两只小兔，也把肚皮撑起来了。"

这四个野兽都美滋滋地讲了自个儿一天的收获后，尖嘴狐狸又打开话匣子了，它说："咱们都说说，谁都有什么宝贝，谁的宝贝最好？"老虎说："我的宝贝最好。我的宝就是洞外左边的那棵山桃树，瞎子用那桃树叶往眼上一擦，眼就不瞎了。狐狸老弟，你吃的那两只瞎鸡，若是用我那桃树叶一擦，你今个就得饿肚子。"狗熊听了老虎的话，哼哧哼哧地抢话说："虎大哥，你吃的那个瘊子，若是用我的宝水一洗，就不瘊了。让人们知道了，今后你就吃不着人肉了。"老虎问："你的宝水在哪？"狗熊说："就是洞外右边的山泉水。"狐狸等得不耐烦，抢着说："我的宝贝比你们的都好。当今皇上的小公主病得快死了。天下什么样的名医都没治好。我有祖传的仙丹，顶多吃上三丸就会治好。"狗熊问："你的仙丹在哪儿？"狐狸指着洞壁上的一个纸包说："那不，那一包全是。谁若能给公主治好病，皇上还招他做额驸呢，嘻嘻。"老狼听了大家的话，嗤了一声鼻子说："谁的宝贝也赶不上我的。我的宝葫芦，冲它要什么，它就给你来什么。"狐狸说："我不信，真能要什么来什么，那你给咱们来桌酒席，咱们大家喝个痛快。"老狼用眼斜了狐狸一眼，伸手从洞顶上拿下宝葫芦，它冲宝葫芦说："葫芦葫芦听我说，八碗酒席来一桌。"老狼的话音还没落，一桌八碗酒席就摆在他们面前。那香喷喷的味，直往关老二的鼻子里钻。这四个野兽大吃二喝一番。等到吃足了也喝醉了，呼呼地都睡上大觉了。

天刚亮，四个野兽都出洞打食去了。关老二听听没有动静了，就爬出了山洞，用山泉水一洗腿，两条腿能走路了。用桃树叶一擦眼，两眼能看东西了。他又回到洞里，找到了宝葫芦，要了一桌席，吃了一顿。他又找到那包仙丹，高高兴兴地就回家了。

关老二回到家，把他哥和他嫂吓了一跳，他们认为，老二就是不摔死，也叫野兽吃了，看他的腿也不瘫，眼也不瞎，一定是老二的鬼魂来了。关老二看哥嫂吓得那样，就把他怎样进的山洞，又怎样治好眼和腿的经过说了。他拿出宝葫芦，要了一桌酒席，和哥嫂、侄儿一块吃。马氏一边吃一边想了个主意。她说：

"孩子他阿玛，你也去弄些宝贝吧。"

关老大说："我也不瘫也不瞎怎么行？"

马氏说："让他二叔把你的腿打断，眼扎瞎，也用车把你送去。"

关老二说："我可下不得手。"

马氏要宝心切，她说："我来。"说着，她就用针把丈夫的双眼扎冒泡了，疼得关老大"嗷嗷"直叫唤。马氏又用木棒子把丈夫的两腿也打断了。

接着又帮小叔子套车。她看着丈夫坐车走了，就坐在家里等丈夫取宝。

关老二把车赶在山崖上，抱下哥哥，可是他不忍心把哥哥蹬下山崖。关老大自个滚下了山崖。关老二连看都不忍心看，他赶着车就回家了。告别了嫂子，忙着去京城给公主治病了。

关老二来到京城，只见午门外的墙上贴着榜文，说谁能给公主治好病，就招谁为额驸，若是治不好就处罚，治大发了就杀头。关老二走上前去，揭下了榜文。看榜文的两个卫兵，把关老二领去见皇上。皇上一看是位年轻的小伙子，就问他："你能治公主的病吗？"关老二说："我能治。"皇上一看这小伙子挺有把握，就让他给公主治病。关老二取出一粒狐狸的仙丹，宫女用小盘托着仙丹，给公主吃了。过了不到一袋烟的工夫，有人向皇上禀报，公主能喝水了。关老二又给公主一粒仙丹，第二粒仙丹下肚，公主能吃饭了。又吃了第三粒仙丹，不多一会儿，公主来见皇上和神医。公主见神医是一位英俊的小伙，就对皇上说："招他为额驸吧。"皇上一看女儿乐意，就招了关老二为额驸。关老二和公主成婚后，在宫里住了一些日子。他心里惦记着哥哥，就说要回家看看哥哥。皇上给他们派了两乘大轿。一乘上坐着额驸关老二，一乘上坐着公主。一路上前呼后拥，吹鼓手们吹吹打打，热热闹闹地回到了家。

听到鼓乐声，马氏像个傻子，站在家门口卖呆。心里琢磨：这是谁家里人做了大官？这又是往哪儿去呢？这时只见两乘大轿在她家门前落地了，关老二领着公主来到她面前。关老二说："嫂子，二弟和公主来拜见嫂子。"

马氏急忙领小叔子和公主进了屋。关老二问嫂子："我哥呢？"马氏说："自从你用车把他送走，到今儿个也没个人影。"

关老大咋没取回宝呢？那天，他自己滚下山崖，也爬进了那个山洞，也躲藏在大石头后边。天黑以后，老虎、狗熊、老狼和狐狸都回来了。一个个又累又饿。狐狸说："我今个饿得前腔贴后腔。"老虎、狗熊和老狼都说今个不走运，什么也没逮着。狐狸凑到老狼面前，哀告说："狼大哥，你让宝葫芦给咱们来一桌八碗酒席吃吧。"老狼也真饿坏了，就伸手取宝葫芦，摸一把没摸着，老狼慌神了，它说："不好，我的宝葫芦丢了。"这时，尖嘴的狐狸又抽搭鼻子说："咱洞有生人味。"老虎和狗熊这才认为不好。他们在洞里就找开了。一下子把关老大从石缝里拽了出来。没用多大工夫，关老大就让四个野兽撕巴吃了。

关老二听说哥哥没回来，心里就明白了。为了嫂子和侄儿能过上好日子，就把宝葫芦给了嫂子。他和公主乘上轿子回京城了。

马氏得了宝葫芦，乐得在炕上直打滚儿。她对宝葫芦说："葫芦葫芦听我说，金山银山来两座。"她的话音儿刚落，眼瞅着金闪闪、银闪闪的两座山在院里出现了。她绕着金山银山转。忽地她想起小叔子，你当上了额驸，过上了宫廷生活，我也过宫廷生活。马氏又对宝葫芦说："葫芦葫芦听我说，皇宫一样的房子来一座。"不一会儿，一座宫殿出现了。她走进宫殿四下看个够，就在宝座上坐了下身。她觉得这样干坐着没意思，就又对宝葫芦说："葫芦葫芦听我说，金童玉女给我来二十个。"不大工夫，只见像神女神童一样的二十个男女少年飘飘忽忽地来到她面前，一刷齐地跪在地上，齐声说："听候娘娘吩咐。"马氏摆出娘娘的架势说："你们给我听着，一伙人给我唱歌，一伙人给我跳舞。"马氏说完，金童唱，玉女舞。马氏看了好高兴。她又对宝葫芦说："葫芦葫芦听我说，八碗酒席来一桌。"只见热气腾腾、香味扑鼻的酒菜，摆在她面前。马氏一边大吃大喝，一边听歌看舞。金童的嗓子唱冒烟儿啦，玉女的腿也跳酸了。马氏根本不管这些，只顾喝酒。她喝醉了，身子一歪，一腔坐在宝座上。咔嚓，把宝葫芦坐个粉碎。她呼呼地睡上了大觉。只听他儿喊她："讷讷，你醒醒，讷讷你醒醒。"马氏醒了一看，金童玉女不见了。宫殿也不见了，自己坐在院子里。急忙找宝葫芦，欠腔一看，宝葫芦压碎了。完了，她去看那两座金山银山，哪是什么金山银山，原来是两堆土。

讲述人：齐孙氏（已故）

流传地区：辽东一带

搜集整理者：齐山源，1985年5月根据回忆整理

（中国民间文学集成辽宁卷本溪市卷编委会编

《中国民间文学集成·辽宁卷·本溪市卷》，第321~326页）

蝈蝈绿宝石

在老老年儿以前，有一个荷花葛珊，葛珊里边住着一个贪得无厌的巴彦额真，他家雇了一个姓爱新觉罗的小羊倌。爱新觉罗从小就死了阿玛，是讷讷苦巴苦业地把他拉扯大，爱新觉罗能给巴彦额真放羊了，他讷讷操劳，也得了疾病。爱新觉罗自给巴彦额真家放羊以后，娘俩就搬到巴彦额真家羊圈旁边的破哈什里住。爱新觉罗是个孝顺的孩子，他吃饭时从来都不吃饱，把省下的饽饽拿回家给讷讷吃，讷讷见儿子精瘦，知道是儿子把饽饽省下的，就流着眼泪说："你天天跑山，可要吃饱。我不干活，弄点野菜也能填饱肚子。"爱新觉罗说："到了年根底下，我就能挣回一些钱。那时不光让你吃饱，还要买药给你治病。"

好不容易熬到了年根底下，巴彦额真和他算账了。巴彦额真拿起算盘拨拉了一阵子说："你剩了十个铜钱。"爱新觉罗问为什么只给十个铜钱，巴彦额真说："你娘俩住的是我家房子，我还供你娘俩吃饭，这十个铜钱我还不想给呢。"爱新觉罗气得肚子鼓鼓的，就拿着十个铜钱进城了。他想抓服药给讷讷治病。可是十个铜钱连一服药也买不起，只够买一张年画。他走进一家卖画的买卖家，看那挂在墙上的一溜两行的年画。他一张一张地瞧。瞧啊瞧啊，突然，在一张年画前停住了脚。那是一张什么画呢？是一张画着大白菜的画，白菜叶边上画着一只大绿蝈蝈。大白菜水灵灵的，大蝈蝈的两眼亮晶晶的，跟真的一模一样。爱新觉罗喜欢得挪不动脚。他摸摸兜里的十个铜钱，想买又舍不得。还是给讷讷买点好吃的吧。他下决心要走，可是刚要迈步，只见那画上的蝈蝈跳到菜叶下边。别是看花了眼吧？他揉揉眼再看，蝈蝈又跳到菜叶上边。它那两只亮晶晶的眼睛盯着爱新觉罗，好像说："你把我买去吧。"爱新觉罗狠了狠心，用一年劳动挣的十个铜钱，把这张画买下了。拿回家就贴在哈什的黑墙上，让他讷讷高兴。他讷讷见了也喜欢。爱新觉罗每天早晨起来先看一眼那大绿蝈蝈，晌午和晚上回来也去看那大绿蝈蝈。爱新觉罗每有高兴的事，就冲着大绿蝈蝈说，那大绿蝈蝈好像也替他高兴。有不高兴的事也对大绿蝈蝈说，大绿蝈蝈好像也为他发愁。天长日久，爱新觉罗把大绿蝈蝈当成最好的朋友。他讷讷见了也高兴。

冬去春来，有一天爱新觉罗要上山放羊，临走之前，他又看看大绿蝈蝈，他愣了。怎么啦？只见那大绿蝈蝈不在菜叶上边。哪儿去啦？它跑到菜叶下边了。爱新觉罗心想，别是买画那天看花了眼。他揉揉眼睛再看，正正经经是在菜叶下边，就让他讷讷来看。他讷讷一看也在下边。这娘俩都觉得太奇怪了。老阳儿出来了。爱新觉罗赶着羊上山了。他一边走，一边心里琢磨：蝈蝈怎么会跑到菜叶下边呢？他把羊赶到山上，不到一袋烟的工夫，天就阴了。又过了一会儿，下起大雨了。晌午，雨住了，天也晴了，他也让雨给淋湿了。他把羊赶回来，急忙跑回哈什，只听他讷讷说，那绿蝈蝈又跑到菜叶上边了。爱新觉罗一看，真的在菜叶上边。又有一天，天阴得像黑锅底儿一样。爱新觉罗戴上斗笠，披着蓑衣要上山去放羊。他又去看那大绿蝈蝈，只见那大绿蝈蝈稳稳当当地站在菜叶上边。爱新觉罗赶羊上山不久，乌云散了，老阳儿也出来啦。这样，一来二去，日出日落的，爱新觉罗就明白了：蝈蝈在菜叶上边，不管怎么阴天，都不会下雨，蝈蝈在菜叶下边，就是响晴的天，也准能下雨。打这以后，爱新觉罗上山放羊时，都看看大绿蝈蝈。有一天，天上没有一丝云彩，可是爱新觉罗看大绿蝈蝈在菜叶下边，就披上蓑衣去赶羊。巴彦额真想知道是怎么回事儿，就问爱新觉罗：

"这么晴的天，你还拿着蓑衣干什么哪？"

爱新觉罗说："一会儿就会下雨。"

"说谎，分明是想上山偷懒，拿着蓑衣上山睡懒觉。"巴彦额真进一步逼问，意思是说你怎么知道会下雨的呢？

爱新觉罗是一个忠实的赛音哈哈，就一五一十地把蝈蝈的事，对巴彦额真说了。巴彦额真一听心里明白了，这是一张宝画。他心里想，我要是把这张画弄到手，再出门讨租要账，就不怕雨淋和老阳儿晒啦。他皮笑肉不笑地对爱新觉罗说："我拿五只羊换你这张画。"可爱新觉罗摇着脑袋说不换。巴彦额真又说用十只羊换。爱新觉罗说得和他讷讷商量。回到哈什和讷讷商量，讷讷说："和他换吧。别说给十只羊，就是给一只羊也得换。"

爱新觉罗问为什么？讷讷说巴彦额真是个坏心眼的家伙，他一使坏儿，就兴给你硬抢去。爱新觉罗听了讷讷话，就和巴彦额真换了。巴彦额真把画拿走了，贴在他堂屋雪白的墙上。爱新觉罗的眼泪儿，一串一串地往下流。

再说巴彦额真，自从得了这张宝画，乐得屁滋滋的。这天，他要出门讨账了，看看外边，天是响晴的天，再看看画上的绿蝈蝈，蝈蝈在菜叶下边。他就拿着黑油布大伞上路了。谁曾想，他出门一天，一天也没下雨，雨伞白拿了。他回家一看，大绿蝈蝈在菜叶上边。他怨恨自个，兴许是在临出门前看得不细心。有一天，他又要出门讨租，这回他看得可够仔细。左边看看，右边瞧瞧，怎么看，那大绿蝈蝈都在菜叶上边。再看外边的天，却阴得像黑锅底儿一样。他心里说，再阴也不怕，今个不会下雨。他空着手上路了。走到半路，再看天，云彩有了裂缝。他乐了，心里说：用不了一袋烟的工夫，保准晴天。正在他心里美滋滋地乐的工夫，瓢泼大雨下起来了。把巴彦额真淋得像个落汤鸡。他想讨租没讨成，就往家走。一边走，一边从身上往下滴嗒水，到家一看，那蝈蝈在菜叶下边。巴彦额真心里琢磨：为什么这两次都不灵呢？琢磨来琢磨去，他明白了，都怨自个太性急，出门走得太早。他决定以后再出门晚点走。可不管怎么着，巴彦额真每次按着蝈蝈的指示出门，他都吃了亏。气得巴彦额真从墙上把那画撕了下来，窝巴窝巴就送灶坑烧了。

再说小羊倌爱新觉罗，他用那画换了十只羊，心总是不好受，每天上山前，都从窗外看看那绿蝈蝈。这天，趴窗户往里一瞧，那张画没有了。他就去问巴彦额真："那张画哪去了？"

"烧了，"巴彦额真气哼哼地说，"那不是什么宝。从今个起，那十只羊还得归我。"

"在哪儿烧的？"

"在灶坑烧的。"

爱新觉罗流着眼泪，用鞭杆在灶坑里扒拉那纸灰。扒拉来扒拉去，他扒拉出来一块小石头。他拾起来把石头上的灰一擦，嘿，这是一块晶莹透明的绿石头，那模样和大绿蝈蝈一眼不差。爱新觉罗拿着这块绿石头，赶着羊群就上山了。羊在山上低头吃草，他就玩这绿石头。见绿石头坑凹地方有灰，就想洗干净。他来到一个小水泡子跟前，把手往水里一放，怪不怪？那水"哗"地就分开了，想洗那绿石头没洗成。他不小心，那绿石头掉水里去了。只见那水先是"哗"地分开了，石头落了底，那水又合上了。那绿石头在水里闪闪发光。爱新觉罗用手抓住那绿石头，泡子里的水"哗"地又分开了。爱新觉罗过去曾听讷讷说过避水石的故事。他想，这一准是避水宝石了。晚上回家，他就把这绿宝石的事向他讷讷说了。他讷讷说这是那大绿蝈蝈变的。娘俩都乐了。

爱新觉罗看着他讷讷那皮包骨头的身子，心想，拿这避水宝石，到荷花塘去抓些鱼给讷讷补养身子。他来到荷花塘，把避水石往塘里一伸，塘里的水"哗"地分开了。他就往塘里走，有些大鱼没跑了，就在那泥地上乱扑腾。爱新觉罗抓了几条大鲤鱼。他正要走，发现了一条火红火红的小金鱼，就哈腰抓起这条小金鱼。爱新觉罗正要上岸，小金鱼说话了："爱新觉罗阿哥，你放了我吧。"

爱新觉罗吓了一跳。四处一瞧，没人。谁在说话呢？小金鱼又说了：

"阿哥，我是小金鱼。"

"你，小金鱼怎么会说话呢？"

"我是东海龙王的小女儿，因为西海龙王的小儿子要娶我，我不愿嫁给他那个游手好闲的公子哥。我父王生气了，把我变成小金鱼，送到这荷花塘。父王想通过这里清苦的生活，把我治老实了，直到我愿意嫁给西海龙王的小儿子，才让我回龙宫去。你放了我吧，你要什么金银财宝，就到东海找我父王去要。"

爱新觉罗说："什么金银财宝我都不要，我讷讷有痨病，不知龙宫里有没有能治我讷讷病的药。"

"有，"小金鱼说，"我父王宝座后边有个金匣子，那里有太上老君送给我父王的大补金丹。有一粒就能够治好你讷讷的病。"

"谢谢你，小金鱼。"

爱新觉罗放了小金鱼就要走，小金鱼又说话了："爱新觉罗阿哥，若是有谁不让你去见我父王，你就拿着绿避水石在海里使劲儿上下左右地摇晃，他们就会让你去了。"爱新觉罗上了岸。小金鱼在水面撒了个欢儿就不见了。

爱新觉罗回到了家，把鲤鱼煮好端给他讷讷吃，随后直奔东海去了。一到东海，他拿绿宝石往大海里一伸，海水"哗"地分开了。爱新觉罗就往大海里走，海水就往两边退去。他走了不一会儿，惊动了东海龙王。龙王让虾兵蟹将出去看看。

虾兵蟹将领命出了龙宫，一看是个年轻人在搅动海水，就回到龙宫禀报：

"启禀龙王，有个人要见你。"

"那就请他进宫。"

爱新觉罗被领进龙宫。龙王寻思爱新觉罗是来讨要财宝的，就对乌龟说："你领客人到藏宝库去，他愿意拿什么，拿多少都行。"

"我什么财宝也不要，"爱新觉罗说，"我只要一粒金丹，给我讷讷治病。"

龙王舍不得给，又怕爱新觉罗再摇晃那避水石，就在身边的金匣子里，取出一粒金丹给他。

爱新觉罗回家以后，把大补金丹给讷讷吃了。吃了金丹，他讷讷觉得心里热乎乎地。打这以后，病一天比一天见好。爱新觉罗还天天去荷花塘抓鱼给讷讷吃，和小金鱼说话。小金鱼知道爱新觉罗没向龙王要金银财宝，就对爱新觉罗说："阿哥，你真是个赛音哈哈。"

爱新觉罗他讷讷病好了，屋里屋外地干起活来了。巴彦额真见了心里挺纳闷：一个穷老婆子连饭都吃不饱，那么重的痨病怎么治好的呢？她一准是吃了什么仙丹。为了弄清底细，他来见哈什，一见爱新觉罗的讷讷，过去像那黄裱纸一样的脸，如今变得满面红光。巴彦额真问："阿木巴讷讷，爱新觉罗从哪儿弄来的仙丹妙药给你治好病的？"

爱新觉罗的讷讷也是个实心眼的人，就把爱新觉罗怎么得到避水石，小金鱼说的话，和到龙宫要仙丹的事，一股脑儿都对巴彦额真说了。巴彦额真听了偷着高兴。嘴里说："你老有福气。"心里却想出了个坏主意。

再说爱新觉罗，这天把羊圈进羊圈后，就到荷花塘去抓鱼。

抓了几条鲤鱼刚要走，小金鱼说话了："爱新觉罗阿哥，你先别走，我有话对你说。"爱新觉罗听这声音不像往常那么欢喜，再仔细一瞧，小金鱼的两眼直流眼泪。他吃惊地问："你怎么了！有什么话要对我说？"小金鱼就把巴彦额真从他讷讷那儿得知关于避水石的事说了。最后小金鱼说："巴彦额真又会像上次那样，用他的家产和你换避水石：你想要什么，他都舍得给的。他硬要换，你就要他的全部家产。他答应了以后，你让他写个契约，让他画押。还要让他把乌兰西里的人也请来做中间人。你拿了契约后再把避水石给他。千万记住，不要告诉他那宝石不能撒开手的事。还有，你赶快到东海去，把我父王身后的那个歪脖丫丫葫芦要来。他若不给，你就像上次那样对付他。拿到丫丫葫芦，千万不能打开盖，等到你搬到巴彦额真的家住下时，再把盖打开。"

爱新觉罗上了岸，来到东海，由虾兵蟹将领着来见龙王。

龙王问："你讷讷的病还没好吗？"

"我讷讷的病好了。"

"这么说，你想要些财宝喽？"

"启禀龙王，金银财宝我不要。"

"那你要什么？"

"我只要你宝座后边那个歪脖的丫丫葫芦。"

"那是我的心肝，不能给。"

"真不给？"

"不给。"

爱新觉罗把那绿宝石上下左右摇晃起来，这样一来，弄得海浪翻滚，龙宫乱晃，鱼鳖虾蟹都受不了啦，龙王告饶了，乖乖地把丫丫葫芦给了爱新觉罗。爱新觉罗回到家，就把丫丫葫芦交给讷讷保存起来。

第二天，爱新觉罗放羊回来，又到荷花塘来抓鱼。他对小金鱼说，那个歪脖子丫丫葫芦要来了。小金鱼乐了。她说："阿哥，巴彦额真就要来了，你千万记住我的话。"小金鱼的话刚说完，巴彦额真一步蹿到荷花塘边，怒气冲冲地说："你天天来我的荷花塘里抓鱼，你说，你是认罚还是上乌兰西？"爱新觉罗心里有数，就理直气壮地说："我认罚。"巴彦额真心想，他有避水石，到龙王那儿能要来许多财宝，罚是难不倒他的。巴彦额真把脸一变，对爱新觉罗说："我不罚你，也不送你到乌兰西去。只要你把那避水石给我，我还可以给你一些财产。"爱新觉罗心里明白，到乌兰西去没有放羊人的好处，就按小金鱼的话办。他说："我这是宝石，你想要，就得拿你家全部财产来换。"巴彦额真心里说：别说全部财产，就是老婆也舍得。只要有了避水石，到龙王那儿要什么它敢不给。小金鱼也将是我的媳妇了。巴彦额真同意拿全部家产换避水石。爱新觉罗说："你得立个契约，还要把乌兰西里的人也请来，咱们俩和中间人都要在契约上画押。"巴彦额真答应了，并说好第二天就写契约。

第二天，巴彦额真请来了牟昆达、牛录额真、笔特赫还有乡亲。他说明了交换的事，笔特赫写了契约，双方和中间人都在契约上画了押。爱新觉罗拿着契约，把绿宝石给了巴彦额真。巴彦额真为了显摆他得到的宝贝，就领着乌兰西的人和乡亲们，来到了荷花塘。爱新觉罗见巴彦额真要下荷花塘，他急忙说："千万不能松手，绿宝石一离了手，就不起作用啦。"这话，小金鱼告诉过爱新觉罗，不要对巴彦额真说，实心眼儿的爱新觉罗忘了小金鱼的话，还是老老实实地说了。这时，巴彦额真把拿避水宝石的手往荷花塘里一伸，只见塘里的水"哗"地分开了。乌兰西的人个个都十分吃惊。巴彦额真迈步就下了荷花塘。他没走几步，就见到了那条火红火红的小金鱼，伸手就把小金鱼抓住了。小金鱼对他说："巴彦额真，你放了我吧，你要金银财宝，就到东海龙王去要吧。"乌兰西的人听了，一个个都像木桩子一样，站在岸上傻愣愣地不动。巴彦额真见到了小金鱼，又听了小金鱼的话，他放了小金鱼，上岸后领着乌兰西的人和乡亲们大摆酒席，庆贺得宝，酒席过后就把老婆孩子领到爱新觉罗住的哈什里。爱新觉罗和他的讷讷搬进了巴彦额真的那四合大院。

巴彦额真把老婆孩子送到哈什住下，他拿着一条大口袋直奔东海。到了东海，他拿避水石往海里一伸，那海水就"哗"地分开了。不大一会，虾兵来了，一见换了个人，就说："你有什么事？"

"我要见你们龙王。"

"找龙王干什么？"

"你少废话，快领我去。"

虾兵一看，这个家伙厉害，就领他来见龙王。龙王问："你来有什么事？"巴彦额真可不像爱新觉罗，他开口就说："我向你要些财宝。"龙王就对乌龟说："你领他到财宝库去拿吧。拿什么，拿多少都行。"

巴彦额真跟着乌龟来到财宝库一看，珍珠发射出各种各样的光，金银堆成小山。

乌龟说："你拿吧。"

巴彦额真动手了。抓住金块子就往口袋里装，一忙活，就把避水石扔了。那避水石一离开他的手，海水就"哗"地向他涌来了，活活地把他淹死了。乌龟一看他死了，就把他一块一块地撕着吃了。

再说爱新觉罗，娘俩搬到巴彦额真的四合院住下以后，甭说多么高兴了。这天，爱新觉罗他讷讷心想，若是有个儿媳妇多好啊。忽然，她想起那歪脖的丫丫葫芦。她找出来给了儿子。爱新觉罗想起小金鱼的话，现在已经和巴彦额真换好了，可以打开葫芦盖啦，就打开了葫芦的盖。只见一股青烟飘飘地向窗外飞去。

这娘俩正愣着，只听屋门一响，娘俩转头一瞧，嘿，只见一位身穿红绸红缎的姑娘推门进来。她来到爱新觉罗的讷讷跟前，羞答答地说；"讷讷你好。"

"你是谁家的格格？"讷讷吃惊地问。

"我是东海龙王的小女儿，就是荷花塘里的小金鱼。刚才爱新觉罗阿哥打开那葫芦盖，我才恢复了人形。"她说完，又冲爱新觉罗说："阿哥，从今以后我就是你的媳妇，你就是我的唉根啦。"

爱新觉罗娘俩乐得嘴都闭不上了。

从这以后，他们一家三口就过上了幸福的生活。

讲述人：齐孙氏，女，东沟县十字街乡农民（已故）

流传地区：辽东一带

搜集整理者：齐山源。1985年5月根据回忆整理

（中国民间文学集成辽宁卷本溪市卷编委会编

《中国民间文学集成·辽宁卷·本溪市卷》，第283~292页）

秦老汉和瘪三

从前有个秦老汉，因为家里穷，给财主扛了半辈子大活。年纪大了，手脚不灵便了，狠心的财主就把他辞掉了。老汉无法，只好在山脚下搭个草庵住了下来。他在庵子四周开出一片荒地，种点粮食和瓜果，半温不饱地熬时光。

这年秋天，老汉正在地里做活，突然有一只小燕子飞来，喃喃叫着钻进了他的葫芦架里。老汉抬头一看，头顶上一只老鹰在打旋，就知道这燕子是被老鹰追赶下来的，他上前轻轻抓住了小燕子。仔细一瞧，它的翅膀受了伤，不能飞了。

老汉把燕子拿进草庵，给它包好伤口，放在灶火窝里软草上。在老汉的精心照料下，没几天，燕子的伤好了，会飞了。飞到葫芦架上欢乐地叫了一会，朝老汉拍拍翅膀，就飞走了。

转眼到了第二年春天，燕子回来了，落在老汉的草庵上叫个不停。老汉抓它它也不飞。拿手里一看，去年秋天包伤口的布条还在。解开一看，里面有颗葫芦籽。老汉心想：这籽结的葫芦准和自己的葫芦不一样，要不，小燕子千里遥远给我带这干啥，我得好好种上它。小燕子在老汉庵檐下垒窝住，老汉就把葫芦籽种到地里。

转眼之间，秋风凉了。小燕子成了燕妈妈，一窝拖了四只小燕子，这时一家五口可以展翅齐飞了。九月九，小燕走，燕子走后，老汉的葫芦也成熟了。结了一个金葫芦，老汉把它摘下来放好。

等到北风捎信来叫穿棉衣时，奇迹出现了，老汉拿起自己的破棉袄一

抖擞，竟变成了新棉袄，破毡帽一拍变成了新皮帽，草庵子一打扫，变成了亮堂的大瓦房。床铺、锅灶，只要老汉一动，就变成新的。吃、穿、用，想什么有什么。

老汉由穷变富引起了周围人的注意，当人们知道了真情后，都说老汉善心得到了善报。

这当中有个外号叫“瘪三”的人，年纪轻轻，好吃懒做，祖辈撇下的家业，都让他花光了。媳妇看他靠不住，带着身孕跟别人下了关东，眼下只身一人，靠坑蒙拐骗混日子。当他得知老汉由穷变富的真情后，就从窝里掏了一只燕子。他把燕子的一条腿撅断，用布条包上，又放它飞走。谁知第二年春天，这只燕子还真给他带来了一粒葫芦籽，瘪三喜得一蹦老高。种上以后，秋天还真结了个大葫芦。他认为发财有了指望，拉着借着花钱吃喝玩乐。他想：等金葫芦长成还账。眼看快到了中秋节，要账的踏破门槛，他实在没法了。眼看着金葫芦长的比老汉的还大，别让它长了，干脆摘下来吧。他摘下金葫芦，抱到屋里，放在桌子上，跪下就磕头。嘴里还祷告着说：“葫芦爷爷，我什么也不要，只管给我钱就行了。”刚说完，眼前一恍惚，从葫芦里走出来一个白胡子老头，拄着龙头拐棍，慢慢地走下桌子，一句话也没说，光唉声叹气。好大一阵子，瘪三跪在地上不撑劲了，便问老头：“您老人家愁的啥？”老头摇摇头说：“我愁你小子欠的账没法还。”说完，拿起拐棍子一敲桌子，葫芦变成了一颗活鲜鲜的人心。老头用手拿起人心，对瘪三说：“你小子心坏了，给你多少钱，你也买不到良心，我给你换上这颗良心，你就什么都有了。”老头说完就没影了。

瘪三像从梦中醒来，越想自己过去做的事越后悔，从那，慢慢变成了一个勤劳的人。后来，还清了账。正巧，老婆跟着走的男人死了，又带着孩子回到了他身边。儿子已经十多岁了，老婆指着儿子对瘪三说：“这是你的亲骨肉。”瘪三看着老婆和儿子，惭愧极了。从此一家三口，男耕女织，日子过得有滋有味。儿子读书，后来成了一个很有学问的人。

一九八八年十二月二十日搜集于县委家属院

讲述人：管文质

搜集人：樊兆阳

流传地区：梁山、汶上

（山东省梁山县三套集成办公室编
《中国民间文学集成·梁山民间故事卷》第2卷，第220～223页）

教 训

从前，有兄弟二人，父母去世后就分了家。老大已经娶了媳妇，牛马都归了老大，老二只分了一只狸猫和一只狸狗。它俩是小二一手养大的，知道它们不是一般的狗猫，把它们套上，还能拉犁哩。有它俩做伴，小二也很满意。

一日，小二牵着狸猫、狸狗去赶集，一个卖布的问他："我见你走哪儿都带着它俩。又不当吃又不当喝，这么疼爱它们干吗？"小二说："你不知道，我这可不是一般的狗猫，跑得都很快，打一鞭，跑一千。"卖布人不相信："如果真那样的话，我就把这些布输给你，你敢打赌吗？"小二说："打赌就打赌，要是我的狗猫打一鞭跑不一千，我就把它俩输给你。"卖布人说："好吧，从这儿到南山正好五百里，叫你的狗猫跑到南山再回来，正好一千，但必须在山脚下衔一块小石头来作为见证。"小二就对狗猫说了句："到南山衔一块石头回来。"说完，把鞭子在空中一挥，"啪"的一声响，狸猫、狸狗像听到了一声号令，向南山飞奔而去。不一会它们气喘吁吁地回来了，嘴里都衔着一块小石头。卖布人无话可说，只好把布匹输给了小二。

小二扛着布回家时，正好被老大看见。老大问："布是从哪里弄来的？"小二就把集上打赌的事说了。老大听了，半信半疑，就和小二商量，我用用你的狸猫、狸狗去试试行不？小二不愿意。老大说："咱一个娘的孩子，这是谁跟谁呢？"两句好话哄得小二没话说了。

老大牵着狸猫、狸狗也到了集上，正好碰上一个卖鸡蛋的，就对他说："我这狸猫狸狗打一鞭走一千，你相信吗？"卖鸡蛋的说："不信，世上哪有跑这么快的狸猫、狸狗，从没听说过。"老大说："我敢给你打赌，你敢吗？"卖鸡蛋的一拍大腿："打赌就打赌，你的狗猫能打一鞭走一千，我就把这些鸡蛋输给你。"老大高兴了，举起鞭子对准狗、猫狠狠地抽了下去，狸猫狸狗窝也没动。卖鸡蛋的大笑起来。老大脸红得像鸡下蛋，他气极了，把狗猫一连抽了几鞭，还是不动，他举鞭又要抽时，只见狸狗狸猫忽然惨叫了几声，打了两个滚，死了。

老大没敢把死猫死狗带回家去，就埋在了庄后大柳树下。小二听说了，伤心地哭起来，后悔不该把它们借给哥哥。他哭着来到大柳树下。这时，有不少大雁"啊啊"叫着在头顶飞过，他心里一动，就劈了一把柳条子，编了一个柳条筐，回家端来半筐谷子，撒在狸猫狸狗的坟周围，嘴里还不住地念叨着："南来雁，北来雁，少吃点谷，多下个蛋。"等大雁把谷子吃完了，果然下了一筐大雁蛋。

这事又让老大知道了，他也编了一个大筐，挎着一筐大米来到狸猫狸狗坟上，嘴里也不住地念叨着："南来雁，北来雁，少吃个米，多下个蛋。"果然又有许多大雁飞来了，把米吃光了，没给他下蛋，却屙了一筐子屎。气得老大一脚把筐子踢翻了。

再说小二。秋季的一天，他一进家门，看见一只燕子在地上飞不起来了。他轻轻地托起一看，原来断了一条腿。他就把断腿接上用布包好，把这只燕子养了起来。没过多久，燕子的腿好了，小二就把它放了。临走前还在他的门前飞了几圈。

第二年春天，那只燕子从南方飞回来，给小二衔来一颗葫芦种，小二就把它种上了。经过几个月的精心管理，到了秋天，那棵葫芦结了个金光闪闪的大葫芦。用锯锯开一看，小二吃了一惊，原来葫芦里全是白花花的银子。小二用这些银子盖了房，买了地，娶了媳妇，日子一天天好过起来。

再说老大，他见小二比自己富了，很眼红。一打听，知道了小二富起来的原因。就和老婆商量好，对！也学小二的样子，说不定会比他更富。

可是留心了几天，不见有断腿的燕子。他老婆想了个法子，叫老大拿竹竿把一只燕子的腿打断，又给它接上，装模作样地养起来，伤好后把它放走了。第二年春天，那只燕子果然也给他衔来一个葫芦种。

两口子像得了宝贝似的，马上种到地里，到了秋天，也结了一个金灿灿的大葫芦。老大两口子就像看见了白花花的银子，急忙拿锯锯开。刚锯开一道缝，从葫芦里传出老汉的说话声。"哎呀，别拉头皮。"两口子吓得扔下锯，站在那里，浑身乱抖。这是咋回事呢？就见那个葫芦自动一分两半，一个雪白胡子的老头，手里拄着拐杖，走出来。

老大壮着胆子问："你，你是谁，怎么来到这里？"老头走到他们面前，用拐杖指着两口子说："我是天上的神仙，专来管你们这些坏了良心的狗男女。钱这东西固然重要，可为人不能使那些坏心眼，靠坑害人挣钱。要想过幸福的日子，必须善良、正直，靠你们辛勤的双手。孩子们，请记住我的话吧：善有善报，恶有恶报，不是不报，时机未到。"话音刚落，老头就不见了。

一九八七年六月十五日采录于寿张集乡周堤口村

讲述人：赵留锋，男，二十二岁，汉，周堤口村人，林业技术员，初中

搜集人：张效生，男，二十七岁，汉，寿张集乡文化站干部

流传地区：梁山、东平一带

（山东省梁山县三套集成办公室编

《中国民间文学集成·梁山民间故事卷》第2卷，第232~234页）

宝葫芦和堂郎锤

从前有一个不穷不富的人家，当家的老头姓张，名仁，六十余岁。他有三个儿子，老大、老二都娶了媳妇，老三上学。张仁发现老大家和老二家各有各的打算，他老两口爱三儿子，怕老三吃亏，也给他娶了媳妇。常言说的好，兄弟们好凑，妯娌们难搁呀。当家主事是老大，他两口子想了想，想出一个巧点，就去找张仁，说："爹，我想到外边转转，让俺二弟操持家务吧！"张仁点点头，心里明白啦："好！你走行，拿三十两银，骑一匹马！"老大拿了银子，骑上马高高兴兴要走。老二一看心想：让我在家，那不行。鸡往后搔，猪往前拱，各有各的食路，你外出抓钱呀，我也不能在家，我也不

是囊包。他对爹说："我也得出去。"张仁一听也明白了："好,也给你一匹马,三十两银子当盘缠!"老二拿了银子,牵了马就想走。老三一看也不干了:你们走,我是囊包咋的,我也得出去。也对爹说："学我不上啦,家我也不理了,他们能往外走,我也能往外出!"张仁说："你大哥要走,你二哥要外出,你不能走!"老三说什么也不答应。老头张仁没法,也只得答应了,也给他一匹马,三十两银子。老头心想,得有个规定,便对他兄弟仨说了:"你们今天同出,三年后同回,不答应谁也不能走!"他们兄弟仨都同意了。

他兄弟仨向东北走去了。走啊走,走了一天又一天,走了一程又一程。走着走着,面前有三条路:一条往东北,一条往西北,一条往正北。他大哥说:"三兄弟,二兄弟,面前三条路,尽你们俩先挑,你俩挑后剩下是我的!"小三说:"我向东北吧。"老二说:"我向西北吧。"他大哥说:"那我就走当中这条——向正北啦。"

他大哥上正北骑马走啊走,走了一程又一程,过了一村又一村,找到了一个好地方,在那给人家当记账先生,老二走啊走,走了一程又一程,走了一村又一村,也找到了一个好的落脚处,也给人家当记账先生。

小三骑马向前走啊走,走了一天又一天,一下走了一个月的光景,三十两银子花完了,马也让他卖了,腾出钱买了头小毛驴,骑上小毛驴,没走几天把小毛驴也卖了买饭吃啦。没有了驴,一步一步向前走,那可真作了难。他走啊走,越走道路变的越窄,慢慢成了小道。沿小路往前走啊走,走走快没小道了,走啊走,走到一棵大树下,树下有一眼井,这时他是又饥又饿又困,躺在一井边树下就睡着了。肚子饿的叽叽叫,说什么也睡不着,正在这时只听得啪哧一下,从树顶上落下来一部天书,小三一骨碌折起身,精神一振,不饥也不饿了,越看越愿看,看着看着来了一个老头。

这老头须发皆白,笑嘻嘻地问他:"小孩,你家住哪里?怎么在这里看起书来啦?"小三一见老头,心一酸,两行泪就顺腮淌了下来。老头一看,忙说:"小孩别哭,跟我去行吗?"小三站起说:"我外出无地方去了,您老行好,我愿跟你前往。愿拜你为老师!"老头说:"你合上眼,我不说你千万别睁眼。"只听呼呼一阵,不大会就来到了老头家,老头让小三睁开眼。把小三安在书房里，让小三在那读书。一年过去了，两年过去了，一晃三年快到了。在这三年中，小三和老头的小孙子很要好，他俩在一块读书，一块吃饭，一块睡觉。

三年到了，小三对老头说："老师我出来快三年了，我出来时俺爹对我们兄弟三个说，到三年某月某日一定要一块返回家。"老头说："行！我打发你走，你看看我这里的东西，你想要啥，允许你拿一件东西回去。"小三想走又不想离开老师和他的小孙子，他去问老头的小孙子："你爷爷同意我回家啦，也让我随便拿你家一样东西，我要啥好呀？"老头子的孙子说："说心里话，我不想你离开我，你一定要回，你什么也别要，就要俺爷爷那个宝葫芦，他那个宝葫芦，你要什么有什么，要啥就喊：'宝葫芦宝葫芦，我饿了，给我来酒和菜'，你想吃什么要什么，就会有什么。要住的，要用的，要什么就会有什么。"

满三年了，小三要走了，老头对他说："多给你金和银，你好去孝敬你父母。"小三说："老师，我一不要金，二不要银，我要你那宝葫芦，回家度光阴！"老师说："要啥都中，就是要葫芦不行！"小三挤挤眼，望望老师的小孙子，老师的孙子一个劲对小三使眼色，小三明白啦："老师，我啥也不要，不给我宝葫芦，我啥也不要了。"说着小三哭着往外走。老师一看着急了，忙说："别急跳急，我实话实说了罢，这个宝葫芦要风有风，要雨有雨，要吃的有吃的，要用的有用的，要什么有什么，跑累时要马有马，要轿有轿，要人有人，唉！咱们师徒一场，就给你吧！"宝葫芦给了小三，把小三送出。

小三告别了老师和他的好友，往家走啊走，走了一程又一程，走着走着累啦，他突然想起了宝葫芦。他念道："宝葫芦你听清，我不要金不要银，要一头毛驴往前奔！"他念后，只见一头毛驴"嗒嗒"跑了过来。小三骑上毛驴，走啊走，走了一程又一程，小三心急，怕误了时间，和大哥二哥不能一同按约定时间回到家咋办？他骑在毛驴上喊开啦："宝葫芦明白吗？我要换匹快马早回家！"说后毛驴不见了，又跑过来一匹快马。

他骑上快马，"踏踏"跑了起来，跑了一程又一程，越过一村又一村，不知不觉跑到约定和他大哥、二哥碰头的十字路口。他大哥和二哥都来了，人家的马驮着很多金子和银子，他呢，还是穿他三年前的衣裳，跟跟踉踉地走着来见他两个哥哥。穿的那身衣裳在地下风一吹都会烂啦。他骑的那个马没有鞍，什么也没有。他两个哥哥一见他就笑了。哥哥说："看看你混的，不叫你外出你非外出，你一来我当是哪来的叫花子呢！"他两个哥哥霉气他一阵，他说："大哥二哥你们来到啦？"他两个哥哥谁也不想搭理他。小三心想：你们看不起我呀，那好！忙说："哥哥，你们混发了，要走你们先走吧！"他两个哥哥走了，他在那个十字路口歇着。

不一会在左边走过来一个人，那个人走到十字路口问小三："我看你咋愁眉不展呢？吸袋呗！吸袋呗！"小三一见，忙问："请歇歇，你从哪来的？"那人背着小棒锤坐下了。小三问："你背个小棒锤干什么？"背棒锤的问小三："你拿个小亚葫芦干什么？"小三说："这个亚葫芦是个宝啊！你看，宝葫宝葫听我言，来袋老烟放面前。"他说后一袋烟真的放在小三面前了。背棒锤的人说："我这个棒锤也是宝。"小三问："是个什么宝？""我这个堂郎锤我叫它打谁它打谁，叫它打死它打死，不叫它打死它就不打死！"小三说："我的葫芦比你的好，要啥有啥，你看：宝葫来酒快上菜，我想喝酒快快来！"说后酒菜真的摆在小三面前。小三又说："咋样，是宝不是宝？你的棒锤是真宝吗？"那人一听也生气了，念道："堂郎锤堂郎锤，叫你打谁你打谁！"他用手一指，小棒锤蹦蹦嗒嗒蹦到小三面前，打了小三几下又回来了。小三说："咱俩的宝贝换换吧！"他俩真的换了。

小三拿过堂郎锤，心想，宝葫芦还得归我。想后念道："堂郎锤堂郎锤，叫你快去打个人，让你去打你就打，千万别把他打死！"小三用手一指，堂郎锤几下就把背棒锤的那人打昏了。小三紧向前跑了几步，到那把宝葫芦拿了过来，他又念道："宝葫芦听我言，来一匹快马让我回家转，赶紧把我大哥二哥撵。"说后真的来了一匹快马，小三骑上，不一会就撵上老大和老二了。他大哥二哥很是怀疑，他的瘦马咋会跑得这样快呢？

小三追上两个哥哥说："你们先回家吧，我一会再回家。"他两个哥哥走后，他又向宝葫芦要些饭菜吃饱喝足了，慢慢往家走。老大老二回到了家，他爹问："你三兄弟呢？""谁知道他上哪去了，骑着匹瘦马，什么东西也没落,白混了三年,变成个要饭花子了,在后边不好意思和我们同来,一会就来到。"张仁一听恼了:"这个王八羔子,不叫他外出,他偏走,到底还是不行呀,回来我非熊他不可!"老大老二家里说:"他回来俺就得跟他分家!"老太太疼儿子,对老头说:"你看看小三回来了吗?"那老大家里和老二家里故意去找小三的媳妇说:"你三婶子,可该你好过了,他三叔在外挣了很多金银财宝,他的马都驮不动了。"小三的媳妇一听就知道她男人在外没混好。

小三回来了,爹、哥嫂都不理呼他,娘一见小三说:"在外落钱不落钱,回来就好,回来就好!你吃饭了吗?"小三一见家里这样,毫不在乎,忙对娘说:"吃啦,吃啦!"小三说后去见他媳妇。媳妇一见说:"你回来就好,咱大嫂二嫂说你可发财了,看看你混的,像叫花子一样,不叫你出你非出!"说着就哭起来了。

小三一看笑了起来。"哭啥!说咱没出息,咱就没出息!"小三家说:"他们寒碜咱,我挂你在外受苦,还得受着咱大嫂二嫂的气,见到你咋能不哭呢!"小三说:"我混三年,啥也没落,只落了一个宝贝!""啥宝贝?""咱有个亚葫芦,他们落钱是死的,咱这个宝才是活的呢!""你拿出来让我看看再说。"小三问:"你吃饭了吗?""光气就气饱了,还吃饭哩!"小三说:"别气了,你想吃啥吧?""黑天半夜的我想吃也没地方弄去呀!"小三说:"你想吃啥我对亚葫芦要就行。""我想吃四个菜,一碗汤,来三个油饼,两双筷!"小三对宝葫芦喊:"宝葫芦,我饿了,快来四菜一汤,三张油饼两双筷!"他喊后,真的摆在他的面前。他两口子吃开了。刚刚吃完,他大哥和二哥来啦:"小三,走走分家去!""分啥家?他刚回到家。"小三家说。"分就分,东西尽你要!"小三说后跟着他两个哥哥就走了。

小三一到堂屋,他爹正在那等着哩,一见小三来到:"小三,你要啥吧?"小三说:"我啥都不要了,就要咱那四十亩老咸窝!"他娘一听就哭起来了,小三的媳妇也哭了。小三说:"别哭,走!咱搬家去,这就走!"他大哥大嫂,二哥二嫂可乐坏了。

小三两口子回到自己房里,小三说:"宝葫芦,快在我那四十亩地盖起四进四出，和京城皇帝住的一样的院子，现在快来两台轿抬我们到新家。再给我每院五百护院的家丁武将！"说后真的来了两顶大轿，他们上轿走了。他们搬到金碧辉煌的院内。小三又对宝葫芦说啦："快快在我大门外唱两台对台戏！"两班对着唱，可真热闹了。

第二天，一个拾粪的老头去听戏，又见到那样的好院，听完戏回到庄上说开了。小三的爹一听恼了："好小子，在外抓钱不给爹，你自己用，大小、二小快快揍小三去！"张仁领着一班子人到在那里，小三一见忙迎出来说："爹爹，先别生气，坐下听戏吧！""我还听戏哩，你个鳖羔子，挣钱不给我，你在这盖新房唱大戏，你还要爹不要爹？"老大老二上去就要打小三，小三说："有理走遍天下，无理寸步难行，一不问，二不查，动手就打人是何道理？"老大恼了："你挣的钱为啥不交公？"小三说："该我分的东西我没要，四十亩咸地不长草，要说好你就要！"老二不讲理地说："说什么理，讲什么表，打死小三日子才能过得好！"小三一听也恼了，忙喊道："堂郎锤，堂郎锤，叫你打谁你打谁，不打我爹，专打那些不讲理的人，只准打跑别打死。"堂郎锤照老大老二各打一锤，打得他俩眼冒金花。

老大老二被打跑后，心不死又重来，雇了百十名壮劳力放火烧小三的院落，弄上秫秸点上火就烧，小三一看，又生气了，大喊道："堂郎锤，堂郎锤，快快起风落暴雨，带些冰雹打坏人。"霎时火灭了，冰雹打得放火人，老大老二鼻青脸肿。老大跑回家，气更大了，对他爹说："咱到城里告他去！"

他们到县城告了小三，说小三断皇杠，发横财。这个县官是贪官，对老大老二说："我出气行！得交一千两银子！"老大老二心想：要把小三抓起来，他那一大院落值银不得几万两，为了图财，把他俩外出三年挣的一千两银子都送给了县官。县官一见银子高兴了，忙下令："出兵捉拿要犯，老爷我亲自督战。"大兵把小三的院落围了个里三层外三层。小三一看，对宝葫芦喊开了："葫芦快涨水，水淹官兵喉咙颈，快快结冰冻三尺。"说后，官兵一个个像冰棒一样冻在了冰里。小三又喊了："堂郎锤，堂郎锤，一个脑袋给一锤，脑袋打掉冰上滚，知县脑袋要打碎！"堂郎锤蹦着打着，冰上官兵的脑袋在冰上滚撞着，一个个少皮没毛。知县的脑袋碎成豆浆，小三的大哥和二哥，只落的鸡飞蛋打，小三大笑起来，震得山摇地动。

一九八七年十一月搜集于寿张井桥

讲述人：井氏，女，五十八岁，汉族，农民，无文化

搜集人：樊兆阳

流传地区：梁山一带

（山东省梁山县三套集成办公室编

《中国民间文学集成·梁山民间故事卷》第2卷，第206~213页）

金簪重合

王恩和施益，是一对好朋友。一天，两人一块去山上打柴。回来的时候，突然狂风大作，只见大风中有一个青面獠牙的怪物，怪物背上还有一个大闺女。王恩持刀上前，照准那怪物就是一刀。怪物受伤，忍痛背着那个大闺女钻进了妖洞。

第二天，王恩到城里去卖柴，走到城门，看到有许多人围着在看什么，王恩也急忙走上前去。一看。原来是一张皇榜。只见上面写道：昨日刮风，皇姑被卷走。找到皇姑者，重赏。王恩看完，想起昨日打柴时在山上看到的情景。那妖怪背的大闺女穿戴华贵，非一般人之女，暗想那闺女定是皇姑。他想到这里，走上前去，揭下了皇榜。

上了金殿，面见了皇上，王恩把在山上见到的对皇上说了个详细。皇上一听，马上命武将点了兵三百，由王恩带领，速上山去救皇姑。

再说王恩怕记不准妖洞的地方，又回去找到他的朋友施益，两人一同带着三百士兵前往妖洞。

到了妖洞，王恩让士兵把预先带的筐、铃、大绳拿到洞口。王恩对施益说："让这些兵在洞口把守，咱俩先下到洞里察看察看。"施益听了，有些胆怯，忙说："恐怕这筐、绳禁不住两个人，不如你先下去看看再说。"王恩就自己坐到那大筐里，让士兵们用大绳把他续下洞去。

到了洞底，王恩晃了晃拴在筐上的金铃，随后从筐里出来。他握着皇

上赐给的宝剑，慢慢往洞里走。洞里漆黑一片，伸手看不见五指。走了不大一段，王恩看到前面有一点亮光，用手向前一摸，摸着一个门，原来那亮光是从门缝里射出来的。他顺着门缝往里看去，只见里面悬着一颗夜明珠，皇姑正在珠光下给妖怪洗血衣。看看里面没妖怪，王恩就大着胆子推门进到里面。皇姑见门被推开，走进一个人来，吓得说不出话，王恩上前拉住皇姑就往外走。皇姑这时才战战兢兢地说道："你是何人？来做什么？"王恩一听，忙说："我是专门来救你出去的，快跟我走吧。"皇姑不肯走，她对王恩说："你既是来救我的，就应先把那妖怪杀死。不然咱俩谁也走不了。"王恩问："妖怪现在何处？待我前去杀它！"皇姑告诉他："那妖怪在另一个门里，待会我去给他洗伤口，你蔽在门口，趁它不备时，上前把它刺死即可。"皇姑刚说完，就听那妖怪大声嚷着要皇姑去给他洗伤口。皇姑给王恩使了个眼色，就去了。

王恩按皇姑说的，先蔽在门口。当皇姑给妖怪洗伤口时，妖怪痛得龇牙咧嘴，紧闭双眼大声嚎叫。就在这时，王恩速上前去，一剑刺入那妖怪的胸膛，妖怪动弹了一下，就死去了。王恩赶忙带着皇姑来到洞口，他让皇姑坐进大筐，说："你先上去吧。"皇姑这才看清，面前救她的人原来是个眉清目秀的小伙子。皇姑对王恩又感激又佩服，心里有好多话想对他说，可眼前又不是说话的时候，她就从头上取下一支金簪，一掰两半，自己留下一半，把另一半递给王恩，说："这半支金簪你拿着，日后咱见了好作证。"王恩接过半支簪子，晃了下金铃，上面听到铃声，就把大筐和皇姑一同拉了上去。

再说等在上面的施益，一看先上来的是皇姑，立时生了歹心。等让人把皇姑护送走后，他就大声叫起来："快把洞口平上！把洞口平上！别让妖怪上来了！"士兵听他这一叫，忙用石块把洞口平得严严实实。平好洞口，施益就带兵返回金殿，领赏去了。

王恩在洞里等了半天也不见有筐下来，这时他感到又渴又饿，可是洞里没有东西可吃。他正着急，无意中看到旁边有条小白蛇，那小白蛇正在舔一个小草墩。王恩就问它："小长虫、小长虫，你一个劲舔这小草墩干啥？"谁知小白蛇竟开口说道："我舔这小草墩也不渴也不饿。"王恩听了，也过去舔那小草墩，一舔，果真不渴也不饿啦。这时，小白蛇又说："这位大哥，你救救我吧！"王恩问："我怎么救你？"小白蛇说："我尾巴上有颗小钉，你给我拔下来就算救了我。"王恩听了，就把钉拔了下来。忽的一下，小白蛇不见了，眼前却出现了一条龙。龙说："你坐到我背上，闭上眼，搂住我的腰，我救你出去。记住，千万别睁眼。"王恩听了，就坐到了它背上，刚闭上眼，只听耳边喀喀喳喳一阵雷声，龙背着他就腾空飞起来了。

不大一会，雷声住了，龙也落地了，它叫王恩睁开眼。王恩睁开眼一看，自己是在龙宫里。龙告诉他："我本是东海龙子，这里就是我的家。你救了我的命，我要好好报答你，请进去吧。"王恩就跟着龙子往里走。面见了老龙王。老龙王见儿子安全回来了，非常高兴。一听说王恩是儿子的救命恩人，就对王恩谢了又谢，还非留他住下不可，王恩只好在龙宫住下来。一天，下大雨，王恩见别人都披一张龙皮去下雨，他也拿了一张披在身上。王恩披上龙皮飞到了天空。飞着，飞着，忽听到下面有人在哭，仔细一听是自己的母亲。他赶快拨开云缝往下看，这一看不要紧，"噗塌"一声，他就掉了下来。她母亲正哭得伤心，忽然从天上掉到面前一条龙，吓得她也不哭了。

再说龙太子下罢雨回到龙宫，见王恩没回来，就又回去寻找。从天上拨开云层往下一看，看见王恩正躺在一个老妈妈身边。龙太子施展法力，打响雷把王恩又接回了龙宫。

王恩回龙宫后，心里光想母亲，他就对龙太子说要回家去。龙太子留不住他，就说："你走时，父王给你什么东西你也别要，你就要那个挂在龙宫中的小葫芦。"王恩说："要它有啥用？"龙太子说："到时候你就知道了。"

王恩去给老龙王告别。老龙王让人拿出许多金银财宝送给他，他都推辞说不要。老龙王说："你想要什么呢？"王恩说："我要那个小葫芦。"老龙王就把宫中挂的小葫芦送给了他。

王恩带着小葫芦出了东海。走到路上，他觉得肚中饥饿，看到带的小葫芦，就说："要这小葫芦有啥用，又不能当饭吃。"谁知，他刚说完，小葫芦晃了晃，变出四样菜、四个蒸馍来。王恩一看，才知这小葫芦是个宝贝。王恩吃饱喝足，就继续赶路。走着走着，他又觉着累得慌，便说："小葫芦，给我变头小毛驴吧。"刚说完，他面前就出现了一头小毛驴。小毛驴开始很小，后来见风就长，不一会长成了一头壮实的大毛驴。他骑上毛驴继续赶路。走了一会，他又觉骑毛驴硌得慌，便说："小葫芦，给我出一顶二人小轿吧！"于是，毛驴不见了，出现在面前的是两个轿夫和一顶小轿。

王恩坐着轿快到家的时候，想起了皇姑给的半截金簪，就决定先去见见皇姑，看看皇姑安全到家了没有。

来到金殿，见了皇上。皇上一听说王恩是皇姑的救命恩人，就问他有什么凭据。王恩就把那半截金簪拿给皇上看。皇上看了，命人把皇姑叫来，让皇姑拿出另半截金簪，一对，正好对上。

后来，皇上就差人把王恩的母亲接进宫来，又让王恩和皇姑成了亲。

讲述者：刘培省，男，31岁，汉族，白浮村农民，初中文化

搜集者：刘玉收，男，16岁，汉族，白浮中学学生

（山东省成武县三套集成办公室编
《中国民间文学集成·成武民间故事卷》，第119～124页）

两个织网婆

从前，俩织网婆，各自在自家的门洞里织渔网。有一天，大织网婆的门洞里，梁上的小燕子从窝里掉下一只来，她忙上前，把小燕子捧在手里一瞧，摔折一条腿，心疼得不得了。紧忙从头上摘下竹梭，毁梭劈成小竹片给燕绑上后送回窝。不久小燕子的摔伤好了，出飞了。说话快，春打阳转，小燕子从南方来了，飞到大织网婆家，一张嘴，"叭哒"一声，一个葫芦籽掉在眼前，见着葫芦籽，大织网婆拾起就种在院里了。很快就发芽，长叶，爬出蔓来，结出一个大葫芦。等葫芦熟了，打开一瞧，不见籽瓤，只见一把金光闪闪的宝梭，用宝梭织网，又快又好，不多日子，大织网婆家的日子就富裕起来了。

再说小织网婆得知大织网婆得宝梭的事情后，手又痒，眼又馋，也想

得到一把宝梭，过上好日子。在门洞里织网，整天盼着小燕子从窝里摔下来，头上插上竹梭，是特意准备用来绑小燕子腿的，盼呀盼呀，哪知小燕子不往下摔，等来等去，再要是等上一些日子，小燕子出飞了，到明年春上谁嗑葫芦籽来呀，得不到葫芦籽，宝梭就凉了。一着急，小织网婆想出个主意，趁大燕不在，拿过一根杆子去捅燕窝，经她一捅，还真有一只小燕摔下来，是小燕子大了吧，扑啦着飞下来，一点也没摔伤，小织网婆抓住燕子，一查看，没有伤咋办呀，咳，一不做，二不休，为得宝梭过上好日子不下毒手是不行的。一咬牙，心一狠，"嘎吧"一声，将小燕子的一条腿折折了，痛得小燕子"喳喳"直叫。然后，又假模假样地劈竹梭给小燕子绑上送进窝里。日子一长，小燕子的腿好了，出飞走了。等到第二年春天，燕子回来的时候，小燕子真嗑来一粒葫芦籽，落在小织网婆的面前，一看呀，一蹦多高，乐得不得了，快溜地种上了，同样，这粒葫芦籽发芽、长叶、结葫芦了。小织网婆知道自家即要得到宝梭，日子就吃不愁，花不愁了。她活也不用干了，整天地守着葫芦秧，盼它快快长。是小织网婆心里有根吧，从葫芦种刚一发芽，就开始东邻西舍、亲家朋友的借着花。天天吃的是鸡鸭鱼肉，又做上几身漂亮的衣裳，无论拖多少债，她也不愁，心想：只要葫芦一熟，宝梭到手，什么账还堵不上呢，待账都欠到齐脖的时候，正好葫芦也熟了。她急不可待地打开葫芦取宝梭，哪承想，打开葫芦不见宝梭，里面蹦出个小老头，这下可急坏了小织网婆，一个劲地说："宝梭呢，宝梭呢！"可是，那个小老头，留着白胡子，什么话也不说，一闷地瞅着小织网婆笑。气得小织网婆问老头："你瞅我笑什么？"

那小老头响亮的回答说："我笑的是，你那一屁股账怎么还！"

听罢，小织网婆一个腚蹲，坐在地上嗥起天地来了。

讲述：刘则亭

流传：沿海渔村

整理：邵秀荣

（魏宪军主编，大洼县民间文学三套集成领导小组编

《中国民间文学集成·辽宁分卷·大洼资料本》，第334~335页）

八仙闹海

在二界沟渔民中传说,有一天,中八仙过海到龙花山赴龙花宴。过海的时候,韩湘子以花篮子当渡船,借风漂浪。张果老,倒骑毛驴,驴蹄踩着浪花。汉钟离摇凉扇,行在避风的浪谷里,边摇边走。瘸拐李,坐葫芦,在水上漂游。曹国舅,吹横笛,漫步水面上。何仙姑,划笊篱,快似飞舟。吕洞宾,脚踏双剑劈波斩浪,不小心掉下水一只,正巧扎在羊鱼身上。至今,羊鱼尾还像一把利剑呢!传说是当年吕洞宾的剑变成的。蓝采和,身躺鸳鸯板被乌龟偷去一块,拿去献龙王。此时,龙王也正在水晶宫里寻欢作乐。一抬头,忽见水上漂着一物,把大海照得通红。立即令海神带鱼兵虾将出宫巡海。海神带鱼虾跳出水面一看,原来是一个人悠然自得地躺在一块鸳鸯板上。出其不备,撒一排巨浪,将蓝采和掀下水,押进龙宫。

当众仙赶到龙花山,一查,丢了一人。大家让吕洞宾回去找一找。一找,半路上巧遇龙太子鳌丙,一问,才知道,蓝采和被抓进龙宫。于是,吕洞宾气愤地问道:"你龙家,为何平白无故,光天化日之下捉人呢?"

向来骄横惯了的鳌丙,经吕洞宾一问,混劲上冲,二目圆瞪,大嘴一张,"呀"的一声怪叫后,说道:"天是我龙家的天,水是我龙家的水,抓谁你管得着吗?"

"天高凭鸟飞,海阔凭鱼跃,"吕洞宾手指鳌丙道,"你龙家管海事,本该以利民生为天职,怎么能占天霸海,难怪近些年来,海田荒废,帆花凋零,民遭涂炭,灾祸四起。"

听罢,鳌丙腾起一座浊浪,站在浪峰上,一阵哈哈大笑:"风是我龙家兴,浪是我龙家作,他人福祸在于我,你中八仙吕洞宾又能奈何!"

吕洞宾见鳌丙如此混账,气愤之极,抽出宝剑,声严厉色地说道:"我么,逢贼必捉,遇妖必擒!"

说罢,两个厮杀起来了。那鳌丙哪里是吕洞宾的对手,不上几个回合,听得一声嚎叫,鳌丙剑下归天,蟹逃鱼散。然后吕洞宾乘势杀进龙宫,救出蓝采和。

一龙受挫,百龙聚群。一商议,要报复中八仙。刹那间,五湖四海,九江八河,乌云翻腾,霹雳闪电,暴雨如注。众龙腾云驾雾,张牙舞爪,要与中八仙决一雌雄。群龙一宣战,中八仙的龙花会也没开好,都很扫兴。此刻,瘸拐李对大家说:"诸位先找个地方避避风雨,我老李先斗一斗群龙。"

说罢,把他那葫芦往海里一放,顿时喷出火来,一烧海,可比张羽煮海厉害得多了。一会工夫,大海开了锅,烟气腾腾,弥漫海天。一刀一枪也没动,群龙被烫得飞上半空,逃到天上玉皇大帝那里告状了。没等群龙见到玉皇,天宫的玉皇大帝早被这弥天蒸气闹愣了。随即命令天兵天将来到人间,一看,是瘸拐李在用火葫芦烧海,群龙被烫得争相逃去,正想赶上替龙助战,被张果老发现了,只见他拍拍毛驴一扬蹄子,踏起一片烟尘,飞上天空,把天兵天将的眼睛都迷了,一个个揉着眼睛,垂泪而去。

见此情景,镇守天津陈塘关的李靖,出面调解,为的是给满海鱼虾留条后路,还是收回火葫芦。八仙一听也在理,于是,何仙姑用笊篱一捞,把满海无数的鱼虾都捞上来,放在韩香子的花篮里,保护起来。海里净了,群龙飞逃了。八仙一想,我叫你恶龙作孽,干脆把陆上的大山都搬到海上填平,让贼无家可归算了。只见,汉钟离把扇子一摇,三山五岳,轰隆隆都被填到海里,不大功夫海被填平了,曹国舅一高兴,横笛一吹,唤来百鸟,飞上填平的大海。

再说,恶龙受到惩治,无家可归,只好去找西天佛祖讲情,佛祖知道恶龙作孽,理应教训教训,闭目不管,只是说了一声:"海都填平了,我还有什么办法。"

这下恶龙都吓傻了,又去找玉皇大帝,路遇南海观音,请观音说合,于是在南海观音的说合下,群龙认罪,并立下保证,不再作恶。八仙怕日久天长群龙忘记誓言,再兴风作浪,苦害庶民,这才把被海鱼偷去的那块鸳鸯板留给龙王,让它挂在宫门,以警后代。八仙这才把海里的山搬走了。但也没搬干净,那就是今天的海岛。如今大海上的鸟儿,曾是当年曹国舅的笛声唤来的,山又搬走了,它们没有走,一直到今天。

讲述：刘则亭

流传：沿海一带

整理：邵秀荣

（魏宪军主编，大洼县民间文学三套集成领导小组编
《中国民间文学集成·辽宁分卷·大洼资料本》，第93～95页）

龙女出海

有兄弟三个，老大老二有了媳妇，小三还没成家。俩媳妇作弄好了，想分家。他们一扇枕头风，把丈夫也说转了。他们把小三叫到跟前，说："咱们三个一年都得往老人那里交多少多少钱，交不上来，老股家业不能分一星一点。"小三同意了。俩哥哥就到外边挣钱去了。小三不会种地，不会做买卖，就会拉胡琴，背上胡琴也出去了。

小三一直往东走，走了不知多少天，来到了东海岸，再往前走没路了，就坐在海边拉开了胡琴。他一拉不要紧，惊动了东海龙王。龙王听得悦耳，就上岸请小三。小三一看都不是人形，有点发怵，就找借口说："漫天世界净水，我咋个下水？"水兵看出了小三的心事，说："既然请你，你就放心，一切都好办。"水兵背上小三，叫他闭上眼，就下海了。等他们叫小三一睁眼，已经到了龙宫。龙王摆下酒宴，亲自陪小三吃酒。然后对小三说："你拉胡琴的功夫实在深，拉上一段叫本王听听咋样？"小三引弓拨弦，拉了起来。胡琴声音惊动了整个龙官，惊动了后宫的龙母龙女，她们也来到了前庭。小三只管拉，不敢多看多想。龙女见小三长得俊俏，拉得又好听，就动了心思。

第二天，小三还在前庭拉胡琴。龙女挽着龙母也来听。龙女坐在那里，眼直往小三身上瞅。龙母看出了女儿的心事，就问她："好听不好听？""好听。""人咋样？""也挺好。""你俩要是成亲，我看倒也不错。"龙女羞红了脸，低下了头。龙母又说："就怕你父不会允许，不过也不要紧，到时候有我哩。"

黄昏，龙母差丫环去请小三来了，进屋一看龙母和龙女正等他哩。龙

母说了几句话，就出去了。只剩下龙女和小三。小三低着头，不敢看龙女一眼，不敢和她说话，龙女笑笑走过来坐下，问他的身世。一提起家里事小三犯愁了，说："俩哥哥叫俺出来挣钱，挣不出来，土地家产就没俺的份了。"龙女说："俺爹对你说啥来没有？"小三说："他说不会亏待我。"龙女说："到时候他要给你银钱，你甭要，就要一个宝葫芦。"小三记住了。龙女见夜已深了，拽住小三说："今儿个你不要走了，陪陪我吧。"打这以后，小三每天陪龙女过夜，俩人都挺高兴。

腊月到了，小三要回家。龙王说："过年你缺啥，说吧。"小三说："我啥也不缺，就看中了你那个葫芦。"龙王笑了："你真有眼力，给了你吧。"夜里龙女和小三睡在一起。龙女说："俺爹教给你咋使用葫芦来没有？"小三说没有。龙女说："我得教给你咒语，你会使了，要啥有啥，比要钱强，可是有两件你得记牢，一是不能贪多，二是不能叫外人看见。"小三一一记住了。龙女又说："我明天不能送你，你过完年务必回来。我实在想你。"

第二天，龙女差水兵把小三送到岸上。小三上路走了一天，黄昏住到店里，忙向店主要了一盏明灯。他心里说："叫我试试葫芦灵不灵。"他躺在床上，念动咒语，说声来饭，不见有人，桌上就摆满了酒肉饭菜。第二天又上路了一心想：来头驴骑有何不好，他对葫芦念了咒语，说："来头驴吧。"不一会儿，路上来了个牵驴人，过来对他说："这是给你备的，请上吧。"小三骑上驴走了一程，觉得没马排场，就跟葫芦要了匹高头大马，又骑了一程。觉得不如坐轿，就跟葫芦要了一架八抬大轿。黄昏，小三住进店里，又要了一盏明灯，别的啥也没要。进屋后，他跟葫芦要来酒饭吃罢，嫌屋里太清静，想闹闹乐，心说：要个卖唱的给唱一段听听，他对葫芦一说还真的来，一个女角儿，一个拉胡琴的，吱吱咕咕、咿咿呀呀唱了起来，整个店房都被惊动了。小三对着葫芦念咒语时，店掌柜偷看见了，他和老婆躲在屋里说："这小子的葫芦是个宝，唱戏的就是他跟葫芦要的，咱得想法把葫芦弄到手。"

第二天，小三告辞店主要起程，一算账，钱不够了，小三犯愁了，当着面不能跟葫芦要钱啊。小主正没法，店主发火了："你钱不够，就剥衣服。"

说话不及，掌柜和店小二就上来剥衣服，真心却是摸葫芦，店小二摸住了，掌柜就势说："没钱葫芦也能顶账。"掌柜的抢走葫芦，把小三赶出了店房。

小三作了难，面向东海，哭了三声。龙女知道小三有难，就出海来搭救他。见了小三，先数说他道："临来时嘱咐过你了，你骑马坐轿都着，谁想到你还要听戏。这不，闹出乱子。你先等等，我去去就回来。"龙女使了个隐身法，来到店房，从柜子里取出葫芦，回来还给了小三，说："你就骑头驴回去，别人问你，你就说没挣来大钱，分家时房产土地都甭要，葫芦可千万甭露了。咱已经成了夫妻，过完年你也甭去龙宫了，我来凡间吧。"

这回，小三牢记龙女的话。要了毛驴骑上往家走，走了两天，来到一个村外，干脆驴也不骑了，就步行往家走。俩哥哥见小三没挣回银钱，倒没说啥，妯娌俩听了，急着要分家。爹娘愁得没法，最后说："分家也行，小三你说吧，你要啥？"小三说："啥也不要，叫俩哥哥分吧。"俩哥哥说："一点儿不要，爹娘不高兴，你随便要吧。"小三见都叫要点，就说："就要村边那块房基地吧。"妯娌一听，卷起小三的破铺盖给扔了出来，说："今黄昏就去你房基地睡吧。"小三没法，只好拜别爹娘和哥哥，挟着铺盖走了。到了房基地上，伸开铺盖，对着东海，哭了三声盖着破铺盖睡着了。龙女来了，没惊动他，从小三身上掏出葫芦念动咒语，一会儿一座宅院盖起来了。龙女把小三抱进正房，放到新铺盖上，他都没醒。第二天小三醒来，老阳儿已经挺高了。看见龙女守着他，躺在洞房一样的屋子里，问："这是咋回事？"龙女一笑，说："昨天黄昏不是你找我来的吗？"小三这才想起来了。龙女说："宅子有了，我也出海了。咱就在这过日子吧。"小三甭提多高兴了。

讲述者：赵凤元，农民，男，56岁，识字，武安市柳河村
记录整理者：杜学德，1987年5月于柳河村

（杜学德主编《中国民间文学集成·邯郸市故事卷》下册，第98~100页）

开葫芦

从前，有老两口有个儿子，娶了媳妇就不管他们了，老两口干巴巴地过日子。

一年夏天，小燕在房梁上做个窝，过些日子孵出了一窝小燕。一天，大燕出去打食，小燕饿得慌，就趴在燕窝边上叫唤，一不小心，"叭"的一下摔到地上，把腿摔折了。老太太急忙走向前，把小燕捡起来，心疼地说道："看你总淘气，总淘气，把腿摔折了。"说完，老太太把小燕捧到炕头上，用手把燕腿将直，用棉花把燕腿包好，用布缠紧。又是喂黄瓜籽，又是喂小米拌鸡蛋黄。不几天小燕的腿长好了。

小燕能飞了，秋天到了，小燕飞到南方去了。

第二年开春的一天，老太太正在炕上纺棉花，老头坐在屋里搓绳子，只听叽叽呱呱的几声叫，一只小燕飞进屋里落在炕上，在老太太面前点了三下头，吐出一颗葫芦籽就飞走了。老太太捡起葫芦籽对老头说：

"小燕给咱们叼来葫芦籽，你说是为啥呢？"

"我也不知道，反正种子就是留着种的。"

"对了，小燕是让我们种葫芦，趁这春暖花开，咱们赶紧种上，再不种就晚了。搁到明年就不出了。"

老两口说完就动起手来，老头刨土，老太太施肥，把葫芦籽种上了。没几天就长出了绿芽子，老两口可高兴了，就像抚育儿女似的精心侍弄着。怕旱着勤浇水，缺养分勤施肥，土硬了精心铲，大风来了挡住风，大雨来了遮住雨。过几天绿芽子变成了绿秧子，绿秧子长出了绿蔓子。老两口搭起了葫芦架，绿蔓子在架上爬呀爬呀，没几天就开出了一朵大白花，没几天就结出了一个青葫芦。青葫芦长呀长呀，没几天就长成一个大葫芦了。

寒露到了，天渐冷了，老两口乐滋滋地摘下大葫芦。葫芦很重，一个搬不动，老两口就手搭手，趔趔巴巴地把葫芦抬到了屋里。老头说："咱们把葫芦开开吧。"老太太说："开开葫芦有瓢使，把葫芦籽分给大伙，让家家都结大葫芦。"老头拿起锯老太太把住大葫芦，拉呀拉，拉呀拉呀，把大葫芦拉开了。老两口一看呆住了：葫芦里没有籽，这半装满金，那半装满银，金子银子亮闪闪。老头说："我从来没见过这些金子。"老太太说："我做梦都没梦过这些银子。"

这个事儿被儿子和媳妇知道了。儿子就搬梯子，媳妇就拿笤帚，扫房梁，抹房檩，把房顶打扫得干干净净，好让小燕来做窝。春天到了，小燕飞回来了，真在儿子房梁上做个窝。过些日子窝里孵出了小燕，儿子盼小燕腿摔折，不管他们怎么盼，小燕就是不掉下来。儿子说："小燕再掉不下来就要出飞儿了。"媳妇说："赶紧得想办法。"儿子说："把小燕打下来。"媳妇说："打死就白费了。"儿子说："那就拿秫秸捅。"媳妇说："行。"他就找秫秸，她就找布条。好歹把小燕捅下来了，可燕腿没摔折，儿子急了，"嘎叭"一声把燕腿撅折了。媳妇上前用布条包啊缠啊，边包边叨念："看你竟淘气，把腿摔折了，我给你包上，养好腿可不能忘恩负义呀，明年春天给我叼个大葫芦籽，秋天我好得金子，得银子。"媳妇把小燕放在炕头上，秋天小燕飞走了。

春天又到了，小燕一群一群地飞回来了，就是不见折腿的小燕，小两口急得了不得。儿子说："再不种葫芦可就晚了。"媳妇说："这个丧良心的小燕，真不是东西。"俩人正骂着，叽呱，叽呱，飞来一只燕，一瘸一点地走到媳妇面前，向媳妇点了三下头，吐出一颗葫芦籽就飞了。媳妇乐了，儿子笑了。小两口赶紧把葫芦籽种上，长出了绿秧子，孵出了绿蔓子，开朵大白花，结个大葫芦。

到秋天，小两口乐颠颠地摘下大葫芦，抬到了炕头上。儿子拿起锯子，媳妇把着大葫芦，拉呀拉，拉不几下就听葫芦里说："别拉了，别拉了，拉了脑瓜皮儿呀，别拉了，别拉了，拉了脑瓜皮呀……"儿子一听傻了，媳妇给他一巴掌："快拉，这是诈财！"两口子又拉起来，把葫芦拉开一看这半坐个小爷爷，那半坐个小奶奶。小两口不要爷爷和奶奶，儿子拿起笤帚赶爷爷，媳妇拿起线板打奶奶，赶呀打，打呀赶，爷爷奶奶变成两团大马蜂，一团蜇儿子，一团蜇媳妇，把儿子、媳妇的脑袋蜇成两个大葫芦。

讲述人：袁波香，50岁，农民，大孤山乡人

搜集整理：高树启，48岁，大孤山乡干部

流传地区：大孤山一带

（韩波主编，旧堡区民间文学三套集成编辑委员会编
《中国民间文学集成·辽宁分卷·鞍山市旧堡区资料本》，第153~155页）

金葫芦与粪葫芦

从前，有这么亲哥俩分居另住。大嫂住东院，二嫂住西院。两家的屋梁上都有个燕窝。小燕子成天地飞出飞进，有时蹲在窗台上，有时站在檐头上，对着屋里的人用燕子语说着："不吃你粮，不吃你米，只住你房巴脊。"

这一天，大嫂正在炕上做针线，忽听地上"叽"的一声叫，猫"噗"的一声往地下跳，抬头一看是一个燕崽掉在地上，小花猫正要往上扑，大嫂急忙喊了一声："花猫，别动！"鞋也没顾上穿，光袜底下地，从猫嘴前抢过燕崽，拿在手里一看，小燕腿被摔断了。好心的大嫂就给小燕上了点药，找一块红布边把小燕腿包上了，用红线扎好，戳起梯子，把小燕送回窝里。秋天，燕子走了。春天，燕子又回来了。只见那只腿上绑着红线的燕子落在大嫂的身边，把嘴里叼的葫芦籽放下，冲大嫂叫了两声，飞上了屋檐，大嫂把葫芦籽顺手埋在东园障子边，并经常去给葫芦秧施肥浇水。秋天，只结了一个葫芦，葫芦不大，但是挺沉。用锯拉开，才知道是一个金籽金瓢的宝葫芦，从此，大嫂发了家。

第二年春天，西院的二嫂见自家的燕窝里的燕崽张着黄嘴丫子在窝边上"叽叽"叫，就在家里等着燕崽往下掉，等了两天也没掉。二嫂急了，拿个长树枝子给扒拉掉一个。捡起来一看，小燕崽的腿没坏。二嫂一狠心，用手把燕子的小腿给掰断了，然后又是上药，又是包，也戳起梯子把小燕崽送回了窝，别说，小燕子第二年春天真给二嫂子叼来了一个葫芦籽。二嫂乐了，种在西园障子边，天天施肥，天天浇水，葫芦秧长得又高又大，结了一个足有三缸大小的葫芦，可把二嫂乐坏了，成天在家看着。秋天葫芦成熟

了，二嫂费了挺大劲把葫芦抬进屋，急忙拿锯要锯开"金葫芦"。因怕金末子掉进炕席缝里不好找，拿出被褥铺上，把葫芦放在炕中间，用锯开瓢，二嫂费了好大劲才把葫芦锯开一道口子，一股臭气冒了出来，接着就听"轰"的一声，葫芦放炮了，喷出的全是又稀又臭的燕子粪，喷了满棚、满墙、满地，喷了二嫂满脸、满身，新铺的被褥没接到金末子，却接满了臭稀屎。二嫂子只指望得一个金葫芦，到头来却得了个粪葫芦。

　　讲述人：樊王氏（已故）

　　流传地区：凤城、拳溪一带

　　搜集整理者：樊金水，一九八六年一月根据祖母井述回忆整理

（张柏华主编，本溪市三套集成编辑委员会编

《中国民间文学集成·辽宁卷·本溪市补遗资料本》，第133~134页）

柜石哈达

　　老早年，兴京柜石哈达山脚下住着一家老两口，五十多岁了，没儿没女，靠种地采药为生。

　　有年大旱，第二年树枝抽芽的时候，逃荒的人缕缕行行的，一天下晚，夜深山静，老两口趴下刚打个盹，呜呜一阵风，就听有人叫门，老汉点着松明子，趿拉着木底鞋去开门，噢！门外一位老人，白眉毛盖到眼皮，白胡子拖到胸坎，挂个龙头拐杖。老人疑疑迟迟地说："哎！天黑走乏了，肚子也饿，让讨个宿吧！"老汉忙让进屋，老伴穿上镶缎旗袍就去烧火，煮的小米粥让老人吃了。

　　第二天日头一露脸，白胡子老人挂着拐杖，一步三晃地要赶路，老两口见可怜不见的，半路有个三长两短的可咋办？老汉扯住衣襟劝道："老阿哥，你老病歪歪的怎么走得了哇，要不嫌小家粗茶淡饭，将养几天病再走吧！"老人说："七十不留宿，八十不留饭哪。""人到难时靠宾朋，为人救窄不救宽，您老信着就行啊。"白胡子老人寻思一会儿，点点头，"哼"了一声就住下了。

　　一住下可不打紧，老人病更大发了，浑身打哆嗦爬不起炕来。好算老汉懂得些药方，东山寻西坡找挖了几味药，老伴拿出藏了三十来年的鹿茸，但是，就缺少人参。这天，老伴备好干粮，把放山杆一扛，翻过了九座山，跨过了九道河，来到老龙岗大树林里。整整找了三天，也没影，他正犯愁，一个棒槌雀在对面砬头上直叫："棒槌！棒槌！棒槌！"老汉乐了，把头后的大辫子往上一盘，拿起放山杆子，拽树根抠石缝，一点点往上爬，累得满头大汗，爬到一个阴潮石夹缝一瞅，一片草两边分分着长。嘿！中间真有棵大棒槌，忙用红线拴好，挖到日头下山才挖出来，一掂，七八两，老汉心里高兴，连夜就往回返。

　　晌午头，老汉到了家，老两口忙着下药，白胡子老人说："哎！还是留着卖几个钱吧。"老两口没干，配上方熬上药，给老人服用了，不出两天，就不咳不喘，挂棍子下地了。

　　在这节骨眼上，家里又没米下锅了，老两口一合计，干脆，没啥值钱的，把娘家陪送老伴的嫁妆，一对梳大头发的银钗和一对银镯卖了，换了几升米，凑合吃了几天。

　　转眼，赶上四月十五晚上，白胡子老人非要趁月亮地赶路，老汉只好送上一程。老人走路像驾轻风似的，到柜石哈达根前，老人磨过身，说："送你一颗葫芦籽，回去赶忙种在院当间，八月十五半夜子时摘下葫芦，对这石门右摇三摇，左晃三晃，石门开后，保你二人安度荒年，享晚年之福！"老汉接过葫芦籽，似信非信，正细端详，一道白光，白胡子老人没影了。

　　俗话说："隔墙有耳。"这事还真叫人看见了，谁呀，穆兹哈努，他有良田千亩，家产万贯，可还是见财眼红，是个一毛不拔的主，大伙送他个外号叫"不知足"。

　　他老早就听说柜石哈达是个金银柜，就愁没开山钥匙。再说老两口，连夜就着月亮地，把葫芦籽种在院当间，也怪，眼盯盯瞅着，就拱土发芽了。老两口整天上粪浇水，掐尖打叉，怕鸡叨了，又怕猪拱了，操碎了心倒也挺高兴。到五月十五，只开了一朵花，水亮亮的像块白玉，老远就能闻到又香又甜的葫芦花味。结纽做蛋以后，慢慢长成个小三缸那么大的葫芦，一敲咚咚直响，金黄金黄的，夜里还亮闪闪。老两口从来没种过这么华堂的葫芦，乐得合不上嘴。

可老两口也纳闷，自从种葫芦，不知足和狗管家也常腆个大肚皮，三天两头的来看葫芦，嬉皮笑脸的也不那么横了。

一来二去到了八月十五晚上，磨盘大的月亮明晃晃地爬上柜石哈达山顶，不知足和狗管家鬼头鬼脑地来了。管家见院里没人，蹑手蹑脚地来偷葫芦，葫芦架太高，直打磨磨够不着。老两口正准备半夜摘葫芦开山，听见有动静，老汉拎起烧火棍奔过来："谁偷葫芦！"冲黑影就是一棍。哎哟！叭喳！狗管家造个嘴拱地。不知足一看偷不成，咬着牙根子说："别扁担上睡觉想得宽，山是我的山，地是我的地，葫芦是我地里长的，别说是偷，老爷我要也得给！"老汉一看不好，紧护葫芦，不知足说声"抢"，就扑上去，老汉刚举起棍子，狗管家从后猛一抱，不知足使劲抢过棍子，老伴急了，把一碗菜粥扣了不知足一脸，也去抢棍子，四个人拧打成一团。不知足急了一脚把老太太踢倒，半天没上来气，抽出棍子照老汉就是一棍，把老汉也打倒在地上。

狗管家急忙骑上不知足的脖颈，拿棍子冲葫芦一捅，咔喳，不偏不歪砸在他的脑壳上，他一栽歪，又砸在不知足的大肚皮土，葫芦掉在地上还跳了几跳，立在那儿也不倒。不知足爬起来，抱着葫芦，连滚带爬地跑了。

不知足和狗管家吭哧鳖肚抱着葫芦来到柜石门根，左摇三摇，右晃三晃，轰轰响，没开，又摇三摇晃三晃，只听"咔吧咔吧"响，数丈高的大石门慢慢裂开一道缝，葫芦就夹在了中间，只见里头通明瓦亮，金光四射，成堆的金豆银豆晃得眼都花了。门窄肚子大，一使劲硬挤了进去，饿狼扑食地胡拉开了，还说："光拣金豆，不要银豆。"半个时辰不知足和狗管家就胡拉压压一袋子，背又背不动，倒点又舍不得，管家想起屎壳郎滚粪蛋来，放倒轱辘吧。不知足把帽子装满口袋塞足，又兜满大衣襟，站起来，一磨身，脚下银豆子一出溜，叭喳！摔了个腚墩，这时候就听山洞里马驹叫唤，一撒目，咦！一匹小金马驹正拉盘银磨，转一圈淌金豆，转一圈淌银豆。不知足心想："哈哈，果然我福大造化大，把金马驹牵回去天天拉磨可就发财喽！"他挽起袖子，呼哧呼哧去抓金马驹，追一圈，金马驹绕磨道跑一圈，跑掉了鞋扎坏脚也抓不着，气得他直喘粗气。这时候石门"咔嚓咔嚓"直响，狗管家喊："东家快出来呀！""他妈的，穷吆唤什么，抓着金马驹再出去！"石门又"咔嚓咔嚓"直响。不知足迎着金马驹，伸出手掌就抓，刚拽住马尾巴，金马驹一尥蹶子，啪，踢掉两颗门牙，顺嘴丫子流血，他顾不得这些，强支巴着跟头把式又撵，刚抓马耳朵，这时候，"咔嚓咔嚓"，"轰隆隆"巨响，柜石门关上了，葫芦挤碎了，不知足和狗管家活活被关在里面，再也出不来了。

要问葫芦为啥碎了，那天十五夜里"不知足"听个"八月十五"开山，没听清"半夜子时"几个字，时辰没到，葫芦没成。回过头来说，那袋金豆刚到柜石门口，人关在里面，金豆子却都滴溜滴溜滚出来，老两口上前捡起来。往后，老两口日子一天天强起来。

至今，柜石哈达中间还有道没合严的石缝呢！说也奇怪，前些年真在柜石哈达山里开出个银矿来。

讲述人：傅连胜

流传地区：新宾

整理者：傅连胜

绿野（原名刘文彬，上夹河镇林业站干部，50多岁，男）

搜集时间、地点：一九八〇年搜集于上夹河

（新宾满族自治县民间文学集成领导小组编
《中国民间文学集成·辽宁分卷·新宾资料本》第一册，第205~210页）

两匹神马

从前，在松花江岸，住着一户姓关的老夫妻。关讷讷为人慈祥善良，人称"义讷"（即干娘）。关老头却是个好吃懒做贪图便宜的人。老两口秉性不一样，常常为老讷讷行善吵嘴打架。尽管如此，老讷讷仍是尽力施舍，就连对每年来家垒窝的小燕都很慈爱，和小燕也结下了不解之缘。

这一年春天，有两只白尾燕突然带来一大群燕子，在外屋脊根和屋檐下垒了好多窝。每天打食后，小燕们便聚在一起叽叽喳喳地唱个不停。老讷讷高兴极了，不断地把小米撒在院子里，有时还亲自喂燕崽。

说也怪，七月初六这天，那个大的白尾燕，对众燕叽叽喳喳叫了一阵后，飞上天就不见。七月初七这天，白尾燕突然飞回来了，一头扎进关讷讷怀里，把嘴里叼着的一颗葫芦籽放在她手心里，然后连声说："快快，七月七种，快快，九月九收。"

老讷讷见燕子说人话，觉得神奇，便急忙动手，把葫芦籽种在瓜架下。说也快，只见葫芦秧肥头大耳蒸蒸长，到九月九日果然长成一个金光灿灿的大葫芦。老讷讷把这个金黄金黄闪闪放光的大葫芦摘下来，关老头要把葫芦锯成瓢卖钱打酒喝。老讷讷不同意，说："这么个大葫芦锯成瓢，太可惜了，还是抠个葫芦头用吧，能装一斗多粮呢。"老头不干，老讷讷索性不用他，自己动手锯个豁，说也容易，没费力就抠开了。突然从抠开的孔洞里，"腾腾"跳出两个一寸大小的油光铮亮的小青马驹。只见两只青马驹跳到地上，左晃右晃连声嘶叫，从屋里跳到院里，一阵风刮过，竟变成两匹高头大马，老两口惊呆了，再看葫芦锯下的末末和抠下的块块，黄的是金子，白的是银子，老两口乐极了。从此以后，老头子再也不跟老讷讷吵架了，天天喂养两匹神马。

日久天长，老头子嫌喂牲口又累又麻烦，总想把大青、二青两匹马卖了享清福，可是，一时卖不出去。正巧，辽阳王派人到北满买战马，来到松花江畔。老关头听到信儿贪心地想，凭我这两匹神马，准能发大财，于是，他把两匹青马牵去卖。买马官一眼就看中了，问马价，每匹马老关头要纹银一千两，共要两千两，只见买马官听罢笑了笑说："值，值啊！这是两头好战马。你跟我们到王爷那里还会赏你一个官，说不定还能给你娶一房俊俏的媳妇呢。那时你可立刻变成了有钱有势的大贵人了。"老头子听了很高兴，随同买马队来到辽阳王跟前。辽阳王见了这两匹马，连称："好马好马！"。

经试验，大青马日行千里，二青马日行八百。辽阳王回头便叫人给他两千两白银，老关头马上又改口说要黄金两千两，还嬉皮笑脸地说要做个大官，还要娶几房小老婆，好好享享福。辽阳王听了一阵冷笑，冲护卫官一拱下巴说："好吧，送他到极乐世界去享福吧。"随后护卫官便把他推出去，手起刀落，把关老头杀了。

以后又过了几年，这一天书童小罕，给辽阳王洗脚，看见脚心有七颗黑痣子，说自己脚心上有七个红痣子，辽阳王看了，便要加害小罕子，好在皇上面前请功。这事被辽阳王的小老婆知道了，便偷了大青二青两匹神马私自和小罕一起逃出辽阳州。事情败露后，辽阳王率兵猛追，二青马累死，王妾被抓回。小罕骑着大青逃到一片芦苇甸子，马陷泥坑不可自拔，终于累死，小罕也昏了过去。辽阳王下令火烧芦苇塘。大青马死后，马魂变成一只大青狗，用嘴叼着一个马鞍屉，沾水把周围干芦苇打倒浇湿，使大火烧不着小罕，大青狗又招来蚊蝇蛆虫落在小罕和大青马身上，发出难闻的腥臭味，招来一群乌鸦落在"尸"身上叼蛆吃。辽阳王率兵赶到时，见人马已腐臭，误认为早死，便收兵回去，小罕才得以逃生。辽阳王回到辽阳州，准备将王妾处死，原来，王妾早已在门后上吊自尽了。

罕王得了天下后，为纪念大青、二青救驾有功，便将两匹神马画到画上，捏成两个泥马供奉。

讲述人：代凤珍（满族，女，六十一岁，已故，大四平乡东升村）

流传地区：新宾、东北

搜集整理：雷雨田

一九七一年搜集于东升村

（新宾满族自治县民间文学集成领导小组编

《中国民间文学集成·辽宁分卷·新宾资料本》第一册，第26~28页）

王二小打柴

从前有这么娘俩，家里穷得叮当响。他家有个儿子叫王二小，整天靠上山打柴换点米和面。这天，王二小打了一会柴就困了，躺在一块石板上睡着了，就听见有"叽叽喳喳"声。王二小睁眼一看，原来是两个小石头在打架。这两个小石头挺光溜的，他就顺手捡起揣在兜里拿回家来。

第二天，王二小照样上山打柴。家里来了一个老道问王二小他妈："王二小打柴捡到石头没有？"他妈多了个心眼说："捡到了，可让俺扔了，俺寻思两个小石头能有什么用。"老道一听顺口说了一句："真可惜，那是炸海干。"

晚上王二小回来，他妈就把白天老道来的事学了一遍。王二小拿着炸海干到海边去了。他把炸海干往海里一扔，海水立刻就干了。出来一个白胡子老头，对王二小说："你别往海里扔石头，要什么我给你什么。"王二小想，我现在就缺个媳妇，就对白胡子老头说："我要你一个姑娘做媳妇。"不一会白胡子老头领着一个俊俏的姑娘出来，告诉王二小，这个姑娘是九龙女，给他做媳妇。白胡子老头又问王二小："还要什么？"九龙女告诉王二小："别的什么也不要，就要那个小葫芦头。"白胡子老头一听有点心疼，又不好说不给，只好把葫芦头给他了。

王二小和龙女拿着小葫芦头往家走。王二小说："九龙女，你不要一些钱，要这个小葫芦头有什么用？"九龙女说："你别看这小葫芦头不起眼，它可是个宝，要什么有什么。"他俩又走了一会。王二小说："我饿了。"九龙女说："饿了咱们就吃饭。"他俩来到一块大石板上，九龙女对小葫芦头说："来一桌酒席宴菜。"不一会就从葫芦头里出来一桌酒席宴菜。

王二小和九龙女回到家，他让当地的一个财主给雇去了，和另一个小子打斑鸠。刚开始几天都能打着，天长日久就打不着了，这天他俩一个也没打着正在犯愁。龙女做了一碗面条，让王二小吃，说："别犯愁，我用白面给你做个。"还没等王二小吃完饭，龙女就用白面做了一只松手就要飞的斑鸠。王二小把斑鸠拿给财主。财主一吃嘴都乐开了花，比哪天的斑鸠肉都香，就问王二小："在哪打的？"还没等王二小开口，另一个小子为了讨好财主，告诉说是龙女用面做的。

财主一听龙女能做这么好吃的斑鸠就起了歹意，要娶龙女，王二小不同意，财主便出鬼点子对王二小说："明天你砍一千捆柴火，我砍一千捆柴禾，你要是输了龙女就得嫁给我。"

王二小回家闷闷不乐，龙女问他怎么了，王二小就把事学了一遍。龙女说："你别愁，我给你剪一些纸人。"第二天，财主领了一大帮子人砍柴，王二小拿着龙女剪的一大把纸人往山上一放，说："你们帮我砍一千捆柴火。"只见这些纸人挥舞镰刀，不一会儿一千捆柴火砍完了，财主竟连一半也没砍上。

财主输了又出鬼点子，说："咱们明天赛马，你要是输了，龙女就得嫁给我。"王二小回家又是闷闷不乐。龙女又问："怎么了？"王二小又把要赛马的事说了一遍。龙女又说："你别愁，我用高粱秆给你扎一个。"第二天，王二小骑着龙女扎的高粱秆马来到赛场，一看，地主的马膘肥体壮，而自己的马瘦骨伶仃。赛马开始了，王二小的马像风一样跑到地方了，回头看看财主的马才跑一半，财主又输了。他恶狠狠地告诉王二小："明天去抢。"

王二小回家还是闷闷不乐。龙女问："怎么了？"王二小说："比赛财主都输了，明天要动武来抢了。"龙女说："别愁，你到龙宫去把风匣子、雨匣子、冰匣子借来。"王二小连宿把这三样东西拿回来。第二天，财主的家丁来了。走到院子，龙女对风匣子喊："风匣子刮风。"顿时院子里大风四起呼呼直响，院子的沙土直往财主家丁的眼睛钻，把他们刮得东倒西歪。这时龙女又说："雨匣子降雨。"顿时大雨像瓢泼似的，四下飞溅，浇得他们一个个像落水鸡似的，不一会大水长到脖颈子。龙女又说："冰匣子结冰。"顿时冰冻三尺，冻得他们像用钉子钉在那里动弹不得。龙女又让王二小拿铁锹把财主和他们家丁脑袋戗掉了。从此，王二小和龙女过上了好日子。

讲述人：王玉德（男，满族，农民，响水河子乡转水湖村）

流传地区：新宾、抚顺

搜集整理：阎红（女，20多岁，响水河乡转水湖村）

一九八五年十月九日搜集于转水湖村

（新宾满族自治县民间文学集成领导小组编

《中国民间文学集成·辽宁分卷·新宾资料本》第三册，第75~77页）

王 三

河南省上蔡县有个王家庄，庄里有一人名叫王法，是个看钱如命、认钱不认人的老抠，外号"王老尖"。王法的妻子去世早，跟前留三个儿子，大儿子叫王大，二儿子叫王二，三儿子叫王三。大儿在城里做生意，娶妻赵氏。二儿在家耕种农田，娶妻钱氏。王三娶妻李氏，他一不会做生意，二不会种庄田，对吹拉弹唱却是个魁首。王老尖看不上小三，看到小三就把眼瞪得圆圆的，说他是个败家子。连两个哥也瞧不起三弟，一个说他是废物，一个说他是浪荡货。由于老三在家不得脸，他妻子李氏，也跟着受连累，她每天刷锅做饭，担水磨面……天明忙到天黑，有时还要听大嫂的闲话，看二嫂的白眼珠子。王大经常对王老尖说："小三是个败家星，早晚他也是把家业绞干。"王二平日也对王老尖说："小三光结交绿林之人，早晚也要陪他蹲监坐牢。"这一天，王大、王二又在说王三的坏话，王老尖说："王三不好我知道，可他是个人呀！他要是个小鸡小狗，我就把他害死啦！"王大说："害他干啥？干脆分开家，各过各的！"王二说："大哥说的对，分开家各奔前程！"王老尖子说："分开家我跟着谁？"王大说："你跟着老二和我！还能让你跟着老三去受罪！"王老尖说："怎么个分法呢？"王二说："大哥要街上的生意，我分地，父亲你分房子。"老尖子说："也不能一点也不给他呀？"王大说："给他点他也落不住，还不是给人家，小三夫妇真要饿着了，还能不给他个馍吃？"老尖子一听，两个儿子说的都有理，想道，分家就分吧。

这一天，老尖子把三个儿子都叫到跟前说道："咱们家务不和，不是长法，只有分开门，分开生，各过各的。"王大说："中，我愿意！"王二说："中，我也愿意！"王三说："大哥二哥咋说咋好。"王大说："街上的那几处生意，已业不抵债，家里东西一点我也不要，我还上街做生意还债！"王二说："祖上攒下的产业，一点我也不要，我种的那几亩薄地，是我的血汗挣来的，我还种那几亩地。"老尖子说："这点破房漏屋，是祖上撇给我的，我活着谁也不能要，我死后你再分。"好啦，他爷仨有分生意的，有分地的，有分房子的，王三是米大麦——净仁（人）。王三回房中，把分家之事跟妻子李氏说明，李氏痛哭着说道："这哪是分家呀，分明是赶咱出门。"王三看李氏哭得痛心，就说："你别陪着我受罪啦，不如我给你写封休书，你另嫁别人好啦。"李氏说："谁也不嫁，你讨饭，我拉棍，咱夫妇生在一处，死在一地。"王三说："贤妻，既然如此，你暂去岳母家住几天，我去外地投个亲友，做个生意，待我时来运转有了财钱，咱们夫妇再欢聚吧！"夫妇二人说妥之后，洒泪而别。王三回到家中扛起三弦，奔武昌府而去。

这一天，来到武昌府，找到他舅的住处，向他舅说明了来意。他舅人托人脸托脸地把王三送到一家商店当学徒。王三为了争口气，他起早贪晚地苦干。因为他热爱弹唱，他是有空就弹，闲时就唱。商店掌柜一看，他是个穷嘴呱哒舌，死了不准入老坟的下流货，就将王三撵出商店。王三一气，也不去向他舅父说说，扛着三弦来到了一个背口湾子里，将要投江一死。他想道，我王三为了弹唱，家庭不要我，老婆住娘家，学徒被开除，我呀，临死之前，也要弹唱一段。于是他坐在江边一块石板上，拨弹三弦，唱了起来。且说这日龙王爷驾坐龙宫，忽听到有人弹唱，唱得非常动人。龙王就派老鳖精去请唱曲人。老鳖精摇身变成了一个老头，身挂劈水剑走出龙宫，来到王三面前问道："唱曲的，你卖曲吗？"王三想，卖给他一段曲，吃顿饭再死，有啥不好呢！就说："买曲吗？我卖，唱一段你给多少钱吧？"鳖精说道："买曲的是我们龙王爷，请你去龙宫唱曲。"王三想道："管他是龙王、是鬼王，我是个该死的人，我谁都敢见。"他想到这里说："我愿去龙宫唱曲！"说罢，老鳖精带着劈水剑，把王三领到了水晶宫。老龙王问了王三的姓名和住址后，就命王三唱曲。王三唱一段又一段，直唱了十一段。老龙王说道："王三，你就在龙宫给我唱曲吧，什么时候走时，王爷我亏不了你。"王三说道："甘愿侍奉王爷。"从此，王三就在龙宫唱曲。

这一天，王三忽然听到远处一阵阵的鞭炮声，他问老鳖精为啥乱放鞭炮，老鳖精对他说："今天是腊月二十三，送老灶君归天的，俗人因而放炮。"王三听罢想道：新年快到啦，我妻子李氏还在娘家住着，那……我得回去一趟，给李氏撕身衣服，给岳母送点礼品，以表王三的心意。想到这里就问老鳖精道："鳖将军，我想回家过年，老龙王准我走吗？""准准准，你对他说，过了年还来哩。我对你讲，走的时候，龙王给你的金银再多，也别要，就要墙上挂那个小葫芦。那个葫芦名叫'有命'，你到凡间，一叫'有命'。葫芦里出来个小老头，你向那个老头要啥，他给你啥。你可别说我对你讲的呀。"说罢，王三来见龙王，就将回家过年之事说明。龙王说道："过了年，王三你可一定来！""请龙王放心，过了年，一定来。""来呀，给王三取黄金百两，让他回家作过年费用。"王三说："慢来，王爷，别说你给我百两黄金，就是给一万两，我也不要，我要王爷墙上挂那个小葫芦，否则，小人就乞讨返回。"龙王心想，这一定是水晶宫里谁给王三说啦，我若不给他，唯恐王三过了年不来，也罢，就暂借给他几天吧！当下，老龙王对王三说明，不是给他，是让他暂用。

王三得了小葫芦，龙王派老鳖精，带着劈水剑，出了水晶宫，往家而去。他揣着葫芦走了一阵，觉得又累又饿，口袋里分文皆无，心中想道：好啦，老鳖精可把我骗苦啦，龙王给我的黄金不让我要，偏让我要这个不挡累不挡饿的小葫芦。哎！老鳖精说，一叫"有命"，这里边就会出来个小老头，要啥他给啥，我试试。王三手拿葫芦叫道："有命！"里面真的出来个小老头，老头说："主人有何吩咐？"王三说："给我来四盘菜，一壶酒，一碗米饭。""请主人闭着眼。"王三紧闭双目，不一会儿，小老头请主人吃饭。王三睁眼一瞧，小老头给他弄来的饭菜和他要的一模一样。王三吃饱喝足之后，心想，也不知道这里离我家多远别耽误了过年哪！我让"有命"给我弄马来。王三叫道："有命给我牵匹马来，我急着回家。""请主人闭目。"王三又闭上了眼睛，小老头搀着他上了马。就听一阵狂风之后，小老头说："到啦。"王三睁眼一看，到了自己村庄外边。他将葫芦塞在怀里，走进了自家大门，王三还未来及向大哥问好，王大狠狠瞪他一眼，走了出去。到二门遇上王二，他叫声："二哥"，王二装没听见，背手而去。王三到了上房见了王老尖子，王三施了一礼，说道："父亲，你老万福！"老尖子话也没说，拿了个馍头，塞给王三，双手把王三推出屋门。王三走出自己的宅院，将馍头给了个讨饭的人，去丈母娘家找到李氏。李氏一见王三，泪如雨下地说：

"夫君,你走之后不久,我母亲不幸去世,娘家嫂子不贤,为妻每日吃些眼角食,我正想死,你回来啦。不如你我乞讨去吧?"王三说道:"既然如此,咱们走吧!"夫妇二人,走出丈母之村,往西南去。沿途之中,王三就将在龙宫唱曲,龙王给他个"有命"等等之情详述一遍。李氏一听,丈夫全是胡言乱语,心想他一定是疯啦。二人来到一片寸草不生的盐碱地,王三说道:"贤妻,咱就在这里盖一处府院吧。"李氏想他说的是疯话,但又不便顶他,就勉强说道:"好好好。"当晚,李氏躺在地上,用破袄蒙住头,含泪而眠。这时,王三取出小葫芦,说道:"有命!给我在这片地上,盖一处高门楼,大楼房,有马有车,有使女家郎,有四季衣服和铺盖,山珍海味,米面柴油。"片时,就听狂风大作,飞沙走石。李氏听狂风吼叫,正在挂念丈夫王三衣薄腹空,就听有个女童的声音:"奶奶,请到堂楼安歇吧!"李氏睁眼一看,她来时的一片荒坡,现今变成了一个楼台暖阁、高楼大厦的府宅。楼上楼下,明灯蜡烛,照如白昼。李氏还在发愣,王三说道:"贤妻,进咱的府宅歇吧。"说罢,王三让刚才唤李氏那个丫环,搀着李氏去府中睡眠,从此李氏一步登了天。

不久,新年到来,正月初早起,王三夫妇乘着轿车,去给他父亲拜年。他俩一到家中,爹也有笑脸啦,大哥二哥也会叫三弟啦。赵氏钱氏也会喊三弟妹啦。中午吃饭时,老尖子说道:"小三你们夫妇,可不能有了钱往外摄呀,咱还得合锅呀。"王大说:"三弟,有咱父在堂,咱弟兄三人可不能分居另住呀!"王二也说:"三弟,当初分家是假的,是要你树能成材。"王大王二对王三的苦劝,是他们早已策划好的,目的是待老尖子死后,重分家,好占王三的巧。王三夫妇都是厚道人,就满口答应合锅,并请二位哥嫂去他那院住高楼大厦,确定过了灯节搬家。当晚王三夫妇回去,灯节还未到,县衙里贴满了告示,捉拿白莲教徒,一人是白莲教,全家入狱,知情不举者,一律同罪。这时王大王二又商量啦。王大说:"二弟,县衙到处捉拿白莲教徒,一人是白莲教徒,全家入狱,知情不举,一律问罪。小三突然大富,听说他一夜盖起一片楼房,他那楼房是用白莲教术盖的吧!"王二说:"大哥,我也有这样看法,咱可不能陪着小三去坐监哪!我看不如你去县衙,把小三之事，禀给县太爷，免得咱搭个知情不举之罪！"王大一听老二说的在理，就去县衙里告举了小三。

县太爷姓金，名叫金财，是个贪官。金知县听了王大的告举，立即派张福、李禄、赵祯、王祥四个衙役，去捉拿王三。这四个衙役，走着说着："伙计，白莲教可是不好惹的呀！听说都会呼风唤雨，撒豆成兵呀。""是呀，咱见了王三，只有好话多说，就是请他去县衙，他愿意去，咱就和他一路进衙，他说声不去，咱回衙对大人说没见王三。""对对对，只有这样，才保平安。"四名衙役见了王三，低头哈腰地说道："县太爷请你去一趟。"王三说道："县太爷要我上堂，改日准到。因为你们提的是白莲教，与我无关！"随后王三命人，取出八个元宝，两盒茶叶，说道："八个元宝，你们四人使用，两盒茶叶，转给你们县太爷。"四个差役，接过元宝茶叶走去。他们把元宝分开，将茶叶转给了金知县，并把王三所说之言，说了一遍。衙役走后，县官打开茶叶一看，盒内装的全是珍珠、玛瑙珍贵之物。时隔三日，王三果然到衙。金知县就将他大哥告举，说王三是白莲教徒等情况说了一遍。王三说："没有此事。"县令说："为何你一夜盖起一片楼房呢？"王三听问之后，就把龙王给他小葫芦之事说明。县令听后问道："葫芦你带来没有？""带来啦！""咱们试试看，你给我要八个美女跳舞。"王三说声："有命。"霎时，葫芦里出来个小老头。王三说："来八个舞女跳舞！"小老头说："屋中之人，全部闭眼。"片时小老头说道："舞女全到。"金知县睁眼一看，果有八个穿红挂绿的舞女，又跳又唱。知县想道：王三这个葫芦是无价之宝呀，别说做个县长，就是做个巡抚，也没这个葫芦发财快呀！不如拿我的七品知县，换他的葫芦。金知县想到这里说道："王三，你把葫芦给我，我把七品县印给你，我带着葫芦回家抱娃子，你在这坐知县好吧？"王三说："这葫芦是龙王借给我的呀，待些时候还得还他呀。"金知县说："葫芦我用几天还给你，县印我也不要啦。要不，我就拿你定白莲教治罪！"王三无奈，就给他换了。金知县把印交给了王三，他带着葫芦还了乡，一天，金知县取出葫芦说道："有命，给我弄千两黄金来！"这时，葫芦里蹦出个小老头，看看是金财，又钻葫芦里去了。金知县又叫："有命。"小老头出来看看金财，又钻进去啦。第三次再叫，小老头连出来也不出来了。金财没想到拿七品知县，换了个废物，他一口气恼，把葫芦摔在地上，就听"噗哧"一声，葫芦化阵清风，腾空而去。金知县落了个官财两空。老尖子父子，进城投奔王三，全家欢聚。

搜集整理：孙宝玲

（杨小波主编，周口市民间故事编委会
《中国民间故事集成·河南省周口市卷》，第115～121页）

将军岩

在元末明初时，"毕兹卡"（土家族）头人向大坤在天子山一带聚众起义，自称向王天子。不久，明王朝派了中山侯汤和、江夏侯周德兴、颍川侯傅友德以及扬颍、胡海来征讨，谓之五侯征南。向王天子亲自督兵在插旗峪、百丈峡、锣鼓塔、天子洲等地进行英勇抗击。为了减轻对向王天子的压力，他的辅佐黄龙真人则率领六八四十八员战将，九九八百一十个侗兵，与官兵在桑植县泗南峪一带决战。

为使弟兄们听从指挥，黄龙真人把一支令箭插在一座高岩上，"插箭为战，箭收战停"。由于敌众我寡，义兵战败，黄龙真人却不屈不挠，死不收箭，帽子也不拿走，让它永远留在那里。这就是有名的"箭杆岩"、"真人峒"。黄龙真人自己躲在黄龙洞里，每天坚持与官兵作战。东海龙王知道了这个义举，特地跑来相助，给黄龙真人传授了道法，并赠送了一个金色的"宝葫芦"。黄龙真人得了道法和"宝葫芦"，坐镇黄龙洞，摇动鹅毛扇子，口中念念有词，对着"宝葫芦"一扇，只见一股金红色的烈火喷了出来，天地照得一片通红，九百多个侗兵和四十八员战将，立即隐去了真身，一个个跃上云头，变成了一座座石峰立在那里。再一扇，又只见从"宝葫芦"里喷出了一股金黄色的泉水，霎时山峪里掀起滔天巨浪，把数以万计的官兵全部吞没。现在，桑植泗南峪一带，有数万个被金泉染黄了的石头，传说就是官兵们的尸首，而那上千个的石柱、石峰都是将士们的英姿。就在那众多的石柱、石峰中,四十八个高大挺拔、形似武将的岩峰,就是那四十八员战将的化身,也就是天子山上有名的"四十八小将军岩"了。箭杆岩在四十八小将军岩中间,高大威武,直矗在云空中。传说黄龙真人灭了官兵进入了神堂湾,挺立在黄龙泉风景点的入口处。大"将军岩"便是黄龙真人的化身。

讲述者:彭胡子,67岁,男,土家族,高小,私塾先生,桑植天子山人

搜集整理者:田海云,男,土家族,桑植县干部

流传地区:天子山一带

搜集时间:1986年5月

（刘黎光主编,湘西土家族苗族自治州民间文学集成委员会《中国民间故事集成·湖南卷·湘西土家族苗族自治州分卷》上卷,第315~316页）

仙　笛

以前有两个朋友,一高一矮,他们都父母早亡,因此没有人给他们取名,人们只管叫高个子"有情",叫矮个子"无情"。两人自幼一起讨饭,长大后又靠打柴糊口。

有一天,他俩正在一座高山上砍柴,突然听到"救命呀!救命呀!"的呼喊声,他俩朝喊声方向望去,只见一条巨蟒叼着一个姑娘朝他们飞来。巨蟒飞得很低很慢,长长的尾巴几乎要擦着低矮的树木。说时迟,那时快,有情趁蟒飞过他身旁的一瞬间,举起利斧,向巨蟒掷去。斧头被弹回地面,巨蟒像箭一般朝另一座山飞去。有情拾起地上的斧头,一看,见斧刃上有血迹。他再往前赶了一段路,发现每隔五六步,地上就有几滴鲜血,有情知道巨蟒被砍中了,便约无情继续追击巨蟒,救那姑娘。他们顺着巨蟒留下的血迹,翻过一座座高山,跨过一条条箐沟。中午时分,来到一个岩洞前,只见血一直滴进岩洞里。往里一看,岩洞黑漆漆的,深不见底,他俩断定巨蟒就住在这洞里,可是,洞壁光滑,无法下去,他俩只好急忙赶回城里想办法。

他们走到城门口时,看到许多人站在城墙前面看一张告示。原来那

是李财主的独生女翠芳小姐失踪的寻人启事。大意是：谁若能帮他找回女儿，愿分一半财产给他，是未婚的小伙子，可招为女婿。启事的左上角还贴着翠芳小姐的画像。他俩明白了，那被大蟒叼走的正是财主的千金小姐。他们直奔到一家小店买了一捆麻绳，急忙返回到洞口。由有情进入洞内救姑娘，无情在洞口接应，约定见绳子晃动三下为号。有情先把麻绳的一端拴死在洞旁的一棵松树上，就挎上长剑顺着两股麻绳滑下去。他的两只脚一触地，就闻到一股呛人的腥臭味。眼前阴森森的什么也看不见。他紧握长剑往前走去，穿过一个洞口，前面出现了一点微弱的亮光，定眼一看，发现角落里有一张床，床边坐着一位泪流满面的姑娘，有情走过去，附在姑娘耳边说明了他的来意，姑娘低声告诉有情，这条巨蟒有个怪癖：每次从外面掠食回来，总要大睡一次，睡九天九夜醒儿天九夜，接着再睡一次，睡七天七夜，醒七天七夜。现在正是巨蟒大睡的时候，有情就和小姐一起动手将巨蟒用绳绑紧，然后从石床下抽出巨蟒的两把护身宝刀，将巨蟒杀死了。有情牵着小姐的手来到洞口，送小姐先出深洞。临走时，小姐掏出一块绣有自己画像的手绢作为定情的信物。

再说无情，自从那天看见财主的寻人启事后，便产生了歹心。有情一入洞，他急忙搬来一堆石头放在洞口周围，然后来洞口等待消息。第二天，太阳升起时，无情见垂入洞底的麻绳动了三下，便兴奋地抓住绳子，用力往上拉，把小姐拉到洞口。小姐看着周围的一切，眼前豁然开朗，由于死里逃生过分高兴，当即昏倒在地上。无情把姑娘撇在一边，忙把拴在树上的麻绳砍断，然后，就手忙脚乱地把石头推进洞里，背着小姐下山去了。

再说有情见小姐上去之后，只见绳子一根儿丢了下来，心中有点着急。又等了一会儿，一个个又圆又大的馒头，一个接着一个地落了下来。他不知道是无情滚下来的石头变的，还以为是无情送来的饭，便大口大口地吞咽着。有情吃饱后朝上大声呼喊无情，求他另放绳子下来。但是不管他怎样呼喊，始终没有回音。这时，有情才领悟到朋友丢下他不管了。在洞里，有情伤心、哭泣，痛苦到了极点。没奈何，他只好走到一个角落，靠壁坐下来等待机会出现。突然听到"嗯！嗯！我不行了"的呻吟声。

有情被这突如其来的声音吓了一跳。一会儿又听到："你救救我吧，我快要死了。"他壮着胆子问："你在哪里？""就在你的脚下。""教我怎么救你？""你先把我头上的土扒开，下边有一块青石板，石板揭掉还有口铁锅，铁锅内有一只碗，碗里有一文铜钱，你把铜钱拿掉就可以了。"有情照着一一做完后，只见铁锅下钻出一个骨瘦如柴的人来。那人一上来，就连忙向有情磕头，并说："谢谢你的救命大恩！我是龙王的三太子，有一次出海游玩，不幸被巨蟒弄到这里来，扣在铜钱下，只给水喝。至今已九年了。"有情扶起三太子，也把自己的遭遇讲给了他听。三太子安慰有情说："我有办法带你出去。请你紧抓住我的衣角，千万不要睁开眼睛。"说完只听到"唰"的一声，他俩已经到了洞口。三太子为了感谢有情的救命之恩，与有情结为朋友，还邀请他到龙宫去玩几天。有情很想去龙宫看看是什么样子，便欣然应邀了。

三太子又叫有情拉住他的衣角，闭上眼，一会儿就来到大海边。三太子指着大海对有情说："朋友，我家就住在这海底下。从这里到龙宫，必须经过三道关口。过第一关时，你先在海边等着。当我跳进海里的时候，你就会看到海里有一头黑牛、一头白牛。那黑牛是守门将军，白牛是我。你见我们在水中格斗时，你就捡几块石头砸在黑牛身上，嘴里喊：'黑牛斗不过白牛，让白牛过去！'这就行了。"交待完毕，三太子就扑通一声跳进海里。顿时，海里出现一头黑牛和白牛，在水里斗得难分难解。有情拿石头砸向黑牛，喊着三太子教他的话。一会儿波浪平静下来，黑牛隐没在水中了。三太子乘势爬出来，又把过第二、三关的秘诀说给有情。说完就驮起有情再一次钻进大海。在有情的配合下，他俩顺利地闯过最后两道关口，终于到了龙宫。龙王命三太子好生款待有情。三太子请他吃从未尝过的菜肴，天天伴他去观赏宫殿幽雅别致的景色。有一天，有情掏出小姐在洞中送给他的手绢擦汗，突然看到小姐的画像，心中涌起了思念翠芳小姐的热浪。三太子见有情归心似箭，也不好多挽留，对有情说："你走时父王一定让你自由挑选宝物，我们这座龙宫里共有四间宝库，里边藏着无数珠宝，这些东西你千万莫动心。你只要父王床上的大白猫和他玩耍的葫芦就行了，他们会供给你一辈子需要的东西。"说完，就领有情来向龙王告别。龙王和蔼地问有情："恩人，今天你既然要回家，龙宫里的宝物千万件，你要什么只管说吧！"有情拜了拜说："高贵的君王，我是个穷人，对财富没有奢望，唯望你把白猫和系在它脖子上的葫芦赐给我，让它们陪伴我回家。"龙王心里有点舍不得，因为有情要的是他家的稀世之宝。但一想到有情的救命之恩，只好忍痛把白猫和葫芦送给了他。三太子把有情送到海边，临别前再三嘱咐有情："一路上不要借宿村寨，不要与别人同行，你需要什么只管对白猫说，它会从葫芦里拿出你所要的一切。"

有情别了三太子，带上白猫和葫芦愉快地上路了。到太阳落山时，有情已把三太子的嘱咐忘得一干二净，走进一个旅店寄宿。店主问他："客人呀，你想吃什么？"有情说："饭不必做，到吃饭的时候，你只管把全家人都叫来就行了。"店主冷笑一声走了。有情见店主如此看待他，心中很不服气，急忙凑近白猫的耳边嘀咕了几声，白猫便从葫芦里端出一席丰盛的饭菜，摆在一个精致的银托盘中。店主转来一看突然出现的丰盛的筵席，便知道这两件东西是世间的无价之宝，顿起歹意。店主堆起笑脸，对有情百般殷勤。有情见店主如此尊敬他，便放心去睡了。那天半夜，店主趁有情熟睡之际，用一根绳子把他勒死，连夜把尸体拖到村外一条沟里，又把白猫和葫芦锁到柜子里。第二天一大早，店主就在大门上挂了块牌子，上面写道："本店停业。"到吃饭时，店主先吩咐全家老幼在餐桌前坐好，然后学着有情在白猫耳旁低语了几声。只见白猫从葫芦里端出了粗糙的木制托盘，木碗里放着猫屎、狗屎，臭气熏天，呛得全家无法在厨房里待下去。店主一怒之下，把白猫摔死在地上，连同葫芦一起丢到墙外的稻田里。一会儿，白猫醒过来了，它跑回龙宫对三太子说："三太子，你的朋友被害了，你去救救他吧！"三太子听到朋友遭难，跟白猫很快来到有情的尸体旁，先用水洗净有情的伤口，再用药膏敷擦创伤。然后在有情的屁股上拍了一掌，连喊了三声"朋友，快起来！"，有情就慢慢地睁开了眼睛。三太子痛心地责备道："你不听我的话，留宿旅店，被店主害了丢在这里。下次再苦再累也不要留宿村庄城镇了。现在继续赶你的路吧！"

有情从早上到中午绕村而走，避人而行，到太阳快落山时，他又为留宿找到了一个理由："天底下的店主未必都图财害命。"于是他又住进了一家旅店。那天深夜有情又被店主谋害了。店主把他砍成几节丢进店后的一个石灰塘里。白猫的遭遇也同上次一样，三太子又一次赶来救活了有情并且收回了白猫和葫芦，留下一支笛子便隐去了。

宝物被收回，有情非常后悔。他拿起三太子留下的笛子，又把小姐赠送给他的手绢系在笛尾，看看笛子，看看手绢，长叹了一声。想不到他呼出的气吹进笛孔里，笛子发出"哩噜噜"的响声。那声音悠扬嘹亮，悦耳动听，有情高兴得跳起来。这样美妙的声音是他生平第一次听到。他拿起笛子再吹了几次，感觉全身舒畅，力量倍增。于是，他就口不离笛地吹，最后能吹出各种好听的曲调。只要听见笛音，小孩就会停止哭啼，老人就会变得年轻，忧伤的人就会得安慰，幸福的人更加欢乐，生病的人也恢复了健康，有情的笛音给人们带来了欢乐和幸福。

有一天，有情到一个人烟稠密的闹市吹奏，笛声顿时把这座城市里的人都吸引住了，纷纷赶来听。说来也巧，那个翠芳小姐就住在这个城里。笛声传到耳边，她便掀开窗帘，朝下看去，认出那吹笛子的青年正是在洞中救她的有情。小姐急忙叫丫环把有情接回庄园，双双来到父母前，把被救的经过讲给了父母。二老看见有情笛尾的手绢，画有小姐的画像，深信有情是小姐的救命恩人，为小姐和有情办了婚事。接着，把在家等候了多年未能如愿的无情叫来痛斥了一顿，赶出了家门。

从此，小姐和有情幸福地生活，并把仙笛传于人间。

流传地区：兰坪县拉井、新华

采　　录：张光泽

（施中林主编，兰坪白族普米族自治县文化局编

《中国民间故事集成·云南卷·兰坪民间故事集成》，第351～356页）

瓜葫芦

从前，有两弟兄，哥哥奸狡巨猾，弟弟老实忠厚。爹妈死后，哥哥嫂嫂想把弟弟掐干，独得家财。一天，哥哥对弟弟说："我这儿有四百两银子，你拿去做点儿生意，老实远些走。"哥哥嫂嫂心想，你带起这几百两银子，别个不谋害你，走远了，银子用完了，饿也要饿死。

弟弟带起银子，走了一天到黑，遇到一个四合天井的大屋里，他就到屋里去借歇。这个屋里有一个老头儿，老头儿对弟弟说："你要住的话，那就只有在天井屋里歇。"

老头儿那个天井屋，一修起，就遇到一件怪事，凡是在天井屋歇的人，一个也没活过。弟弟在天井屋里住了一夜，第二天早晨去给老头儿道谢。老头儿觉得蛮奇怪，问弟弟："你在屋里睡着，遇到什么东西没得？"弟弟说："没得什么哩，就是睡到半夜时候了，有蛮长一条蜈蚣从屋梁上梭下来，它嘴里吐出一颗宝珠吐到桌子上，珠子里头硬是戏锣边鼓地打吼了。它把珠子一吐出来，就要来吃人。要不是我躲得快，就遭它吃了。"

老头儿听了，就问弟弟有治没得？弟弟说有治。老头儿问咋个治呢？弟弟说，我要四五篓干柴，要四五斤桐油，要四五斤重的一个雄鸡。黑了，弟弟就在屋头锅里把鸡子蒸了，又拿了一把叉子等着。半夜时候，蜈蚣果然又来了，它闻到锅里鸡子香，就去吃鸡子。弟弟一叉子把它叉到起，又到干柴上，泼上桐油，就把它烧死了，弟弟就把那颗宝珠得到了。

弟弟得了宝珠，从老头儿家出来，又走了大半天，就走到一个海边上。他累倒了，就拿出那颗宝珠放到石头上，珠子里又戏锣边鼓地打起来。这一打惊动了龙王，龙王就派螃蟹精和虾子精出来打听。螃蟹精和虾子精到岸上看到是颗宝珠，就转去禀告了龙王。龙王听了就叫螃蟹精和虾子精去请弟弟进龙宫来。进龙宫的时候，螃蟹精和虾子精对弟弟说："龙王问你要什么宝贝，你管他什么都莫要，只要他那个灶里起灰尘的瓜葫芦。"龙宫里到处都是金银宝贝，弟弟什么都没要，只要那个瓜葫芦。原来，那个瓜葫芦里装着龙王三太子。龙王对弟弟说："你若是要什么呢，就把瓜葫芦虱两乱,喊一声龙王三太子,你要的东西就会摆在你面前。"

弟弟从龙宫出来,走到半路上就饿了。他把瓜葫芦乱两乱,说:"龙王三太子,我饿了。"一说完,就是一桌子酒肉。一吃完,又都收到瓜葫芦里去了。

弟弟一出门就是五六年。一天,他又回到屋里,正遇到他哥在过生日,来了一满屋的客。哥哥嫂嫂以为弟弟早就死了,不想他今天又突然回来了,还是穿得一身巾巾绺绺的,两口子心里就不安逸他。

天黑了,弟弟对那些客人说:"今天哥做生,你们都来祝寿。今天将就客人都在,我们就把家分哒了。"分家时,弟弟说,我只要门前那个地坝。哥哥嫂嫂就只给他分了一块地坝。弟弟就对那些客人说:"那明天早晨就请众客位在我家来吃一顿一早饭。"那些客心想,你光棍一根,连个坐的都没得,拿个什么吃?弟弟等客人都睡了,就走到地坝里,把瓜葫芦往地下乱两乱,说:"龙王三太子,请你给我修一座四合井的大屋,还要很多酒席。"

第二天早晨,那些客人起来一看,只一夜工夫弟弟就起了一座四合天井的大屋,屋里摆得亮堂堂的,还有很多酒席。

弟弟突然一下发了财,哥哥嫂嫂心里痒酥酥的,就问弟弟是咋个发的财。弟弟就把瓜葫芦的事说了。哥哥嫂嫂听了,就用全部家产把弟弟的瓜葫芦换过来了。

哥哥嫂嫂带着瓜葫芦一路走一路笑,心想,有了这个宝贝,就一辈子不愁吃不愁穿。那天,两口子走到海边上看到那个瓜葫芦灰尘扑满了,背起有些丑,就拿到海里头一洗。哪知瓜葫芦刚往水里一放,海里就涌起一股大水,把瓜葫芦和哥哥嫂嫂都卷到海里去了。

讲述者:黄亿前,男,36岁,巫山县早阳乡龙水村,农民,小学肄业

采录者:余兴国,男,36岁,巫山县文化局,干部,高中

采录时间、地点:1981年4月4日于巫山县早阳乡龙水村三组

（中国民间故事集成四川卷编辑委员会编

《中国民间故事集成·四川卷》上册,第498~499页）

宝葫芦

从前，在一个深山老林里，住着一户穷人，三个儿子都长大了。有一天，老头子对三个儿子说："我供不起你们了，你们各人去挣钱找饭吃吧！"说完，他拿出三把斧头，叫他们带上干粮到树林里去砍柴卖。这三把斧头中有一把是砍钝了的，两个哥哥就把钝斧头留给了老三，各人拣一把刀口锋利的斧头上了山。

老大带了干粮，拿起斧头走了半天，看到一棵大树，心想：我就把这棵树砍回去让爹高兴高兴。他就坐下来吃干粮，想吃饱肚子再使劲砍树。这时一个白胡子老汉走到他的面前说："求你做点好事，把你的干粮给我吃一点，我一天没有吃过东西了，担心要饿死呵。"老大说："我拿给你吃，我又吃啥子呢，你饿死不饿死，关我啥子事！"老汉听了，叹了一口气，就转身走了。

老大吃了干粮，举起斧头就砍树，不管他使多大力气，总是砍不进去。流了一身汗，累得脚把手软直喘粗气，一点办法都没得，他只好气鼓鼓地回了家。

老二也带了干粮，走到南边山上的一大树林里，看见一棵大树就去砍。砍了好几斧头，感到肚子有点饿，就拿出干粮来吃。这时，那个白胡子老汉向他要粮吃，老二说："我没有带多的。拿给你吃了，我吃啥子呢？"白胡子老汉说："你不可怜我，我就只有饿死了！"老二说："你想死就去死，与我屁相干！"白胡子老头摇摇头，转身就走了。老二拿起斧头就砍树，砍了半天，累得腰酸腿疼，连树皮皮都没砍下来一片，没办法只好蔫妥妥地回了家。

老三从西坡爬到了山上，刚坐下来歇气，就遇到一个白胡子老汉向他要吃的。老三看到老头饿得可怜，就把带来的干粮分成两份，恭恭敬敬地送了一份给老头。老头吃完干粮，就在树干上画个圈圈，对老三说："你对准这个圈圈砍。"说完就不见了。

老三拿起斧头，对准老头画的那个圈圈砍去，一斧头下去就砍开一个洞洞。老三感到很奇怪，用手伸进洞里一摸，摸到一个圆溜溜的东西，拿出来一看，是一个亮晶晶的葫芦。老三想，这东西咋个生在这树的肚子里头呢？他拿起葫芦把细一看，葫芦上写了"有求必应"四个大字。老三想，咋个叫"有求必应"呢？那我不妨试它一下子，看它能不能帮我砍倒大树，就说："宝葫芦，宝葫芦，求你帮我砍倒这棵大树。"刚说完，只听"嘎嘎嘎嘎"地一阵响，一棵大树就慢悠悠地倒了下来。老三高兴极了，拿起斧头就要去剔树枝，又一想，不如求葫芦帮我剔，便对葫芦说："宝葫芦，宝葫芦，请你帮我把枝梗剔下来。"话一说完，只听"噼噼啪啪"一阵响声后，树枝全被剔光了。老三看到剔下的一大堆枝丫，自言自语地说："宝葫芦，宝葫芦，要是能打成捆就更好了。"当真这些树丫子一会儿就自个理顺，又紧绷绷地捆成了八大捆。老三选了根树枝作担捆放在肩上，试了试说："宝葫芦，宝葫芦，这么重的八捆柴，要多晚才能担回家呀？变轻点就好了。"果真，肩上的两捆柴一下变得轻飘飘的，剩下的那六捆都腾空而起，整整齐齐地码在老三的担杠两头，他一肩就把八大捆担回了家。

这时，他的两个哥哥已经回了家，他爹正在骂他们没出息。两个哥哥看到弟弟担了一担架得像小山的树枝回来，眼睛都盯神了。他爹直忙上前把老三扶进堂屋，问他咋个砍了这么多柴，又咋个担回家的。老三就把得到葫芦的经过一五一十地说了一遍。他爹说："老三，这是你的心好，遇到了神仙。"

这天晚上，老爹非常高兴，陪着老三到里屋床上困觉去了。老大、老二两个立到屋角角头，低着头不开腔，到了后半夜，老大被尿胀慌了，要去解手。抬头一看，见宝葫芦还放在堂屋桌子上，他就触着老二耳朵说了一阵悄悄话，两个人就偷偷抱起那个宝葫芦，跑到屋后菜园地里，老大对着葫芦说："宝葫芦，宝葫芦，我要一筐银子。"当真一筐银子就出现在他面前。老二直忙说："宝葫芦，宝葫芦，我要一筐金子。"嘿，当真一筐金子就摆在老二脚下。老大又说："我也要一筐金子。"马上又出现了一筐金子，老二看到老大多了一筐银子，又说："我还要一筐银子。"马上又出现一筐银子。老大想，这么松活就发了大财，不如再多要一些。就对老二说："我们不如再多要一些。"老二说："对，我们再多要一点。"两弟兄就连声一起喊："要金子！要银子！"金筐、银筐也就不停地朝他们跟前堆，眨眼工夫，堆成了两个大山包。两弟兄正高兴得不得了，忽然"哗"的一声金山银山一齐倒了下来，把老大、老二都压死在下面了。

讲述者：严俊请，男，68岁，农民

采录者：吴雨盛，男，60岁，干部，大学

采录时间、地点：1987年8月20日于大邑县斜江一带

（中国民间故事集成四川卷编辑委员会编

《中国民间故事集成·四川卷》上册，第503～505页）

一对宝葫芦

从前，有一户人家，寡妇母亲好容易把两个儿子拉扯大了，老大娶个媳妇不贤惠，不孝敬老人，分开单过了。只有小儿子和母亲一起生活，日子很艰难，吃了这顿没那顿。后来，小儿子学会了吹喇叭，挣钱养活母亲。母子二人省吃俭用，日子一天比一天好起来了。不久，小儿子也娶上了媳妇。这小两口儿非常孝敬，把个老太太乐得成天闭不上嘴，走到哪儿夸到哪儿。

这一来，老大媳妇眼气了，她挑唆丈夫想法子害死老二。起初丈夫不同意，不忍心那样做，可他怕老婆，最后也就同意了。

一天下午，老大媳妇拿钱让丈夫买了些酒菜。她把菜炒好，就去请老二到她家喝酒。怕老二不来，还说他哥哥要听他吹吹喇叭，乐呵乐呵。老二从墙上摘下喇叭就随大嫂去了。一进屋，酒菜已经摆好，大嫂陪着，这哥儿俩就你一盅我一盅地喝起来了。喝到高兴时，老二给大哥大嫂吹了一阵喇叭。哥哥、嫂子一劲儿夸他吹得好。老二一高兴，喝了一盅又一盅，大哥敬完大嫂敬，很快就把他灌成一摊烂泥了，老大媳妇硬逼着丈夫把老二和那支喇叭装进一个大板柜，抬着扔进村子南面的大海里去了。

母亲和媳妇等了一夜不见老二回来，天一亮，娘儿俩就到老大家去问。老大媳妇说："昨晚二弟吃饱喝足就回去了，八成又让谁家请去吹喇叭

去了吧。"娘儿俩一听可也是,也就没太着急。

老二被推到海里,漂了一夜,当他醒过酒来的时候,也不知是到了什么地方,很是纳闷儿。用手一摸,四面都是木板,再一摸,摸到了一支喇叭。这时他才明白,原来是哥嫂定计害了他,不由心里一阵难过,拿起喇叭吹起来了。这一吹,让龙王爷听见了,打发虾兵蟹将把他接到了龙宫。摆上酒席,款待一番,龙王爷就叫来他们全家人听曲子。

从此,朝天每日都是这样。听来听去,龙王爷的三闺女听得动心了,偷偷地向老二表露,要跟他出海过人间的日子。老二一听,就把自己的身世对公主说了,并说他的媳妇很贤惠,又很孝敬老人,不能做这对不起贤妻的事。公主听了对他更加敬佩,打了一个咳声说:"既是这样,你就一个人回去吧!我还要告诉你一件事,你走时父王会送给你一些人间少有的好东西,你什么也别要,就要北墙上挂的那对宝葫芦中的一个,你用啥就向它要,要啥有啥。可要记住呀!"

老二回家心切,天天张罗要走,转眼一个月了,龙王只好答应。临走那天,龙王爷准备了很多礼物,老二什么也不要,就要宝葫芦。龙王笑着说,"你倒是挺识货,只要你喜欢,这一对宝葫芦就都送给你吧!"老二说:"我用不了那么多,要一个就行了。"

老二带上宝葫芦,由虾兵蟹将护送上岸回家了。到家一看,缺柴少米,全靠媳妇挖些野菜充饥。母亲想儿子,眼睛都哭肿了。他急忙上前拉住母亲的手说:"妈,这回可好了,我得了一件宝贝。"接着他就怎么来怎么去地一说,一家人真是悲喜交加。从此,缺啥少啥,就向宝葫芦要点儿,每天还特意要些好吃的东西孝敬老母亲。

这件事让老大媳妇听说了,她厚着脸皮来到老二家,进屋就说:"好个二兄弟,得了好儿就把恩人忘了,要不是嫂子我帮你的忙,你能得到这宝葫芦吗?"老二一家人听了这话都问:"这到底是怎么回事?"老大媳妇说:"我看你们日子过得很紧巴,才把二弟送到龙宫去偷宝葫芦。"老二说:"这宝葫芦可不是偷的,是龙王爷送给的。"他把得宝葫芦的经过说了一遍。老大媳妇一听,拍了一下大腿说:"对了,那对宝葫芦都该是咱们的,你一个，你哥一个，我得让你哥去取那个。"

老大媳妇回到家里，就逼着丈夫学唱戏，学会了，又把丈夫装进另一个大板柜里，也推进了大海。老大在板柜里扯开嗓门，大声地唱了起来。龙王听到了，又派虾兵蟹将把他请到龙宫里唱戏。没唱几天，他一心想要得到宝葫芦，就撒谎说挂念母亲，非要回去。龙王爷觉得他倒也是个孝子，把那个宝葫芦送给他，让他回家了。

再说老大媳妇，成天瞧着老二家的宝葫芦眼馋，盼望丈夫快点儿拿回一个宝葫芦。盼了一天又一天，等了一夜又一夜，千等千盼也不见回来。她等不及了，就来到老二家商量，要用她家的三间砖瓦房和所有的财物，换老二那个宝葫芦，说："我也想过几天神仙过的日子。"老二一想，好事不能都归自己，就答应了。这下可把老大媳妇乐坏了，麻溜儿地帮着老二一家人搬进她家的三间瓦房，她只要宝葫芦和老二那两间快要倒的破房子。

换了房子以后，老大媳妇就向宝葫芦要金子。宝葫芦翻了一个身，出来了一堆驴粪蛋子。这可把她气坏了，摸起一根棍子，就去打宝葫芦。她一打，宝葫芦就一蹦，再一打，又一踢，一下蹦到门外去了。葫芦在前边蹦，她就在后面追。追到村外，正好碰上她的丈夫。没想到丈夫怀里那个宝葫芦也蹦了出来，两个宝葫芦一起蹦进大海里去了。

最后，这两口子啥也没捞着，只剩下那两间快要倒的破房子。

讲述者：吴秀兰，女，54岁，汉族，蛟河县池水乡，农民，小学毕业

采录者：王汝梅，女，25岁，干部，大专毕业

采录时间：1972年

采录地点：蛟河县池水乡

（中国民间故事集成吉林卷编辑委员会编
《中国民间故事集成·吉林卷》，第482~484页）

神葫芦

太白山下住着老两口，这俩老人人好心好，光做好事，一辈子没在人前

做过一件恶事。

有一年，太白山要修神庙。和尚下山化缘，化到这老两口门上，老头把万贯家产就给捐了一半。和尚们拿这些金银回去修神庙，没想金银用完了，神庙还没修起，又来老头家化缘。这回老人只留下了不多的一点银子，其余的全捐了。

没过几年，不知出了啥魔怪，突然刮来一股大风，把老两口住的几大院房子都吹倒了，留下的一点家产也吹完了。老两口没吃没住，只好背着铺盖卷儿出门要饭吃。一天，老婆子对老头儿说："咱把万贯家产送给了太白山，咱到太白山要饭去。"

老两口一连走了几天，来到一座寺院前，向和尚讨饭吃。这时从寺院里走出来一个白发苍苍的老和尚，给了老人一个葫芦说："好心人哪，拿回去吧。有了这个就不怕没吃没穿，可以好好过日子了。"说完，又给他教了怎样使用葫芦的法子。老两口告别了老和尚，拿着葫芦下山了。

老头儿和老婆子回到自己住过的地方。一看空荡荡的长满了蒿草，老头儿就按老和尚教给的法子，嘴里念道："葫芦葫芦扯蔓蔓，你给我吃来你给我穿，你给我修房子你给我田。"说完叫了声"变！"只见从葫芦里冒出一股青烟，落在这块空地上，弥天大雾一下把这块地全罩住了。不大工夫，雾气渐渐散去，现出几个大院子。老人仔细一看，正是他原来的房子。老头和老太婆走进屋里，万贯金银，一文不少，放得好好的。

老两口得宝的事，好像长上了翅膀，不到三天工夫，远远近近的人都知道了。这天，老两口正在家里吃饭，没想县老爷带领三班衙役闯进门来。翻箱箱，倒柜柜，把葫芦抢走了。

县官得了宝葫芦，爱不释手，可是不知道使用的法子，拿在手里翻过来倒过去，怎么也变不出金银财宝来，急得团团转。忽然眼珠子一转，命衙役把老头子抓到大堂。县官"叭"地一拍惊堂木，说："老头，你是怎么变宝的，如实说来，免得皮肉受苦！"老头摇了摇头，什么也不说。县官喊了一声："打！"衙役们下了毒手，把老头打得死去活来，老头还是不说。硬的不行，又来软的。县官给老头最舒适的房子住，陪他玩乐，给他最美的饭菜，陪他吃喝。三十六条计用完了,老头只说了一句话:"我的葫芦里金山装了无数座,银山多的数不完。我要把这些金银送给穷苦人,就是不给贪赃的官!"气得县官把牙咬得咯咯响,可就是没办法,只好把老头下了监。

老头在监牢里非常愁苦。他想,我这个人呀,做了一辈子好事,到头来落了个这样的下场!想着想着,他伤心地哭了。这时给他葫芦的老和尚忽然立在他面前了,对他说:"好心人哪,你甭伤心了。你在地上画个葫芦,在葫芦上画个'井'字,唤一声'葫芦呀葫芦,你回来',它就来了。你有了葫芦,自然就有了消灾的办法了。"老人按照老和尚的点化,借助葫芦的神力,从窗孔里出去走了。

老人回到家里,不到半天工夫,祸事又来了。县官带着三班衙役拿着刀枪、棍棒闯进门来,说老头儿不交出宝葫芦,就要把他的房子一把火烧光,把老两口绑到县衙处置。说着,一个衙役便冲着老头狠狠地打了几个耳光。

老人忍着疼痛,拿出葫芦,小声念道:"葫芦葫芦扯蔓蔓,你给我金山,你给我银山!"说完,又说了声"变!"扑闪一下,出现了一座金山,山上万道金光,照得天明地亮。县官见了满山金银,顾不得老头儿了,喊了一声:"上山取宝!"三班衙役冲进老头的屋里,拿了布袋、箩筐,没命地爬上了金山。

这些人正装得火热,老人嘁嘁嘁从葫芦里放出一股风,卷地而起,飞沙走石。一个时辰过去,风停了,云散了,金银不见了。县官和三班衙役被风刮上太白山,有的挂在悬崖上,有的吊在树梢上,有的卡的石缝里,一个个都死的硬硬的。

讲述者:杜兴华,男,30岁,洋县四郎乡流浴村,农民,高中

采录者:杜兴荣,男,43岁,洋县四郎乡,教师,大专

采录时间:1987年

采录地点:洋县四郎乡

(中国民间故事集成陕西卷编辑委员会编

《中国民间故事集成·陕西卷》,第503～504页)

宝葫芦

有个叫李四的砍柴娃，每天天没亮就上山砍柴，赶在吃早饭前把柴担到集上卖了，再给他的老娘买两个烧饼拿回家。

这天，李四卖完柴，照样给他娘买了两个烧饼，然后就把绳子往尖担上一挽，离开了集市。他走到一个石拱桥上，看见桥中间坐着一个老叫花子。老人看见他，伸出乌黑的手向他要烧饼。他想：娘平时叫他多做行善积德的事，他就把两个烧饼双手捧给老人。老人三口两口就把烧饼吃完了。老人抹了抹嘴，从怀里摸出一个又小又脏的葫芦给李四。

李四回到家里，把葫芦拿出来放在桌子上，给娘说了原情。他娘听了也觉得那个老叫花子怪，就叫他把葫芦收拾好。转眼间，冬天到了。一连下了三天大雪，李四没法再去砍柴，他望着满地的厚雪，不停地唉声唤气。突然，桌子上放的葫芦响了一声，就转起来，还从口口里冒出了一股青烟，紧接着一盘盘香气扑鼻的肉菜和两碗雪白的蒸饭都从葫芦里飞到桌子上。娘儿俩想到那位老叫花子肯定是神仙显灵，磕头作揖谢过了神恩，就美美地饱吃了一顿饭。从这以后，每到吃饭的时候，宝葫芦就自动把饭菜放在桌上，平时它还经常给娘儿俩变出一些金银。

有了宝葫芦帮忙，李四接了媳妇，他不再上山砍柴，再也不给老娘买烧饼了，而是盼望娘早点死了，他能跟媳妇舒舒服服地过日子。李四两口子越盼娘死，他娘越不得死。两口子暗自盘算，先是不给老人吃饭，接着是拳打脚踢，最后把娘撵出了门。可是刚撵走了娘，宝葫芦就不再给他们变金银饭菜了。两口子坐吃山空，东拉西借，不得不当叫花子要饭。一天，两口子整整跑了一天也没要到一口饭。饿得倒在地上爬都爬不起来。这时候，被他们撵走了的娘，端着半碗饭来到他们跟前。两口子接过娘手里的碗，一人一口把那半碗饭吃了。他们后悔地抱住娘的腿，哭得眼泪把地上都滴了个坑。娘见他们诚心改错了，就跟他们一路回到家里。说来也怪，他娘刚走进屋里，宝葫芦又转了起来，一盘盘的饭菜和金银，又齐齐地飞到了桌子上。

讲述者: 宁秀珍, 女, 35岁, 佛坪县东岳殿乡, 干部, 初中

采录者: 张俊娥, 女, 21岁, 汉中市张寨乡, 教师, 高中

采录时间: 1987年

采录地点: 佛坪县

（中国民间故事集成陕西卷编辑委员会编
《中国民间故事集成·陕西卷》, 第505页）

葫芦道具类

甘罗的传说

秦始皇时，朝里有一位姓罗的大臣，人们都称他罗官人。罗夫人生一小姐，聪明俊秀，老两口很偏爱她。

这年六月，小姐在绣楼热得不行，让丫环陪她到后花园乘凉。花园里有一口井，井水很甜。丫环用桶打了井水，小姐洗了把脸，喝了两口井水，觉得浑身清爽。谁知过了几个月，小姐竟怀孕了。这可把小姐吓坏了，把这事给娘一说，娘也慌了，要让老爷知道了可不是闹着玩的。可从没男人进过小姐的绣楼，这是咋回事呢？娘只好嘱咐丫环，这事千万不要让老爷知道。第二年春三月，小姐生下一男孩，夫人就让小姐在绣楼抚养他，等以后再给老爷说透这件事。

一天，罗官人下朝回来，不住唉声叹气，饭也不吃。夫人问："老爷有什么心事？"罗官人说："不提不生气，始皇帝越来越昏。他今天在金殿放了一个大葫芦，让众大臣猜里头有几个籽儿，限期三天，猜不准杀头，这不是活活难死人吗？"夫人听了，也连连叹气。娘有话好给闺女说，她到绣楼对小姐说了这事。哪知娘俩的话被小外甥听见了。这孩子刚满三岁，长得又精神又聪明。他摆着小手说："姥娘我知道，你给姥爷说，不是两个就是三个。"夫人回去对官人说："你就说不是两个就是三个，给他碰去吧!"

三天的限期到了,百官上朝。秦始皇一连问了三个大臣,都说不知道,就拉出去砍头。轮到罗官人了,他想:反正猜也是死,不猜也是死,干脆说吧!他说:"不是三个籽儿,就是两个籽儿。"秦始皇叫人锯开葫芦,果真三个籽儿,两个成实的,一个秕的。

转眼过了三年,罗官人又愁眉苦脸地回家了。夫人问:"朝里又出什么事了?"罗官人说:"那一次是瞎猫碰着死老鼠——巧了。这一回,娘娘拿出她的小玩艺——小铁牛,问文武百官它吃啥、屙啥,天知道它吃啥、屙啥?还是三天限期,说不准杀头。"夫人又去告诉了女儿。这时候小外甥已经七岁了,他趴到姥娘怀里:"姥娘,姥娘,你给姥爷说,就说它吃铁条,屙金蛋。"夫人回去对罗官人说:"我看你再碰回运气,就说它吃铁条,屙金蛋。"

三天限期到了,文武百官都瓜拉着脸上朝。谁知始皇帝这回头一个就问到罗官人。罗官人想:是死是活就给他碰一回吧!要说准了,大家都免杀头了。罗官人说:"皇上,小铁牛吃铁条,屙金蛋。"始皇帝就叫太监把铁条截得半指长,往小铁牛嘴里喂,真格崩格崩嚼起来。一会儿,屙了豆粒大的一个金蛋。皇上和文武百官都很惊奇。

上朝回来,罗官人问夫人,这是谁猜准的,我好谢他的救命之恩。夫人说:"只要你不追究我和女儿的过失,保证不生气,我就告诉你。"罗官人说:"夫人,你快告诉我他是谁,天大的事我承担。"夫人随急到绣楼,领来一个六七岁的孩子。小孩一进门就喊:"姥爷是我猜准的。"罗官人一下子闹懵了,哪来的外甥?夫人就把女儿后花园喝水怀孕的事说了。罗官人重新打量这外甥,果然天庭饱满,浓眉大眼,虎虎有神,一副富贵相,知道这孩子来历不凡。再看孩子眉心里,隐隐一个"甘"字。罗官人猛然记起,都说后花园里井通东海,东海龙王老辈不是姓甘吗?遂取两家姓氏,给外甥取了个名字叫甘罗。

一九八八年春搜集于小安山乡元外村

讲述人:阎继冉

搜集人：阎继明，男，二十六岁，汉族，梁山第三人民医院医生，中专

流传地区：梁山、郓城一带

（山东省梁山县三套集成办公室编
《中国民间文学集成·梁山民间故事卷》第2卷，第43～45页）

拜　寿

　　早年，有个姓王的男人，两口子膝下七男四女十一个孩子，一天到晚十几张嘴全靠他两个肩膀养活，日子过得很紧色。眼看到了腊月根上，锅中没有一粒米，大人孩子身上没块新补丁。孩子人小不懂事，听到人家过年杀猪蒸年糕，穿新衣放鞭炮，就跑过来问他爹说："人家都张罗过年，咱家怎么什么也不整呢？"这话问得老王心里挺难受，觉得自己对不起全家大人孩子，就想无论如何也得弄点什么回来，给孩子们过个年。可办法太少了，怎么想也想不出，后来他就豁上了，偷吧。就这么着，他对他老婆说："你给我弄条口袋来。"他老婆一听，说："上哪弄条口袋呀？你没看孩子们的衣服破了都没补丁补！"老王一想，得了，就把老婆那条破裤子拾掇成个口袋吧。他把这个主意讲出来，老婆就把两条裤腿拼起来，给他缝了条口袋。老王把破口袋搭在肩上，对他老婆说："三十下晚我要是回不来，那就是老也回不来了，你能对付过你就领着孩子这么过下去。过不了呢，就找个人吧！"老婆也不知道他想干什么，拦也没拦住，他就走了。

　　老王出了门，心想偷人家东西是个悬乎事，弄不好就得把命搭上。不管日子怎么穷怎么艰难，还是活着好，怎么的也得保住命才行。想来想去，他找了个葫芦，拿火炭渣子画上眉毛眼睛鼻子嘴，像个人脑袋似的，画完了，就把葫芦头和一个铲子头装口袋里了。这天黑夜，他来到一户富贵人家，四面围墙又高大又严实，黑漆的门楼两扇大门关得严丝合缝，怎么也不能进去. 他在墙外绕了一圈，最后心想，只有打墙洞进去了。他拿出铲子头挖洞，碰得叮当响，被里面的家丁听见了。那个说："外面有贼。"这个说："稳住点，等爬进来再收拾。"老王在外面怎么也不会想到里面的人正给

他准备着呢，等把洞开出来了，他就先把葫芦头塞进去了。里面的人，在黑灯瞎火中也没看清，反正进来个脑袋，一个家伙没容分说，拾起镰刀"扑哧"就把葫芦头凿了个窟窿。接着就喊"抓贼"，老王一听，完了，快逃命吧，一溜风逃进了深山老峪，一狠心就出家当了老道。

家里人眼巴巴地盼他回家，直到三十下晚也没踪影。老婆猜他在外面出了事，直哭到正月初一。

说话间，时间过去了二十来年，十一个孩子都长大了，小子娶了媳妇，丫头嫁了人，日子过得倒还可以。今天，正赶上老太太过六十岁生日，儿女们一想，兄弟姐妹十一个，小小年纪爹就没了，全靠老娘泥一把水一把地拉扯过来，就操办给老人家办寿。这十一个兄弟姐妹把东西准备齐了，又把老少亲朋请了过来，热热闹闹地给老太太办寿。大伙正在高兴呢，就见门外有个老道化缘，大儿子出去了，对老道说："今儿是我妈寿日，正好有些嚼货，不知道人想化些什么？"老道说："我一不化银钱，二不化粮米。"大儿子说："那你要化什么呢？"老道说："我只化你妈出来跟我见一面。"大儿子一听，好你个长毛老道，你不修身养性，反倒出来招惹红尘。说了声："打！"就抡圆胳膊给了老道一巴掌。老道一看，招架不住，转身就拼命地跑，这么一跑，老道就从怀里掉出一封信。大儿子跑过来捡起信，就回来了。到家里，大儿子把信撕开，抽出信瓤一看，只见上面写了四句诗："三更半夜我去偷，快刀割掉葫芦头。儿孙自有儿孙福，不该儿孙做马牛。"

老太太一听，说："那是你们的爹呀！"几个儿女听妈妈这一说也挺惊讶，他们分头去找爹，找了很久，可到后来也没找到。

讲述人：刘风琦

流传地区：本溪县

搜集整理者：若痴、王桂秋、王敏

一九八六年三月搜集于本溪市明山区永明居民委

（张柏华主编，本溪市三套集成编辑委员会编《中国民间文学集成·辽宁卷·本溪市补遗资料本》，第408~409页）

孝廉杀母记

从前，桃花村有个妇女王氏，早年丧夫，留下个独生子，叫张天福，王氏特别疼爱她那宝贝儿子，把一个天真可爱的小宝贝惯成了嘴馋身懒、贪心任性的小霸王。待张天福长到十七八岁时，更是吃、喝、嫖、赌、偷，五毒俱全了。

王氏见宝贝儿子越来越不成器，才发了愁。说他几句，他不但不听，还恶声恶气地顶撞母亲。王氏气极了，刚扬起巴掌，被儿子推了个仰面朝天。王氏忍无可忍，一狠心和儿子分了家。

王氏把祖先留下的三亩地、三间房和全部家具都留给了儿子，自己住进一间茅草屋，靠纺花卖线过生活。可是张天福呢？游手好闲，坐吃山空，不久就把田地和房产变卖一空，没处安身了，他就想挤进母亲的茅草屋里住。王氏气愤地说：“咋，你卖了地，卖了房，你再来卖老娘？你给我出去！”这本来是句气话，可是张天福听了心里一动：嘿！正好山西来了个老客，把这老东西一卖，咳，又可该我张天福发大财了！这小子当天晚上就找到了人贩子，写好了卖身契，立即领他来见人。王氏肚子都要气炸了，她一把夺过卖身契，撕了个粉碎，跺着脚骂道：“你个小畜生！”猛一挥手狠狠地给了儿子一个响亮的耳光！

张天福被母亲一巴掌打出门，一直觉得心里乱跳：糟糕！生意没做成，反而闯下祸。老东西明天要是去告状，我不死也得脱层皮！这怎么办呢？张天福由怕转恨，将心一横：哼哼！你个老祸害！你想叫我死，我就不能让你活。

当晚，王氏翻来覆去睡不安。这时，忽听门外传来了“霍霍”的磨刀声，啊，半夜三更磨刀干啥？她急披起衣下床，刚走到门口，发现儿子已经在用刀拨门，王氏不觉打了个冷战：啊，这个畜生要下毒手哇！怎么办？她急中生智，顺手把门后的一个葫芦拿下急忙放到被窝里边，自己躲在一边察看动静。

张天福拨开门，摸到床前，举刀就砍！只听“咔嚓”一声，葫芦劈作两半！张天福作贼心虚，回头窜了出来，又绕到房后，放了一把火来个焚尸灭迹。王氏见房起了火，忙抓起床上的破葫芦出了门，连夜逃奔外乡去了。

王氏万分痛心，悔恨莫及。她希望天下做父母的都能以自己为诫，就编了一段讨饭歌，唱道："爷爷奶奶发善心那，可怜可怜俺苦命人，苦命本是自己找哇，养儿不教害自身，奉劝贤良母，莫作护短人，娇惯种祸根，到老徒伤心那！打发打发哟！"孤老婆子唱歌讨饭，苦度光阴。

再说张天福放火烧了房，就带上剩余的银两下四川，去贩女人了。不料想生意刚开就翻了车。他人财两空，终于沦为乞丐。可是年轻轻的要饭，谁给呀？于是他灵机一动，孬点子出来了：找来一块破纸片，搭了萝卜头，做成一块灵牌，写上他母亲的名讳，虔诚地往怀里一抱，拉着长腔吆喝开了："爷爷奶奶发善心哪，可怜可怜俺老母亲！她忍饥挨饿一辈子，临死一日好饭也没吃呀！俺身无分文难尽孝，讨点好的祭祭灵。恳求善人积阴功，打发打发哟！"这办法真灵，人都被他一片"孝心"所感动，争着把好馍好菜送给他。他呢，就把灵牌往地上一放，摆好祭品，恭恭敬敬地磕了几个响头，一本正经地祷告道："娘啊娘，你上天堂。好馍好菜你先尝！"就这样，他既饱了肚皮，又落了孝名，人们到处传扬，说叫花子堆里出了个大孝子。

这件事传到了一位过路京官的耳朵里，他就是丰台御史穆大人。他想：世上孝敬生母的人不少，可从没听说过有如此孝敬亡母的，应该大加表彰！于是将张天福带进了京城，向皇上奏明此事。皇上听了，顿时龙颜大悦，传旨召见，当面封张天福为忠义孝廉。穆大人又把如花似玉的独生女儿配他为妻。叫花子一转眼变成穿金带玉的新贵人了。四年后，夫人给他生了大胖娃娃，一家子享尽了天伦之乐。

张天福的事很快传开了，最后传到了王氏的耳朵里，她以为儿子真的变好了，就一路乞讨来到京城，找到孝廉府。她见前门门卫森严，就绕到后门，唱起他那讨饭歌。一个厨娘听了，心里感动，马上给她端饭拿馍，并感慨地说："咳，世上作儿子的都像俺家老爷就好了。老太太都去世了，他仍然对着灵牌三叩首，早晚一炷香，活着的时候不知孝敬成啥样哩。"王氏忙接口说："你家主人真好，但不知能不能收下我这孤老婆子。我粗活细活都能干，也不要工钱。""那俺这里正好缺个喂猪的，不知你嫌不嫌弃？"王氏就在张府安下身来，等待着见儿子的机会。她编了一段喂猪歌，每逢喂猪，就唱起来："猪唠唠，快吃糠，我的儿杀我为哪桩？葫芦替死人不知，火烧茅屋难回乡。儿做高官娘为奴，盼儿不见娘心伤。猪唠唠，吃得香。"

王氏唱着喂猪歌，喂着猪，人们很感兴趣，奶妈也领着小少爷来这里凑热闹。小家伙一听觉得很好玩，也咿咿呀呀地学起来了。谁知回到内宅一唱，张天福听了吓了一大跳，他心虚地悄悄溜到猪圈附近，偷偷一看，啊，那个喂猪的老乞婆果然是自己的亲生母亲，她为啥没有死？为啥又找上门来了！哎呀！万一她把真情吐露出去，自己可就犯了欺君之罪，不行，决不能让她留下活口！

这天晚上，张天福手执利刀，溜到猪圈门口。王氏还没入睡。她想起下午奶妈对她说，老爷听了喂猪歌，正在盘问根底哩。她暗想儿子知道了，就该来相认了。可是等来等去一场空，她这才感到情况不妙，他会不会……就在这时听见"哗啦"一声，猪圈门被踢开了，又见刀光闪闪，一条黑影直向自己扑来！王氏急忙抓过讨饭褡子，拉起打狗棍，推开后窗爬出张府，顺着大道直向城外跑去。张天福扑了空，也跳窗而出，紧追不舍。因为杀母心切，跳窗太急，闪住了脚脖子，追了三四里路仍未追上。

此时天色渐亮。王氏正往前走，忽然面前出现一条小河。眼看儿子越追越近，正在危急当口，忽然芦苇丛中闪出了一条小渔船，她大声呼喊救命。船上渔翁紧撑几篙拢了岸。王氏刚踏上船头，张天福已追到了河边，飞身向小船扑来。渔翁将竹篙轻轻一点，小船离了岸，张天福"扑通"一声跳入水中。眼看小船越来越远，张天福的苦胆都气破了，他钢刀对准他母亲狠命投去！只听"扑哧"一声，正中后背。可她娘只晃了晃身子，又稳稳坐定了。原来王氏脊梁上背着要饭褡子，里边那个两瓣葫芦瓢正好挡住刀锋，又一次作了她的替身。

老渔翁把王氏渡到岸，带回茅棚，听了王氏的哭诉，渔翁骂道："好一个畜生！你还不快到京城告他去！"王氏叹口气说："唉，官官相护，告有何用呢？再说虎毒不食子啊。他如今已经有了家，怎忍再让他们骨肉分散哪！"渔翁叹息道："嗨，子不恋母母恋子，世上唯有母心慈啊！不过，是非之地不可久留，你远走逃个活命去吧！"

王氏谢别老渔翁出门没走多远，忽听身后一声咆哮，她悄悄地又转回茅草屋门口，偷偷一看，啊！狠心贼又追来了！只见他背朝外，面朝里，举刀逼着渔翁，说："老乞婆到底藏到哪里？"老渔翁骂道："你个六亲不认的畜生，她就在我心里！""哼，我就把你的心挖出来！"张天福说着持刀直朝老渔翁的胸膛刺去！王氏喝声："住手！"可是已经晚了！钢刀刺入了恩公的心脏！王氏肝胆俱裂，举起打狗棍，对着张天福那双黑手狠命打去！一连四棍，打折了他的双手。张天福失去了反扑的能力，夺路而逃。

王氏没去追赶，急回身把恩公从血泊中扶起来。老渔翁微微睁开了眼睛，断断续续地说："逆子罪孽重，人容天难容！不杀无义贼，虽死目难瞑啊！"说完，老渔翁含恨而死。

王氏强忍悲愤，她掩埋好尸身，拾起凶器，头也不回，直向京城奔去。她要为恩公报仇，她要去京城衙门告状！可是没有一人敢为她写状，怎么办呢？正在发愁，只听一阵鸣锣开道声，大街上行人纷纷躲闪。王氏拦轿跪下，她一手捧着葫芦瓢，一手举着杀人刀，高声喊道："冤枉！冤枉啊！"轿中官员急令落轿，唤过王氏问道："民妇有何冤枉？"王氏突然反问："不知老爷是哪家官员？""老夫官拜丰台御史。"

真是冤家路窄，原来这官正是张天福的老丈人，丰台御史穆大人！王氏立即回身就走。御史好生奇怪："民妇回来，为何不告而去？""罪犯背靠泰山，怕你搬他不倒！""噢！既是案情重大，可随我回衙细说细问如何？""不去，我还想留下老命到别的衙门去告。""怎么，莫非怕老夫串通原告，加害与你不成？也罢，来人！立即在街旁摆设公案，老爷我要当众审理此案！"

一会儿公案摆好，围观的人填街塞巷。穆御史说道："民妇你看，这上有皇天,天网恢恢,下有民众,众目睽睽!我若徇私枉法,人神共怒,天地不容!你只管放心讲来!"

王氏热泪簌簌,颤声喊道:"穆青天!我告的不是别人,正是你那乘龙快婿呀!"御史一惊:"张天福他,他法犯何律?"王氏将刀、瓢一举,把来龙去脉一五一十细说了一遍。穆大人说:"啊?竟有此事!来人,立即前去查验!"

穆御史听说民妇是张天福的母亲,忙起身让座:"亲家母,你受苦了,快快请起,快快请起,坐下叙话。"王氏就座后,穆大人说:"嗨!我有眼无珠,错认了个伪君子,错举了个假孝廉哪!"

这时,差人已把双手带伤、满脸滴血的张天福带到了露天公堂。他一眼看见座上的母亲,吓得魂飞天外。但转念一想,便强装镇静地问道:"岳父大人,这是为何?""哼,你干的好事!你为何身带重伤?""这……是下乡查访,路遇强人,故而带伤。""这口刀是你的?""小婿乃是文职官员,从不带刀。""你推得干净!河边的渔翁是何人杀害?""小婿不知。"

坐在一边的王氏忍不住了,起身骂道:"畜生!你抬起头来看我是谁?"张天福冷冷一笑:"嘿嘿,原来是你个老乞婆!岳父大人,我母她早就丧了,人所共知。这疯婆婆前天竟来冒认官亲,被我斥责一顿,赶出了府门。定是她怀恨在心,蓄意杀人。嫁祸于我,图谋报复!请岳父大人明察!"王氏骂道:"畜生,你不敢认我,我有法认你!大人,我儿头顶生双旋,后脑勺上有红斑,请大人当场验一验。"穆御史命差人摘去纱帽,打开头发一看,果然不差!张天福不敢狡赖,"扑通"跪倒在地恳求饶命。

穆御史气得浑身乱颤,他把惊堂木一拍,大声吼道:"你这忘恩负义的小畜生,三次杀母罪难容!欺世盗名假孝廉,不杀尔头恨难平!与我革去前程,打入死牢,候旨处斩!"

张天福押走后,穆御史转身对王氏说:"逆子死不足惜,可他给你留下一个小孙孙,还需要你这老祖母怜爱呀!请随我回府,让你们祖孙团聚。"王氏说她要给老渔翁送了殡,再来御史府。

穆御史回府后刚踏进内宅,他的夫人和女儿就扑了过来,围着他苦苦为张天福求情。穆御史心乱如麻，沉思了半晌，想出了一个主意，他向女儿交待一番，又差人去死牢提出张天福。

不多时，王氏到穆府。穆大人相迎，穆小姐领着四岁的小娇儿跪在地上拜见婆母娘。王氏一手拉起娇滴滴的儿媳妇，一手抱起水灵灵的小孙子，越看心越酸哪！媳妇柔声说："好婆婆呀，过去你母子分散，千错万错都是你那儿子错，请婆母娘多原谅。现在他真要有个好歹，留下咱孤儿寡妇，今后的日子可怎么过呀！"说到痛心处，放声大哭起来了。小孙孙见妈妈一哭也抱着奶奶的脖子哭着要爹爹。王氏肝肠寸断，心如刀剜，止不住老泪纵横。

这时，只见张天福光着脊梁，背着荆条膝行而来，见了母亲像小鸡啄米直磕响头，不住声地哀告着母亲饶命。王氏将脸一扭："哪个是你娘？我可是个穷要饭的！""唉，母亲你请息怒，过去是孩儿我的一错再错，如今我后悔莫及，恳求母亲给孩儿我个孝母赎罪的机会吧！"

见张天福声泪俱下，前额碰得鲜血流，王氏的心又软了。她刚要弯腰去扶儿子，不防讨饭褡子坠地。她心中一震，伸手掏出葫芦瓢，颤声说："葫芦分两半，母子情分断！"说着往儿子面前狠劲一摔，破葫芦瓢变成了碎片片。张天福爬去拾起碎片，哀求母亲："你不念儿子念孙子，别让和我一样没父亲哪！"王氏进退两难，低头沉吟。无意中看见脚上为恩公穿的白鞋，不觉怒火而起："畜生啊！不是为娘心肠狠，你伤天害理灭人伦，三次杀母且不论，实难忍屈杀渔翁！恩公遗言犹在耳，不报血仇枉为人！要想叫我饶恕你，除非恩公再复生！"

王氏大义灭亲，御史深受感动，当即上殿奏本，张天福被问了斩刑。刑场上，王氏抱着张天福的尸体大放悲声："儿啦儿，为娘哭的不是你，我哭天哭地哭自己。养儿不教娘有过，老来伤子痛伤悲！"

事后，王氏谢绝了穆御史要留她在府中养老的提议，她来到孝廉府门前，举起打狗棍，"砰砰"几下把那块"忠义孝廉"匾额打了个粉碎，然后抱上孙子，在一个僻静的小村里安下身来。她吸取教训，对孙子严加管教，教他一定要勤奋读书懂礼貌。后来这孩子长到十八岁中了状元，到御史府认亲娘合家欢聚！老御史拉着容貌堂堂的外孙子，大发感慨："嗨，父子本同根，结果何其异，溺爱好似无形剑，摧残了多少好儿女啊！"

讲述者：何兆荣

搜集整理：何景昌

（扶沟县民间文学集成编纂委员会编

《中国民间故事集成·河南扶沟县卷》，第228～236页）

金葫芦

从前有座王宫，宫中有一座雅致的花园，花园里种了许多花草，春天绿、夏天红、秋天黄、冬天白，一年四季都有花，好看得很。国王很爱花，他下令不准任何人走进他的花园。

有一天，佣人的儿子果基笨巴来到花园边，看见里面花草茂盛，就走进花园去。他踩着像地毡一样的花草，心想：在这里睡一觉该多好啊！于是，他躺在花草上睡着了。

果基笨巴进花园睡觉的事被国王知道了。国王想：我下了命令，这个娃儿还敢在花草中去睡觉，还有王法吗？长大了那不是要夺我的王位了吗？国王越想越气，就把大臣找来，商量怎么处置这个娃儿。

有个大臣讨好国主说："皇上，苍鹰虽小，能搏击长空，娃儿虽小，胆量难测。听说天尽头有个金葫芦，很多武将侠士都去取过，都没有得到，何不派他去取？如果取来了，可以免他的罪，如果取不来，嘿嘿，杀头问罪！"

国王一听，说："啊呀！这个办法很好！"

于是，国王叫人把佣人的儿子果基笨巴抓来，说："胆大的小奴才，你竟敢随意进我的花园糟蹋花草，罚你去取回金葫芦。取回来了免你的罪，取不回来杀你的头！"国王的命令，果基笨巴怎敢不听？他只好离开了王宫，去天边取金葫芦。

果基笨巴走呀走，走了不知多少天、多少月，来到一个山沟的岔口，看见一个又高又大又黑的人。这个人有两只很大的耳朵,一只耳朵可以垫在身下作毡毯,一只耳朵可以盖在身上当被单。果基笨巴见了这怪人,就过去问:"朋友,你叫什么名字呢?"

这个人说:"我叫拉依拉滚,我能听千里之外的声音。现在我正在听北方国的事情。请问你叫什么名字?到哪里去?"

"我叫果基笨巴。由于我在国王花园里睡了觉,现在罚我去天尽头取金葫芦。"

拉依拉滚说:"哦!金葫芦,刚才我听到了,这金葫芦被北方国王盗去了,你可以去找他要回。需要我帮助你吗?"果基笨巴很高兴,同他结为弟兄,一同上路去取金葫芦。

他们一路又走了很久,在一个海子边,碰见一个又高又大又白的人,正在喝着海子里的水。他们走过去问:"朋友,你叫什么名字?"那个人说:"我叫措哈吞,我有一口喝干海子水的本领。请问你叫什么名字?到哪里去?"

"我叫果基笨巴,他是我的伙伴,名叫拉依拉滚。由于我在国王花园里睡了觉,罚我到天尽头去取金葫芦。"

措哈吞说:"哦,金葫芦,听说已被北方国王盗去了,你可以找他索取。需要我帮助吗?"

果基笨巴很高兴,他们又结成了弟兄,三伙伴一同上路去取金葫芦。

他们三人走呀走,走了很远,来到一座大山前,看见一个又高又大又红的人,正举起一座大山。他们走过去问:"你叫什么名字?"

"我叫日甲俄依,我有把山移开的本领。请问你叫什么名字,到哪里去?"

"我叫果基笨巴,他两人是我的伙伴。我因在国王花园里睡了觉,罚我去天尽头取金葫芦。"

日甲俄依说:"哦,金葫芦,早被北方国王盗走了,你去向他要嘛。需要我帮助你吗?"果基笨巴很高兴,他们结为弟兄,四人一同上路去取金葫芦去了。

他们四人一路走了很久，来到一条大路上，看一个又高又大又蓝的人。果基笨巴走过去问："你叫什么名字？"

"我叫牛花谷者，我有日行千里的本领，我正要到天边去呢。你叫什么名字？到哪里去？"

"我叫果基笨巴，他们三个是我的伙伴。我因在国王花园里睡了觉，罚我去天尽头取金葫芦。"

牛花谷者说："哦，金葫芦，被北方国王盗走了，你可以去向他索取。需要我帮助吗？"果基笨巴很高兴，他们结为弟兄，五个伙伴一同上路去取金葫芦。

他们一起来到了北方国王的地方，大声喊："快把金葫芦交出来，我们是来取金葫芦的！"

北方国王知道有人来取金葫芦，就说："要金葫芦，看你们有没有本事，明天在大草坝比一比再说。"

大耳朵拉依拉滚听到了北方国王在商量明天比武的事：一是摔跤、二是喝茶、三是赛跑。于是把情况告诉了果基笨巴。

第二天，北方国王已准备好了，把金葫芦放在大草坝中间，谁比赢了，谁就得金葫芦。

摔跤开始了，北方国王派了一个大力士出来，果基笨巴叫日甲俄依出来。两人一开始，日甲俄依把大力士摔倒在大坝的地上，北方国王输了；又比喝茶，北方国王人多，烧了很多锅茶，果基笨巴人少，烧了一锅茶。北方国王派了一人，喝干了果基笨巴烧的一锅茶，果基笨巴叫措哈吞去，一下喝干了北方国王烧的所有锅里的茶。北方国王又输了。

北方国王说："还要比赛跑。"果基笨巴叫牛花谷者去。牛花谷者跑去一把抓住金葫芦就跑，北方国王派人来追，快要追上了，日甲俄依把一座山移来，挡住了北方国王的人马。北方国王的人又翻山追来了，措哈吞吐出一口水，面前就是一个大海子，挡住了北方国王人马的来路。

果基笨巴把金葫芦取回来了，国王看到闪闪发亮的金葫芦，称赞果基笨巴勇敢，有本事，就封他当了军师，四个伙伴也封为大将军。

讲述者：纳折，女，藏族，不识字

采录者：阿强，男，41岁，藏族，干部，中专

马成富，男，38岁，回族，文化干部，高中

采录时间、地点：1988年11月2日于阿坝县城关

（中国民间故事集成四川卷编辑委员会编

《中国民间故事集成·四川卷》下册，第1038~1040页）

葫芦笙的来历

很早以前，有个穷苦的傈僳汉子，年纪轻轻的就死了婆娘。他领着一个儿子、一个女儿，又打山又挖药，又种地又织布，啥都做。但是，不管他咋个累法，也交不清地租。

这一年快到阔拾节了，阿爸为了躲过财主家的人来要账，带起两个儿女连夜搬了家。他家别的东西没得，只有一条小毛驴，就拉起小毛驴，翻了七十七座山，走过七十七道沟，逃到一个叫巴拉的地方。娃儿走不动了，就住下来。

阿爸割来一抱抱的扇子叶，靠着一棵大松树搭起个草棚棚。白天，他带起儿女砍火地，驾起毛驴开荒；晚上，三爷子跟毛驴一起挤在火塘边睡觉，日子过得很遭孽。这一年，地里的苞谷才戴红帽儿，阿爸的痔伤病发得恼火，没过几天就离开了人世。两兄妹年纪小，心头害怕，不晓得咋个办，哭起跑到很远的山谷地方，去请人帮忙。山谷的人给他们说："快回去把毛驴杀了，我们就来帮你埋人。"两兄妹着实舍不得小毛驴，想到埋阿爸的事等不得，硬起心肠杀了毛驴。炖了一晚上，把肉炖得软软和和的。

第二天早上，山谷的人来了，他们吃完毛驴肉子，把嘴巴一抹，都梭走了。两兄妹撵起去，拉这个拉不住，拉那个拉不着，又气又着急。哥哥的眼睛哭肿了，妹妹的喉咙哭哑了，哭了七七四十九天，看着铺上停起的阿爸化成水了！哥哥气啊气，胸口气爆了，心子跳出来"咚"的一声落在地上，地上冒出了一根小小的金竹笋，妹妹的胸口也气爆了，心子跳出来"咚"的一声

落在地上，变成一只巴拉妈鸟儿，飞到高山老林去了。后来，那根金竹笋长成了青幽幽的金竹。

过了几年，又有一家傈僳人逃荒到巴拉来，这家人大大小小七个：阿爸、阿妈和他们的五个儿子。儿子们的脸貌生得很好，又会说，又会做，一个比一个能干。只是巴拉这块地方山穷、水恶，怪病也多。他们隔人户很远，还是躲不过瘟神的手，五个儿子相继害病，不到几天，一个接一个都死了。阿爸、阿妈面前一个娃儿都没得了，再也听不见儿子的声音了，气得捶心口啊，哭得眼睛淌出血，也没得人去劝一劝他们。

有一天，阿爸过不得伤心日子，到竹林里去砍来一根竹子，想刻成一片口弦，刻去刻来，咋个也弹不出响声。他不甘心，又钻进竹林里去，东一找，西一找，最后找到了一根金竹。他用金竹刻了一片口弦，放在嘴边使线拴起一拉，口弦响起"莫蒙、莫蒙"的声音，好像大儿子唱歌那样好听。阿妈听到口弦声音，惊喜地说："阿呗！我的大儿子喊阿爸、阿妈了！"老两口冷了的心热了。

阿妈说，一片口弦只拉得响一种声音，只听得见一个儿子喊"阿爸、阿妈"，还想听四个儿子的喊声。阿爸连饭也顾不得吃，觉也顾不得睡，赶快刻好第二片口弦。阿妈拿在嘴边一弹，老二唱歌了，喊阿爸、阿妈了！老两口喜欢得很，要瞎要瞎的眼睛有点亮光了，赶忙刻好第三片口弦。这一来，他们对小的两个儿子更想念了：要是同一个时候听得见五个儿子唱歌，五个儿子一起喊"阿爸、阿妈"，一家人又团圆了！阿爸跑去砍来最好的慈竹，削成五根长短不一的竹管，又用金竹刻成五片口弦，给每根竹管里安上一片。阿妈拿来个干葫芦，抠掉瓤瓤，把五根竹管挨一挨二插在葫芦上；最高的一根当作"老大"，另外四根，当成四个"兄弟"。做好过后，阿爸捧起葫芦笙，轻轻一吹，五根竹管一起发出声音来。声音大小不一样，都很悠扬、嘹亮，巴拉团转都听得清楚。老两口喜欢得不行，也不觉得日子难过了。每年活路忙的时候，就把葫芦笙高高地挂在屋中间，过了七月半，收完苞谷，阿爸就取下葫芦笙吹起来。每次吹时，前三支调子是吹给儿子们听的，是送死去的儿子走的，随后，才是吹来自己听的。从此以后，傈僳男女老少听见葫芦笙的声音，都很喜欢。尤其是老年人，听见吹葫芦笙，都会变得年轻些。

直到今天，傈僳人吹葫芦笙跳舞，都要先吹伤心的调子，跳舞的脚步慢慢地反起跳，意思是怀念过世了的人。吹完这个调子，再吹欢乐的调子，跳舞的脚步变得灵活、有力，"咚、咚、咚"地朝前面跳起走，这是说傈僳人个个齐心，一起去争取过好日子。

讲述者：李国才，女，59岁，傈僳族，干部，小学

采录者：夏承政，男，53岁，汉族，文化干部，高中

采录时间、地点：1984年5月于德昌县金沙乡政府

（中国民间故事集成四川卷编辑委员会编
《中国民间故事集成·四川卷》下册，第1441~1442页）

参考文献

一、基础文献丛书类

1.〔清〕永瑢、纪昀等编纂：文渊阁《四库全书》，上海古籍出版社影印本。

2.〔清〕阮元辑：《宛委别藏》，江苏古籍出版社1988年影印台湾商务印书馆印本。

3.《续修四库全书》编纂委员会编：《续修四库全书》，上海古籍出版社出版。

4.《四库禁毁书丛刊》编纂委员会编：《四库禁毁书丛刊》，北京出版社出版。

5.《四库全书存目丛书》编纂委员会编：《四库全书存目丛书》，齐鲁书社出版。

6.《四库未收书辑刊》编纂委员会编：《四库未收书辑刊》，北京出版社出版。

7.张元济等辑：《四部丛刊初编》，上海商务印书馆1936年版。

8.张元济等辑：《四部丛刊续编》，上海书店据商务印书馆1934年版重印。

9.张元济等辑：《四部丛刊三编》，上海书店据商务印书馆1936年版重印。

10.《四部备要》，中华书局1935～1936年版。

二、基础文献总集类

1.〔汉〕毛亨传，〔汉〕郑玄笺：《毛诗》，《四部丛刊初编》，上海商务印书馆1936年版。

2.〔宋〕李昉等编：《文苑英华》，上海古籍出版社影印文渊阁《四库全书》本。

3.〔宋〕郭茂倩编：《乐府诗集》，中华书局1979年11月版。

4.〔金〕元好问编：《中州集》，上海古籍出版社影印文渊阁《四库全书》本。

5.〔元〕顾瑛编：《草堂雅集》，上海古籍出版社影印文渊阁《四库全书》本。

6.〔明〕曹学佺编：《石仓历代诗选》，上海古籍出版社影印文渊阁《四库全书》本。

7.〔清〕彭定求等编，王全校点：《全唐诗》，中华书局1960年版。

8.〔清〕吴之振等编，〔清〕管庭芬等补辑：《宋诗钞》，中华书局1986年版。

9.〔清〕顾嗣立编：《元诗选》，上海古籍出版社影印文渊阁《四库全书》本。

10.〔清〕陈焯编：《宋元诗会》，上海古籍出版社影印文渊阁《四库全书》本。

11.〔清〕朱彝尊编：《明诗综》，上海古籍出版社影印文渊阁《四库全书》本。

12.〔清〕张豫章等辑：《御选宋金元明四朝诗》，上海古籍出版社影印文渊阁《四库全书》本。

13.〔清〕陈维崧等著，钱仲联选编：《清八大名家词集》，岳麓书社1992年7月版。

14.〔清〕董诰等编：《皇清文颖续编》，上海古籍出版社《续修四库全书》影印清嘉庆武英殿刻本。

15.逯钦立辑校：《先秦汉魏晋南北朝诗》，中华书局1983年9月版。

16.王重民等补辑：《全唐诗外编》，中华书局1982年版。

17.唐圭璋编：《全宋词》，中华书局1965年6月版。

18.傅璇琮等主编，北京大学古文献研究所编：《全宋诗》，北京大学出版社。

19.唐圭璋编：《全金元词》，中华书局1979年10月版。

20.隋树森编：《全元散曲》，中华书局1964年2月版。

21.饶宗颐初纂，张璋总纂：《全明词》，中华书局2004年1月版。

22.南京大学中国语言文学系《全清词》编纂研究室编：《全清词·顺康卷》，中华书局2002年5月版。

23.《古本小说集成》，上海古籍出版社影印出版。

三、基础文献别集类

1.〔宋〕苏轼撰，〔清〕王文诰辑注，孔凡礼点校：《苏轼诗集》，中华书局1982年2月版。

2.〔宋〕陆游著：《陆游集》，中华书局1976年11月版。

3.〔宋〕杨万里撰，辛更儒笺校：《杨万里集笺校》，中华书局2007年9月版。

4.〔元〕元好问撰：《遗山集》，上海古籍出版社影印文渊阁《四库全书》本。

5.〔元〕耶律铸撰：《双溪醉隐集》，上海古籍出版社影印文渊阁《四库全书》本。

6.〔元〕王恽撰：《秋涧集》，上海古籍出版社影印文渊阁《四库全书》本。

7.〔元〕胡祗遹撰：《紫山大全集》，上海古籍出版社影印文渊阁《四库全书》本。

8.〔元〕李道纯撰：《清庵先生中和集》，齐鲁书社《四库全书存目丛书·子部》影印明弘治十年许孟仁刻本。

9. 〔元〕魏初撰：《青崖集》，上海古籍出版社影印文渊阁《四库全书》本。

10. 〔元〕戴表元撰：《剡源文集》，上海古籍出版社影印文渊阁《四库全书》本。

11. 〔元〕刘因撰：《静修集》，上海古籍出版社影印文渊阁《四库全书》本。

12. 〔元〕程钜夫撰：《雪楼集》，上海古籍出版社影印文渊阁《四库全书》本。

13. 〔元〕王旭撰：《兰轩集》，上海古籍出版社影印文渊阁《四库全书》本。

14. 〔元〕马臻撰：《霞外诗集》，上海古籍出版社影印文渊阁《四库全书》本。

15. 〔元〕袁桷撰：《清容居士集》，上海古籍出版社影印文渊阁《四库全书》本。

16. 〔元〕张之翰撰：《西岩集》，上海古籍出版社影印文渊阁《四库全书》本。

17. 〔元〕范梈撰：《范德机诗集》，上海古籍出版社影印文渊阁《四库全书》本。

18. 〔元〕欧阳玄撰：《圭斋文集》，上海古籍出版社影印文渊阁《四库全书》本。

19. 〔元〕王结撰：《文忠集》，上海古籍出版社影印文渊阁《四库全书》本。

20. 〔元〕马祖常撰：《石田文集》，上海古籍出版社影印文渊阁《四库全书》本。

21. 〔元〕黄玠撰：《弁山小隐吟录》，上海古籍出版社影印文渊阁《四库全书》本。

22. 〔元〕马玉麟撰：《东皋先生诗集》，江苏古籍出版社影印台湾商务印书馆《宛委别藏》本。

23.〔元〕谢宗可撰:《咏物诗》,上海古籍出版社影印文渊阁《四库全书》本。

24.〔元〕张翥撰:《蜕庵集》,上海古籍出版社影印文渊阁《四库全书》本。

25.〔元〕王祯撰:《农书》,上海古籍出版社影印文渊阁《四库全书》本。

26.〔元〕戴良撰:《九灵山房集》,上海古籍出版社影印文渊阁《四库全书》本。

27.〔元〕张昱撰:《可闲老人集》,上海古籍出版社影印文渊阁《四库全书》本。

28.〔明〕宋讷撰:《西隐集》,上海古籍出版社影印文渊阁《四库全书》本。

29.〔明〕王行撰:《半轩集》,上海古籍出版社影印文渊阁《四库全书》本。

30.〔明〕郑真撰:《荥阳外史集》,上海古籍出版社影印文渊阁《四库全书》本。

31.〔明〕张羽撰:《静居集》,《四部丛刊三编·集部》影印江安傅氏双鉴楼藏明成化本,上海书店1986年2月版。

32.〔明〕徐贲撰:《北郭集》,上海古籍出版社影印文渊阁《四库全书》本。

33.〔明〕姚广孝撰:《逃虚子诗集》,上海古籍出版社《续修四库全书》影印清抄本。

34.〔明〕高启撰:《大全集》,上海古籍出版社影印文渊阁《四库全书》本。

35.〔明〕高启撰:《凫藻集》,上海古籍出版社影印文渊阁《四库全书》本。

36.〔明〕钱子正撰:《三华集》,上海古籍出版社影印文渊阁《四库全书》本。

37.〔明〕郑潜撰:《樗庵类稿》,上海古籍出版社影印文渊阁《四库全书》本。

38.〔明〕虞堪撰:《希澹园诗集》,上海古籍出版社影印文渊阁《四库全书》本。

39.〔明〕方孝孺撰:《逊志斋集》,上海古籍出版社影印文渊阁《四库全书》本。

40.〔明〕王绂撰:《王舍人诗集》,上海古籍出版社影印文渊阁《四库全书》本。

41.〔明〕夏原吉撰:《忠靖集》,上海古籍出版社影印文渊阁《四库全书》本。

42.〔明〕谢晋撰:《兰庭集》,上海古籍出版社影印文渊阁《四库全书》本。

43.〔明〕邢宥著:《湄丘集》,海南书局《海南丛书》1927年版。

44.〔明〕张宁撰:《方洲集》,上海古籍出版社影印文渊阁《四库全书》本。

45.〔明〕王越著:《黎阳王太傅诗文集》,齐鲁书社《四库全书存目丛书》影印明嘉靖九年刻本。

46.〔明〕沈周撰:《石田诗选》,上海古籍出版社影印文渊阁《四库全书》本。

47.〔明〕吴宽撰:《家藏集》,上海古籍出版社影印文渊阁《四库全书》本。

48.〔明〕程敏政撰:《篁墩文集》,上海古籍出版社影印文渊阁《四库全书》本。

49.〔明〕李东阳撰:《怀麓堂集》,上海古籍出版社影印文渊阁《四库全书》本。

50.〔明〕张吉撰:《古城集》,上海古籍出版社影印文渊阁《四库全书》本。

51. 〔明〕严嵩撰：《钤山堂集》，齐鲁书社《四库全书存目丛书·集部》影印明嘉靖二十四年刻增修本。

52. 〔明〕冯惟敏撰：《海浮山堂诗文稿》，上海古籍出版社《续修四库全书》影印北京大学图书馆藏明嘉靖四十五年刻本。

53. 〔明〕冯惟敏撰：《海浮山堂词稿》卷六，上海古籍出版社《续修四库全书》影印中国艺术研究院戏曲研究所藏明嘉靖四十五年刻本。

54. 〔明〕欧大任撰：《欧虞部集十五种》，北京出版社《四库禁毁书丛刊·集部》影印清刻本。

55. 〔明〕徐渭撰：《徐文长文集》，上海古籍出版社《续修四库全书》影印明刻本。

56. 〔明〕徐渭撰：《徐文长逸稿》，上海古籍出版社《续修四库全书》影印明天启三年张维城刻本。

57. 〔明〕田艺蘅撰：《香宇集》，上海古籍出版社《续修四库全书》影印明嘉靖刻本。

58. 〔明〕王世贞撰：《弇州四部稿》，上海古籍出版社影印文渊阁《四库全书》本。

59. 〔明〕王世贞撰：《弇州续稿》，上海古籍出版社影印文渊阁《四库全书》本。

60. 〔明〕赵用贤撰：《松石斋集》，北京出版社《四库禁毁书丛刊》影印明万历刻本。

61. 〔明〕于慎行撰：《谷城山馆诗集》，上海古籍出版社影印文渊阁《四库全书》本。

62. 〔明〕黄汝亨撰：《寓林集》，北京出版社《四库禁毁书丛刊》影印明天启四年吴敬等刻本。

63. 〔明〕虞淳熙撰：《虞德园先生集》，北京出版社《四库禁毁书丛刊》影印明末刻本。

64. 〔明〕徐燉撰：《鳌峰集》，上海古籍出版社《续修四库全书》影印明天启五年南居益刻本。

65.〔明〕郑郧撰：《崒阳草堂诗文集》，北京出版社《四库禁毁书丛刊》影印民国二十一年郑国栋刻印本。

66.〔明〕韩上桂撰：《蘧庐稿选》，北京出版社《四库禁毁书丛刊》影印明天启刻本。

67.〔明〕韩洽撰：《寄庵诗存》，北京出版社《四库禁毁书丛刊》影印清道光二十年刻本。

68.〔清〕曹溶撰：《静惕堂诗集》，齐鲁书社《四库全书存目丛书》影印清雍正三年李维钧刻本。

69.〔清〕葛芝撰：《卧龙山人集》，北京出版社《四库禁毁书丛刊》影印清康熙九年自刻本。

70.〔清〕蔡衍鎤撰：《操斋集》，北京出版社《四库未收书辑刊》影印清康熙刻本。

71.〔清〕吴绮撰：《林蕙堂全集》，上海古籍出版社影印文渊阁《四库全书》本。

72.〔清〕陈恭尹撰：《独漉堂诗集》，上海古籍出版社《续修四库全书》影印清道光五年陈量平刻本。

73.〔清〕李光地撰：《榕村集》，上海古籍出版社影印文渊阁《四库全书》本。

74.〔清〕陈梦雷撰：《松鹤山房诗文集》，上海古籍出版社《续修四库全书》影印清康熙铜活字印本。

75.〔清〕查慎行撰：《敬业堂诗续集》，《四部丛刊初编》本，上海商务印书馆1936年版。

76.〔清〕查嗣瑮撰：《查浦诗钞》，北京出版社《四库未收书辑刊》影印清刻本。

77.〔清〕陈梓撰：《删后诗存》，北京出版社《四库未收书辑刊》影印清嘉庆二十年胡氏敬义堂刻本。

78.〔清〕韩骐撰：《补瓢存稿》，北京出版社《四库未收书辑刊》影印清乾隆二十三年韩键等刻本。

79.〔清〕高宗撰,〔清〕蒋溥等奉敕编:《御制诗集》,上海古籍出版社影印文渊阁《四库全书》本。

80.〔清〕高宗撰,〔清〕蒋溥等奉敕编:《御制乐善堂全集定本》,上海古籍出版社影印文渊阁《四库全书》本。

81.〔清〕钱载撰:《箨石斋诗集》,上海古籍出版社《续修四库全书》影印清乾隆刻本。

82.〔清〕钱维城撰:《钱文敏公全集》,上海古籍出版社《续修四库全书》影印清乾隆四十一年眉寿堂刻本。

83.〔清〕顾光旭撰:《响泉集》,上海古籍出版社《续修四库全书》影印清宣统刻本。

84.〔清〕刘一明著:《道书十二种·会心外集》,中国医药出版社1990年版。

85.〔清〕沈赤然撰:《五研斋诗钞》,上海古籍出版社《续修四库全书》影印清嘉庆刻增修本。

86.〔清〕李苞撰:《巴塘诗钞》,上海古籍出版社《续修四库全书》影印清嘉庆二十二年刻本。

87.〔清〕法式善撰:《存素堂诗初集录存》,上海古籍出版社《续修四库全书》影印清嘉庆十二年王墉刻本。

88.〔清〕汤贻汾撰:《琴隐园诗集》,上海古籍出版社《续修四库全书》影印清同治十三年曹士虎刻本。

89.〔清〕路德撰:《柽华馆全集·柽华馆诗集》,上海古籍出版社《续修四库全书》影印清光绪七年解梁刻本。

90.〔清〕陈庆镛撰:《籀经堂类稿》,上海古籍出版社《续修四库全书》影印清光绪九年刻本。

91.〔清〕傅仲辰撰:《心孺诗选》,北京出版社《四库未收书辑刊》影印清树滋堂刻本。

92.〔清〕文廷式著,汪叔子编:《文廷式集》,中华书局1993年1月版。

93.〔清〕程颂万著,徐哲兮校点:《程颂万诗词集》,湖南人民出版社

2009年10月版。

94.〔明〕施耐庵、罗贯中著：《水浒传》，人民文学出版社1975年10月版。

95.〔明〕施耐庵著，蒋祖钢校勘：《古本水浒传》，河北人民出版社1985年8月版。

96.〔明〕郭勋初编，宁德伟点校《英烈传》，中华书局1996年7月版。

97.〔明〕吴承恩著：《西游记》，人民文学出版社1980年5月版。

98.〔明〕二南里人编次：《三宝太监西洋记通俗演义》，上海古籍出版社《古本小说集成》影印本。

99.〔明〕许仲琳编辑：《封神演义》，上海古籍出版社《古本小说集成》据东京国立公文书馆内阁文库藏明金阊舒氏刊本影印。

100.〔明〕雉衡山人编次：《韩湘子全传》，上海古籍出版社《古本小说集成》影印本。

101.〔明〕清溪道人编次：《禅真逸史》，上海古籍出版社《古本小说集成》影印本。

102.〔明〕清溪道人编次：《禅真后史》，上海古籍出版社《古本小说集成》影印本。

103.〔明〕清溪道人著：《东度记》，上海古籍出版社《古本小说集成》影印本。

104.〔明〕吴元泰著：《东游记》，《四游记全传》民国刊本影印本。

105.〔明〕余象斗著：《南游记》，《四游记全传》民国刊本影印本。

106.〔明〕杨致和著：《西游记》，《四游记全传》民国刊本影印本。

107.〔明〕邓志谟著：《飞剑记》，上海古籍出版社《古本小说集成》影印本。

108.〔明〕长安道人国清编次：《警世阴阳梦》，上海古籍出版社《古本小说集成》影印本。

109.〔明〕冯梦龙编：《警世通言》，上海古籍出版社《古本小说集成》影印本。

110.〔明〕罗贯中编次:《三遂平妖传》,上海古籍出版社《古本小说集成》影印本。

111.〔明〕佚名著:《续西游记》,上海古籍出版社《古本小说集成》影印本。

112.〔清〕无名氏撰,徐文长批评:《隋唐演义》,上海古籍出版社《古本小说集成》影印本。

113.〔清〕雁宕山樵评:《水浒后传》,上海古籍出版社《古本小说集成》影印本。

114.〔清〕蒲松龄著,张友鹤辑校:《聊斋志异会校会注会评本》,中华书局1962年7月版。

115.〔清〕无名氏撰:《锋剑春秋》,上海古籍出版社《古本小说集成》影印本。

116.〔清〕吕熊著:《女仙外史》,上海古籍出版社《古本小说集成》影印本。

117.〔清〕王士禛撰,勒斯仁点校:《池北偶谈》,《清代史料笔记丛刊》,中华书局1982年1月版。

118.〔清〕鸳鸯渔叟校订:《说唐演义后传》,上海古籍出版社《古本小说集成》影印本。

119.〔清〕钱彩编次:《说岳全传》,上海古籍出版社《古本小说集成》影印本。

120.〔清〕李百川著:《绿野仙踪百回本》,上海古籍出版社《古本小说集成》影印本。

121.〔清〕如莲居士编:《异说后唐传三集薛丁山征西樊梨花全传》,上海古籍出版社《古本小说集成》影印本。

122.〔清〕如莲居士著:《薛家将》,《中国古典将侠小说精品集》,中国文史出版社2003年2月版。

123.〔清〕无名氏:《后红楼梦》,上海古籍出版社《古本小说集成》影印本。

124.〔清〕秦子忱撰:《续红楼梦》,上海古籍出版社《古本小说集成》影印本。

125.〔清〕纪昀著:《阅微草堂笔记》,上海古籍出版社《续修四库全书》影印国家图书馆藏清嘉庆五年北平盛氏望益书屋刻本。

126.〔清〕海圃主人撰,于世明点校:《续红楼梦新编》,北京大学出版社1990年2月版。

127.〔清〕雪樵主人撰:《双凤奇缘》,上海古籍出版社《古本小说集成》影印本。

128.〔清〕无名子著,江琪校点:《九云记》,江苏古籍出版社1994年4月版。

129.〔清〕佚名撰:《大汉三合明珠宝剑全传》,上海古籍出版社《古本小说集成》影印本。

130.〔清〕俞万春著,戴鸿森校点:《荡寇志》,人民文学出版社1983年6月版。

131.〔清〕好古主人著:《赵太祖三下南唐被困寿州城》,上海古籍出版社《古本小说集成》影印本。

132.〔清〕无垢道人著:《八仙得道传》,《十大古典神怪小说丛书》,上海古籍出版社1997年6月版。

133.〔清〕魏文中编辑:《绣云阁》,上海古籍出版社《古本小说集成》影印本。

134.〔清〕通元子撰:《玉蟾记》,上海古籍出版社《古本小说集成》影印本。

135.〔清〕贪梦道人著:《永庆升平后传》,上海古籍出版社《古本小说集成》影印本。

136.〔清〕佚名著:《金台全传》,上海古籍出版社《古本小说集成》影印本。

137.〔清〕华琴珊著:《续镜花缘》,上海古籍出版社《古本小说集成》影印本。

138.〔清〕郭小亭著,卢海山、李海波点校:《济公全传》,中州古籍出版社2009年1月版。

四、综合检索及书目提要类

1.中国基本古籍数据库,中国国家图书馆。

2.鼎秀古籍全文检索平台,曲阜师范大学图书馆。

3.读秀学术搜索数据库,曲阜师范大学图书馆。

4.北京大学《全唐诗》分析系统,中国国家图书馆。

5.北京大学《全宋诗》分析系统,中国国家图书馆。

6.陆侃如撰:《中古文学系年》,人民文学出版社1985年版。

7.张忱石、吴树平编:《二十四史纪传人名索引》,中华书局1980年版。

8.傅璇琮、张忱石、许逸民编撰:《唐五代人物传记资料综合索引》,中华书局1982年版。

9.张忱石编:《全唐诗作者索引》,中华书局1983年版。

10.王重民、杨殿珣等编:《清代文集篇目分类索引》,中华书局1965年版。

11.〔清〕纪昀等著,四库全书研究所整理:《钦定四库全书总目》(整理本),中华书局1997年1月版。

12.续修四库全书总目提要编纂委员会编纂:《续修四库全书总目提要·子部》,上海古籍出版社出版。

13.胡玉缙撰,吴格整理:《续四库提要三种》,上海书店出版社2002年8月。

14.崔富章著:《四库提要补正》,杭州大学出版社1990年版。

15.孙楷第著:《中国通俗小说书目》,人民文学出版社1982年12月版。

16.谭正璧、谭寻著:《古本稀见小说汇考》,浙江文艺出版社1984年11月版。

17.薛亮著:《明清稀见小说汇考》,社会科学文献出版社1999年9月版。

18.张兵主编:《五百种明清小说博览》,上海辞书出版社2005年7月版。

19.江苏省社会科学院明清小说研究中心编:《中国通俗小说总目提要》,中国文联出版公司1990年2月版。

20.赵传仁、鲍延毅、葛增福主编:《中国书名释义大辞典》,山东友谊出版社2007年7月版。

后　记

　　从先秦到明清到现当代，葫芦意象伴随着中国文学的发展，其文化意涵在不断发展演变。《葫芦文化丛书·文学卷》是从小小葫芦看中国几千年的文学发展、文化流动，其编纂意义不言而喻。我们尽力给读者提供了解中国葫芦文学、葫芦文化的最集中、详实的基础文献，也给中国文学研究和文化研究提供一个独到视角。但短短两年完成，作为主编，感到任务十分艰巨。因此，从2016年3月开始，不得不停下手头刚刚开始的另一研究项目，全力以赴。

　　在浩如烟海的历代文学作品中披沙淘金，寻葫芦找瓢，资料搜集工作非常辛苦。充分利用"中国基本古籍库""鼎秀古籍全文检索平台""读秀"等大型数据库，以及各种书目索引，我搜得中国古代文学范围内的葫芦描述性文字（非重复）达100多万字，并确定本卷收录篇目。然后，编委人员分工协作，利用曲阜师范大学、山东大学、苏州大学等高校图书馆和国家图书馆馆藏文献，进行作品查实、核对、断句、标点等工作，历时整整两年。

　　民间文学葫芦故事的搜集，由宋振剑老师全权负责。根据民间文学口头性和集体性的特征，作品搜集选择了中央文化部、国家民委、中国民间文艺研究会以及中国文联协作并组织编纂的"中国民间文学三套集成"权威版本，并尽量避免同一故事的不同版本问题。

为了保证选录作品的可靠性，并为葫芦文学发展脉络的梳理提供基础文献，历代韵文葫芦咏叹选编和明清叙事小说葫芦描述选编，对选录的作品进行了认真的校对整理，并按作家生平年代或作品年代来编次。承担这两部分编辑任务的人员，进行了作品主要版本的校勘与文字整理，并认真研究每一位作家的生平资料，撰写了作家小传。依照整套丛书体例，虽然作家小传和文字注释未在本卷中体现，但在此必须交代，并向全体编委的辛勤付出致以真诚谢意！

本卷编辑分工如下：

历代韵文葫芦咏叹选编：

唐前诗歌、唐诗、宋诗：曹志平，

金元诗、明诗：马俊芬、王淼，

清诗：孟露芳、周雪琦，

历代词曲：马俊芬、董娜，

历代辞赋：曹志平、高倩琳；

明清叙事小说葫芦描述选编：

明代叙事小说：肖雨佳、沈跃梅，

清代叙事小说：付丽媛、刘文静；

中国民间文学葫芦故事选编：宋振剑、梅文文、翟思波。

本卷编纂借鉴了中华书局、上海古籍出版社、人民文学出版社、北京大学出版社、齐鲁书社、中州古籍出版社等多家出版社古籍整理成果。编委会黄振涛、刘永、宋振剑三位老师对本卷所用版本的版权问题，与十多家出版社积极沟通、协商。以上诸家出版社与所选作品权威版本整理者于世明、卢海山等先生，为本卷的顺利出版给予极大支持，中国民俗学会、中国民间艺术家协会和山东省"孔子与山东文化强省战略协同创新中心"给予巨大帮助，丛书主编扈鲁教授，编委会张从军教授、叶涛教授、孟昭连教授、问墨教授等为本卷编纂工作提出了宝贵意见，在此一并表示感谢!

　　受篇幅限制,本卷选编了所集篇目的二分之一,部分未收录的作品在综述中有所涉及。另外,由于时间和个人能力有限,难免出现版本选用不精、文字校对有误的现象,敬请广大读者批评指正。

曹志平

2018年6月12日